国家自然科学基金项目（41301429 40871196 71601013）
北京市自然科学基金项目（8142014）
北京建筑大学学术著作出版基金资助出版

移动地理信息系统技术

The Technology of Mobile Geographic Information System

郭　明　周小平　著

中国建筑工业出版社

图书在版编目（CIP）数据

移动地理信息系统技术/郭明，周小平著.—北京：
中国建筑工业出版社，2016.9
ISBN 978-7-112-19486-5

Ⅰ.①移⋯　Ⅱ.①郭⋯　②周⋯　Ⅲ.①移动终端-
地理信息系统-系统开发　Ⅳ.①P208

中国版本图书馆 CIP 数据核字(2016)第 124107 号

　　本书旨在阐述移动地理信息系统的基本原理与系统开发技术，介绍了基于 An-
droid 平台的移动地理信息的开发技术，并以移动地理信息系统的基本理论、移动
传感器、开发环境、开发语言与开发实例的介绍为主线，在深入总结与剖析了移动
地理信息系统相关技术的基础上，详细介绍了当代三维空间信息获取的方法手段及
相关的原理、空间数据库及空间数据组织与管理的关键算法等内容，接下来重点介
绍了 JAVA 语言的基础以及相关的开发环境、Android 系统的简介及 UI 基本外形
与控制、Android 系统的界面设计以及传感器与控制技术，以百度地图、天地图、
Google Map 等商用开发包为实例，着重介绍了典型移动 GIS 的开发接口及其开发
案例，使读者能够很快地上手去编写移动地理信息系统方面的应用软件，提升实践
开发的能力。

　　本书可作为地理信息系统、测绘工程、计算机科学与技术、电子信息技术、城
市规划与管理、文化遗产保护等学科领域的研究开发人员及相关专业教师、研究生
的参考书。本书阐述的基本原理与开发方法为移动地理信息系统应用提供有效支
撑，希望能抛砖引玉，引起各位专家学者的深入研究。

责任编辑：石枫华　王　磊　李　杰
责任校对：王宇枢　张　颖

移动地理信息系统技术
郭　明　周小平　著
*
中国建筑工业出版社出版、发行(北京西郊百万庄)
各地新华书店、建筑书店经销
北京红光制版公司制版
北京富生印刷厂印刷
*
开本：787×1092 毫米　1/16　印张：19¼　字数：467 千字
2016 年 9 月第一版　2016 年 9 月第一次印刷
定价：**58.00** 元
ISBN 978-7-112-19486-5
(28805)

前　言

　　移动地理信息技术是一门使用范围广、社会适用性较强的技术，相关的技术标准不断更新，新技术也不断涌现，本书力求结合技术发展方向与应用实际，在内容安排上突出实践性，能使初学人员读完本书可以进行基于 Android 平台的移动地理信息系统的相关开发工作。基于本书的中心内容，我们在考虑这个专著的结构、内容上花了不少工夫。

　　在结构上，全书共分 10 章，分为相对独立又相互呼应的三大板块。第一板块：第 1 章至第 4 章，介绍移动地理信息系统的发展脉络与开发技术、移动定位原理、移动空间数据获取技术和数据组织与管理方法；第二板块：第 5 章至第 8 章，在介绍 JAVA 语言基础与开发环境的基础上，详细阐述基于 Android 平台的移动地理信息系统开发平台及移动传感器操作方法；第三板块：第 9 章和第 10 章，在介绍几种典型移动 GIS 开发接口的基础上提供了基于 Android 平台的移动地理信息系统开发的成功案例。

　　参加本书编写的同志还有罗德安、王国利、危双丰、罗勇、吕德亮、王志良、魏冠楠、彭江帆、申兴旺等。本书的研究成果受以下项目资助：国家自然科学基金项目（41301429、40871196、71601013）、北京市自然科学基金项目（8142014）、现代城市测绘国家测绘地理信息局重点实验室开放课题项目（20141207NY）。本书的出版还得到北京建筑大学学术著作出版基金的大力支持，中国建筑工业出版社为本书的编辑出版付出了大量精力，在此一并表示衷心的感谢。

　　本书可作为测绘、城市规划与管理、三维地理信息系统、建筑设计、计算机图形学等学科领域的研究开发人员及相关专业教师、研究生的参考书。本书阐述的各类方法与关键算法为移动地理信息系统的应用提供有效支撑，并提供了一些初步的思路，希望能抛砖引玉，引起各位专家学者的深入研究。由于学识和时间的限制，书中一定会有不少缺点甚至错误，衷心希望得到各位专家、读者的批评指正。

作　者

2016 年 5 月于北京

目　　录

前言

第1章　绪论 ………………………………………………………………………… 1

1.1　移动地理信息系统 …………………………………………………………… 1

1.1.1　嵌入式系统 ……………………………………………………………… 1

1.1.2　地理信息系统 …………………………………………………………… 3

1.1.3　嵌入式地理信息系统 …………………………………………………… 4

1.1.4　移动地理信息系统 ……………………………………………………… 5

1.2　移动地理信息系统的开发技术 ……………………………………………… 7

第2章　移动定位技术 ……………………………………………………………… 10

2.1　移动定位的概念 ……………………………………………………………… 10

2.1.1　GNSS 概况 ……………………………………………………………… 10

2.1.2　北斗系统定位 …………………………………………………………… 13

2.1.3　GPS 系统原理 …………………………………………………………… 15

2.2　移动定位技术原理 …………………………………………………………… 17

2.2.1　移动网络定位技术的分类 ……………………………………………… 17

2.2.2　UWB 室内定位技术 …………………………………………………… 18

2.2.3　基于 WiFi 的室内定位技术 …………………………………………… 20

2.2.4　基于 ZigBee 的网络介绍 ……………………………………………… 24

2.2.5　重力场定位原理与方法 ………………………………………………… 28

第3章　移动空间数据获取系统 …………………………………………………… 29

3.1　手持设备 ……………………………………………………………………… 29

3.2　车载移动测量系统（MMS） ……………………………………………… 30

3.2.1　车载扫描系统构成及基本原理 ………………………………………… 30

3.2.2　车载数据处理过程 ……………………………………………………… 32

3.2.3　车载扫描常见误差源分析 ……………………………………………… 35

3.3　机载移动测量系统 …………………………………………………………… 35

3.3.1　机载平台和无人飞行器测量系统介绍 ………………………………… 36

3.3.2　基于摄影测量技术的空间数据的获取 ………………………………… 37

3.3.3　基于激光雷达技术的空间信息获取 …………………………………… 40

第4章　移动空间数据库技术 ……………………………………………………… 42

4.1　空间数据库技术 ……………………………………………………………… 42

4.2　面向移动空间数据的空间索引技术 ………………………………………… 44

4.2.1 空间索引技术 ·· 44

4.2.2 格网索引（Grid Index） ·· 47

4.2.3 基于树结构的空间索引 ··· 49

4.3 移动空间数据组织与管理·· 56

4.3.1 基于四叉树的数字图像数据管理 ·· 56

4.3.2 移动平台三维点云数据的组织与管理 ··· 61

第5章 JAVA 语言基础与开发环境 ··· 66

5.1 JAVA 语言基本语法 ··· 66

5.1.1 程序的构成 ·· 66

5.1.2 数据类型、变量和常量 ·· 68

5.1.3 运算符和表达式 ··· 69

5.1.4 程序流程与异常处理 ·· 72

5.1.5 数组 ··· 79

5.2 面向对象的程序设计·· 80

5.2.1 类与对象 ··· 81

5.2.2 继承与多态 ·· 90

5.2.3 Java 重写（Override）与重载（Overload） ···································· 95

5.2.4 接口 ··· 98

5.3 Eclipse 开发环境 ·· 101

5.3.1 JDK 安装 ·· 102

5.3.2 Eclipse 软件相关 ··· 105

5.3.3 安装 ADT 插件 ··· 105

5.3.4 创建 Android 虚拟设备（AVD） ·· 106

第6章 Android 系统 ··· 109

6.1 Android 系统简介 ··· 109

6.1.1 Android 系统架构 ·· 109

6.1.2 Android 已发布的版本 ·· 110

6.1.3 Android 应用特色 ·· 111

6.1.4 Android 开发环境 ·· 112

6.1.5 Android 程序结构 ·· 112

6.1.6 Logcat 工具 ··· 113

6.2 Android 的 UI 基本外形和控制 ··· 114

6.2.1 控制和基本事件的响应 ·· 114

6.2.2 键盘事件的响应 ··· 117

6.2.3 运动事件的处理 ··· 119

6.2.4 屏幕间的跳转和事件的传递 ·· 121

6.2.5 菜单的使用 ·· 125

6.2.6　弹出对话框 ·· 126

6.2.7　样式的设置 ·· 130

第7章　Android系统界面设计 ·· 134

7.1　控件 ··· 134

7.1.1　Android中控件的层次结构 ··· 134

7.1.2　基本控件的使用 ·· 135

7.2　视图 ··· 139

7.2.1　基本视图 ··· 139

7.2.2　选取器视图 ·· 151

7.2.3　列表视图 ··· 158

7.2.4　了解特殊碎片 ·· 164

7.3　界面布局 ··· 171

7.3.1　基本的布局内容 ·· 172

7.3.2　线性布局（LinearLayout） ··· 173

7.3.3　相对布局（RelativeLayout） ··· 173

7.3.4　表单布局（Table Layout） ··· 174

第8章　Android系统传感器与控制技术 ······························ 176

8.1　传感器简介 ·· 176

8.1.1　传感器基本信息 ·· 176

8.1.2　传感器开发基础 ·· 177

8.2　传感器控制技术 ·· 186

8.2.1　加速度传感器 ·· 186

8.2.2　陀螺仪传感器 ·· 186

8.2.3　重力感应传感器 ·· 187

8.2.4　方向传感器 ·· 189

8.2.5　指南针传感器 ·· 190

8.2.6　水平仪传感器 ·· 191

8.2.7　其他传感器 ·· 195

8.3　Android网络通信 ·· 196

第9章　移动GIS开发接口 ·· 201

9.1　天地图 ·· 201

9.1.1　"天地图"集成的数据内容 ··· 201

9.1.2　"天地图"的服务功能 ·· 202

9.1.3　天地图移动API（Android）V2.0版使用说明 ······················ 202

9.2　百度地图 ··· 203

9.2.1　百度地图的API的申请和使用 ··· 204

9.2.2　百度地图的SDK的简介 ·· 205

    9.2.3　百度地图初始化的代码配置流程 ·················· 206

  9.3　高德地图 ·················· 211

    9.3.1　高德地图及高德地图 Andriod API 简介 ·················· 211

    9.3.2　高德地图 Andriod API 开发环境的搭建 ·················· 211

    9.3.3　高德地图初始化示例 ·················· 213

  9.4　ArcGIS SDK ·················· 215

    9.4.1　ArcGIS Runtime SDK 概述 ·················· 215

    9.4.2　开发软件的使用 ·················· 218

    9.4.3　示例代码 ·················· 240

    9.4.4　空间数据的容器-地图 MapView 的开发 ·················· 245

  9.5　Google Map ·················· 248

    9.5.1　申请 KEY ·················· 248

    9.5.2　API 的使用 ·················· 249

    9.5.3　开发环境的搭建 ·················· 249

第 10 章　系统开发案例 ·················· 251

  10.1　基于 Android 的手机定位及信息交互系统 ·················· 251

    10.1.1　客户端功能模块及流程 ·················· 251

    10.1.2　服务器端功能模块及流程 ·················· 252

    10.1.3　系统服务器端的具体实现 ·················· 253

    10.1.4　系统客户端功能的具体实现 ·················· 262

    10.1.5　系统部署与运行 ·················· 268

  10.2　多目标实时定位系统 ·················· 272

    10.2.1　设计框架 ·················· 272

    10.2.2　程序实现 ·················· 272

  10.3　交通地理信息查询系统 ·················· 280

    10.3.1　实验环境 ·················· 280

    10.3.2　LOGO 设计 ·················· 281

    10.3.3　开发过程 ·················· 281

参考文献 ·················· 298

第1章 绪 论

1.1 移动地理信息系统

近年来，关于移动地理信息的新技术不断涌现，相关技术标准也不断更新，尤其在当今以高速发展的计算机技术和网络通信技术为依托的信息时代，人们在生产生活中对移动空间信息及对其分析的需求呈不断扩大的趋势，如何快速、准确而有效地利用移动空间信息为大众服务是摆在许多专家、学者以及技术人员面前的重要课题。

1.1.1 嵌入式系统

1. 嵌入式系统概述

嵌入式系统（Embedded system），是一种"完全嵌入受控器件内部，为特定应用而设计的专用计算机系统"，根据英国电气工程师协会（U. K. Institution of Electrical Engineer）的定义，嵌入式系统为控制、监视或辅助设备、机器或用于工厂运作的设备。与个人计算机这样的通用计算机系统不同，嵌入式系统通常执行的是带有特定要求的预先定义的任务。由于嵌入式系统只针对一项特殊的任务，设计人员能够对它进行优化，减小尺寸降低成本。嵌入式系统通常进行大量生产，所以单个的成本节约，能够随着产量产生成百上千倍的放大。国内普遍认同的嵌入式系统定义为：以应用为中心，以计算机技术为基础，软硬件可裁剪，适应应用系统对功能、可靠性、成本、体积、功耗等严格要求的专用计算机系统。通常，嵌入式系统是一个控制程序存储在 ROM 中的嵌入式处理器控制板。事实上，所有带有数字接口的设备，如手表、微波炉、录像机、汽车等，都使用嵌入式系统，有些嵌入式系统还包含操作系统，但大多数嵌入式系统都是由单个程序实现整个控制逻辑。嵌入式系统的核心是由一个或几个预先编程好以用来执行少数几项任务的微处理器或者单片机组成。与通用计算机能够运行用户选择的软件不同，嵌入式系统上的软件通常在一段时间内是固定不变的；所以经常称为"固件"。

2. 嵌入式系统特点

嵌入式系统是面向用户、面向产品、面向应用的，它必须与具体应用相结合才会具有生命力、才更具有优势。因此可以这样理解上述三个面向的含义，即嵌入式系统是与应用紧密结合的，它具有很强的专用性，必须结合实际系统需求进行合理的裁减利用。

嵌入式系统是将先进的计算机技术、半导体技术和电子技术和各个行业的具体应用相结合后的产物，这一点就决定了它必然是一个技术密集、资金密集、高度分散、不断创新的知识集成系统。所以，介入嵌入式系统行业，必须有一个正确的定位。例如 Palm 之所以在 PDA 领域占有 70% 以上的市场，就是因为其立足于个人电子消费品，着重发展图形界面和多任务管理；而风河的 Vxworks 之所以在火星车上得以应用，则是因为其高实时性和高可靠性。

嵌入式系统必须根据应用需求对软硬件进行裁剪，满足应用系统的功能、可靠性、成本、体积等要求。所以，如果能建立相对通用的软硬件基础，然后在其上开发出适应各种需要的系统，是一个比较好的发展模式。目前的嵌入式系统的核心往往是一个只有几 k 到几十 k 微内核，需要根据实际的使用进行功能扩展或者裁减，但是由于微内核的存在，使得这种扩展能够非常顺利地进行。

实际上，嵌入式系统本身是一个外延极广的名词，凡是与产品结合在一起的具有嵌入式特点的控制系统都可以叫嵌入式系统，而且有时很难以给它下一个准确的定义。现在人们讲嵌入式系统时，某种程度上指近些年比较热的具有操作系统的嵌入式系统。

这些年来掀起了嵌入式系统应用热潮的原因主要有几个方面：一是芯片技术的发展，使得单个芯片具有更强的处理能力，而且使集成多种接口已经成为可能，众多芯片生产厂商已经将注意力集中在这方面。另一方面的原因就是应用的需要，由于对产品可靠性、成本、更新换代要求的提高，使得嵌入式系统逐渐从纯硬件实现和使用通用计算机实现的应用中脱颖而出，成为近年来令人关注的焦点。

从上面的定义，我们可以看出嵌入式系统的几个重要特征：

（1）系统内核小。由于嵌入式系统一般是应用于小型电子装置的，系统资源相对有限，所以内核较之传统的操作系统要小得多。比如 Enea 公司的 OSE 分布式系统，内核只有 5K，而 Windows 的内核要大得太多，简直没有可比性。

（2）专用性强。嵌入式系统的个性化很强，其中的软件系统和硬件的结合非常紧密，一般要针对硬件进行系统的移植，即使在同一品牌、同一系列的产品中也需要根据系统硬件的变化和增减不断进行修改。同时针对不同的任务，往往需要对系统进行较大更改，程序的编译下载要和系统相结合，这种修改和通用软件的"升级"是完全两个概念。

（3）系统精简。嵌入式系统一般没有系统软件和应用软件的明显区分，不要求其功能设计及实现上过于复杂，这样一方面利于控制系统成本，同时也利于实现系统安全。

（4）高实时性的系统软件（OS）是嵌入式软件的基本要求。而且软件要求固态存储，以提高速度；软件代码要求高质量和高可靠性。

（5）嵌入式软件开发要想走向标准化，就必须使用多任务的操作系统。嵌入式系统的应用程序可以没有操作系统直接在芯片上运行；但是为了合理地调度多任务、利用系统资源、系统函数以及和专家库函数接口，用户必须自行选配 RTOS（Real-Time Operating System）开发平台，这样才能保证程序执行的实时性、可靠性，并减少开发时间，保障软件质量。

（6）嵌入式系统开发需要开发工具和环境。由于其本身不具备自举开发能力，即使设计完成以后用户通常也是不能对其中的程序功能进行修改的，必须有一套开发工具和环境才能进行开发，这些工具和环境一般是基于通用计算机上的软硬件设备以及各种逻辑分析仪、混合信号示波器等。开发时往往有主机和目标机的概念，主机用于程序的开发，目标机作为最后的执行机，开发时需要交替结合进行。

（7）嵌入式系统与具体应用有机结合在一起，升级换代也是同步进行。因此，嵌入式系统产品一旦进入市场，具有较长的生命周期。

（8）为了提高运行速度和系统可靠性，嵌入式系统中的软件一般都固化在存储器芯片中。

1.1.2 地理信息系统

1. 地理信息系统的定义

地理信息系统（Geographic Information System 或 Geo-Information system，GIS）有时又称为"地学信息系统"。地理信息系统的定义是由两个部分组成的。一方面，地理信息系统是一门学科，是描述、存储、分析和输出空间信息的理论和方法的一门新兴的交叉学科；另一方面，地理信息系统是一个技术系统，它是一种特定的十分重要的空间信息系统。它是在计算机硬、软件系统支持下，对整个或部分地球表层（包括大气层）空间中的有关地理分布数据进行采集、储存、管理、运算、分析、显示和描述的技术系统。地理信息系统处理、管理的对象是多种地理空间实体数据及其关系，包括空间定位数据、图形数据、遥感图像数据、属性数据等，用于分析和处理在一定地理区域内分布的各种现象和过程，解决复杂的规划、决策和管理问题。

通过上述的分析和定义可提出 GIS 的如下基本概念：

（1）GIS 的物理外壳是计算机化的技术系统，它又由若干个相互关联的子系统构成，如数据采集子系统、数据管理子系统、数据处理和分析子系统、图像处理子系统、数据产品输出子系统等，这些子系统的优劣、结构直接影响着 GIS 的硬件平台、功能、效率、数据处理的方式和产品输出的类型。

（2）GIS 的操作对象是空间数据，即点、线、面、体这类有三维要素的地理实体。空间数据的最根本特点是每一个数据都按统一的地理坐标进行编码，实现对其定位、定性和定量的描述，这是 GIS 区别其他类型信息系统的根本标志，也是其技术难点之所在。

（3）GIS 的技术优势在于它的数据综合、模拟与分析评价能力，可以得到常规方法或普通信息系统难以得到的重要信息，实现地理空间过程演化的模拟和预测。

（4）GIS 与测绘学和地理学有着密切的关系。大地测量、工程测量、矿山测量、地籍测量、航空摄影测量和遥感技术为 GIS 中的空间实体提供各种不同比例尺和精度的定位数；电子速测仪、GPS 全球定位技术、解析或数字摄影测量工作站、遥感图像处理系统等现代测绘技术的使用，可直接、快速和自动地获取空间目标的数字信息产品，为 GIS 提供丰富和更为实时的信息源，并促使 GIS 向更高层次发展。地理学是 GIS 的理论依托。有的学者断言，"地理信息系统和信息地理学是地理科学第二次革命的主要工具和手段。如果说 GIS 的兴起和发展是地理科学信息革命的一把钥匙，那么，信息地理学的兴起和发展将是打开地理科学信息革命的一扇大门，必将为地理科学的发展和提高开辟一个崭新的天地"。GIS 被誉为地学的第三代语言——用数字形式来描述空间实体。

2. 地理信息系统的构成

（1）硬件

硬件是 GIS 所操作的计算机。今天，GIS 软件可以在很多类型的硬件上运行。从中央计算机服务器到桌面计算机，从单机到网络环境。

（2）软件

GIS 软件提供所需的存储、分析和显示地理信息的功能和工具。主要的软件部件有：输入和处理地理信息的工具；数据库管理系统（DBMS）；支持地理查询、分析和视觉化的工具；容易使用这些工具的图形化界面。

（3）数据

一个 GIS 系统中最重要的部件就是数据了。地理数据和相关的表格数据可以自己采集或者从商业数据提供者处购买。GIS 将把空间数据和其他数据源的数据集成在一起，而且可以使用那些被大多数公司用来组织和保存数据的数据库管理系统来管理空间数据。

（4）人员

GIS 技术如果没有人来管理系统和制定计划应用于实际问题，将没有什么价值。GIS 的客户范围包括从设计和维护系统的技术专家，到那些使用该系统并完成他们每天工作的人员。

（5）方法

成功的 GIS 系统，具有良好的设计计划和本身的事务规律，这些是规范、方法，而对每一个企业来说是具体的独特的操作实践。

3. 地理信息系统的功能

（1）输入

在地理数据用于 GIS 之前，数据必须被转换成适当的数字格式。从图纸数据转换成计算机文件的过程叫作数字化。目前，许多地理数据已经是 GIS 兼容的数据格式，这些数据可以从数据提供商那里获得并直接装入 GIS 中，无须客户来数字化。

（2）处理

将数据转换成或处理成某种形式以适应系统的要求。这种处理可以是为了显示的目的而做的临时变换，也可以是为了分析所做的永久变换。GIS 技术提供了许多工具来处理空间数据和去除不必要的数据。

（3）数据管理

对于小的 GIS 项目，把地理信息存储成简单的文件就足够了。但是，当数据量很大而且数据客户数很多时，最好使用一个数据库管理系统（DBMS），来帮助存储、组织和管理数据。

（4）查询分析

GIS 提供简单的鼠标点击查询功能和复杂的分析工具，为管理者提供及时直观的信息。

（5）可视化

对于许多类型的地理操作，最终结果能以地图或图形来显示。

1.1.3　嵌入式地理信息系统

1. 嵌入式地理信息系统定义

嵌入式地理信息系统（Embedded Geographic Information System）是嵌入到执行专用功能并被内部计算机控制的设备或系统中的地理信息系统。即把一个优化的 GIS 数据引擎嵌入到小型移动设备上，占用内存非常小，但具有很强的数据分析和显示表达功能，可以使用空间点击以及 SQL 进行数据检索与查询。嵌入式 GIS 软件由于其平台的特殊性，使得嵌入式 GIS 软件的特征与普通的 GIS 软件相比有着明显不同。嵌入式 GIS 软件要求固态化存储、软件代码的高质量和高可靠性、系统的高实时性等。目前，嵌入式 GIS 仍处于研究阶段。国外比较成熟的嵌入式 GIS 系统有 ESRI 公司的 Arc Pad、Map Iinfo 公司的嵌入式 GIS 控件等，广泛应用于基于位置的服务（LBS）、车载导航、移动信息终端等嵌入式系统中；在国内，近几年从事嵌入式 GIS 研究和开发的人员逐渐增多，研究的成果也相应增加，但各种嵌入式 GIS 与其他相关技术的集成化程度不高，其应用领域也仍然局限于野外数据采集等。

2. 嵌入式 GIS 的应用

嵌入式 GIS 作为一个独立的 GIS，可以满足用户对当前地理位置信息获取的需求，而且在大多数情况下，它是很多集成的移动导航定位系统中必不可少的用户终端部分。鉴于嵌入式 GIS 功能的可裁减性及系统的可集成性比较高，嵌入式 GIS 在与其他技术集成后，加上行业的特征，能满足多种行业的需要。常见的集成方式是将嵌入式 GIS、Web GIS、GPS 或其他定位系统和通信系统集成起来，以形成一个满足移动用户对地理环境及位置信息需求的导航定位系统。它能满足公安、消防、交通、旅游、医疗、保险、邮政快递、野外测量、勘探、搜救及军事等领域的地理位置信息获取、目标移动调度及信息互动等特征需求，与行业的特点结合紧密，具有广泛的应用前景。

在综合考虑用户的各种需求和我国网络通信建设的实际水平后，我们设计了一套以掌上设备为开发平台、基于卫星导航定位和嵌入式地理信息系统等技术的个人城市定位导航系统的设计方案，在此方案的指导下做了一些探索性的工作，取得了令人满意的效果。

1.1.4 移动地理信息系统

1. 移动地理信息系统的含义

1）移动地理信息系统的概念与特点

移动地理信息系统（Mobile Geospatial Information System）是一种应用服务系统，其定义有狭义与广义之分。狭义的移动 GIS 是指运行于移动终端（如 PDA）并具有桌面 GIS 功能的 GIS，它不存在与服务器的交互，是一种离线运行模式。广义的移动 GIS 是一种集成系统，是 GIS、GNSS（全球导航卫星系统）、移动通信、互联网服务、多媒体技术等的集成。移动 GIS 具有以下特点：

（1）移动性：运行于各种移动终端上，与服务端可通过无线通信进行交互实时获取空间数据，也可以脱离服务器与传输介质的约束独立运行，具有移动性。

（2）动态（实时）性：作为一种应用服务系统，应能及时地响应用户的请求，能处理用户环境中随时间变化的因素的实时影响，如交通流量对车辆运行时间的影响，能提供实时的交通流量影响下的最优道路选择等。

（3）对位置信息的依赖性：在移动 GIS 中，系统所提供的服务与用户的当前位置是紧密相关的，比如"我在哪儿？""我附近是什么？""我怎么才能到达目的地？"所以需要集成各种定位技术，用于实时确定用户的当前位置和相关信息。

（4）移动终端的多样性：移动 GIS 的表达呈现于移动终端上，移动终端有手机、掌上电脑、车载终端等，这些设备的生产厂商不是惟一的，他们采用的技术也不是统一的，这就必然造成移动终端的多样性。

2）移动 GIS 包括如下技术的综合

移动硬件设备和野外个人电脑、全球导航卫星系统（GNSS）、地理信息系统软件（GIS）、可以接入到网络 GIS 的无线通信设备。

移动终端设备及 GIS 应用软件是移动 GIS 的必备要素，它的最终目标是"实现随时

（anytime）随地（anywhere）为所有的人（anybody）和事（anything）提供实时服务（4A 服务）"，把复杂的地理信息变成能够充分利用和享受的信息。

3）移动 GIS 关键技术

移动 GIS 终端设备必须便携、低耗，适合于户外应用。并且可以用来快速、精确定位和地理识别。由于需求的多样性，产生了设备的多样性，这些设备包括便携电脑、个人数字助理（PDA）、智能手机、GNSS 接收机等。在移动 GIS 办公中，位置信息是基础。研制便携性好、重量轻、野外防护功能强、定位功能强大的 GNSS 接收机，是移动终端的关键技术。移动终端兼容具备卫星导航定位、加载行业应用软件、通讯和数据传输等基本功能。

（1）全球导航卫星系统

全球导航卫星系统（Global Navigation Satellite System，GNSS）定位技术能够提供目标高精度的实时定点定速定时功能，已应用在休闲车载导航终端，高精度测量，国民经济各行业数据采集等行业。目前，全球各国家和地区已经开始建立连续运行参考站（Continuously Operating Reference Stations，CORS）以及广域差分增强系统（Satellite—Based Augmentation System，SBAS），利用差分技术，精度可以达到亚米乃至厘米级。野外作业时，利用内置 GNSS，获得点位坐标。可以根据作业需求，选择不同精度的 GNSS 接收机和具备不同附属功能的接收终端。不同厂家对芯片的研发与处理技术不同，会造成性能的不同。如 GNSS 与通讯的干扰性设计要求很高；非专业厂家的天线设计不好，会导致与其他功能的冲突，造成性能的下降。

（2）移动通信系统

移动通信系统是连接用户终端和应用服务器的纽带，它将用户的需求无线传输给地理信息应用服务器，再将服务器的分析结果传输给用户终端。其核心技术为无线接入技术，按目前广泛使用的技术可分为两类：一是基于蜂窝的接入技术，如 GSM、CDMA、GPRS 等；二是基于局域网的技术，如蓝牙（Blue Tooth）、无线局域网（WIFI）技术。移动通信技术正处在从 2G 向 3G 演进过程中，传输速度提高，网络容量增大，覆盖面拓宽，保密性加强，使得海量的空间信息得以快捷、安全地无线传输。

（3）智能终端

根据操作系统的不同，目前个人数字助理（也称掌上电脑，Personal Digital Assistant，PDA）的操作系统主要分为三类，Windows Mobile，Palm，Linux，iOS。其中 Windows Mobile 是与个人电脑操作系统相似的人机界面，界面友好，可操作性强，能够安装行业软件或者便于行业客户的开发，因此为大多数移动 GIS 终端选用。野外作业环境恶劣，为保障野外正常作业，移动终端需要具备较好的工业防护性（防尘防水 IP45），以及强光下清晰作业。

（4）拓展功能

针对业务需要，对于通话、拍照、录音等功能可以进行扩展。

2. 移动地理信息系统的应用

基于野外的工作在许多 GIS 应用中非常常见，很多行业需要数据的不断更新，以及对野外采集的数据进行现场分析、判断。如自然资源调查和维护、自然资源地图绘制、矿藏探查、事故报道和调查、野外巡视、野外火情绘图、财产损失评估等。

（1）实时信息的查询及快速及时救援、反馈

首先根据 GPS 定位获得自己的位置，通过搜索地图数据库查询用户所需地点。用户可以在一定的半径之内查询有关旅馆、银行等公用设施的信息。比如救援队伍在赶往救灾现场的途中，可以通过无线通讯 GSM/GPRS 登入应急指挥中心服务器，立即获得灾害现场信息、实时交通信息、天气预报及灾害预测等信息，便于救援人员有更充裕的时间准备及研究救援战术，同时也能取得应急指挥中心实时发布的事件信息、救援信息、指令信息、决策信息等，实时记录处置过程中的领导指示和各种反馈信息。

（2）方便的数据采集

当外出采集数据的时候，由于没携带大的存储设备，而且所采集的空间数据又非常大，此时，就可以通过移动 GIS 把采集到的空间数据直接传到空间数据服务器上。同时，服务器又可以经过处理将有用的数据再传到移动 GIS 的终端上，以满足外出采集数据所必需的基本数据内容。这样，就形成了由终端到服务器及由服务器到终端的数据采集模式，方便了外出数据采集。

（3）移动办公

利用移动 GIS 的通信以及扩展功能的丰富性，可以在室外办公时，将发生事件向监控中心进行汇报，中心快速做出响应，进行现场的维修。同时对维修前后的情况进行备案。

1.2 移动地理信息系统的开发技术

目前，专业的 GIS 厂商大都已经推出了自己的移动 GIS 平台软件和开发工具，如 MapX Mobile 是 Mapinfo 公司专用于嵌入式设备上的应用程序开发的控件，提供简单、快速、方便的方法把地图功能嵌入到手持设备的应用程序；利用 MapX Mobile 设计并实现了由移动应急终端和移动应急中心组成的小型移动应急平台。ArcPad 是 ESRI 公司开发的可运行于掌上机上的小型通用地理信息系统平台，通过手持和移动设备为野外用户提供数据访问、制图及 GIS 分析和 GPS 集成功能。Intergraph 针对移动领域推出的解决方案——IntelliWhere，Intelliwhere 的功能可以应用于无线通信、LBS、信息服务，以及紧急事件快速服务等，它提供用户实时、基于位置的信息服务以满足设备与数据的独立；Autodesk 公司的 OnSite 移动访问模块可以应用于系统设计、开发服务、维护、培训和技术支持。国内 SuperMap 公司开发的 eSuperMap 是一款真正意义上的嵌入式 GIS 开发平台，用户可以对其进行扩充和定制。它针对 GPS 定位导航的需求进行了专门的优化，功能强大，提供高速准确的检索漫游功能，实现了 GIS 与 GPS 技术的融合。另外还有北京灵图推出 SmartInHand，北京慧图进行移动制图的 TopMapCEGeniuos 以及台湾英瑞得信息推出的 WalkMap 等。

1. MapX Mobile

MapInfo MapX Mobile 是一种基于 OLE 的嵌入式 GIS 组件，具有地图化组件，可以嵌入到移动平台下的应用程序中。运用 MapX Mobile 建立的软件可以单独在设备上运行，并能够和 Pocket PC 的 Windows CE 操作系统兼容。与其他嵌入式 GIS 组件相比，它具有明显的优势，这主要表现在：

（1）采用 MapXM/apXtreme 对象模式，设计了大量的方法和事件，高效的属性页或

缺省值，以及其他的向导，从而方便构建强大的 GIS 应用。

（2）在地图数据方面 MapX Mobile 支持 MapInfo. Table 和 geoset，因此，在移动地图软件里可以直接使用在 Windows 下创建的地图对象，把数据下载到本地进行激活就可以运行。

（3）与 Embedded Visual C＋＋或 Embedded Visual Basic 等开发应用程序的无缝连接，使用户可以选择多种开发工具进行应用开发。

（4）具有标准用户控制功能，包括：缩放、漫游、选择、测距和图层控制。

（5）在跟踪定位方面它可以通过连接在 PocketPC 中的 GPS 设备来显示坐标，并在移动地图软件中显示相应的地理位置。

系统环境采用 HPiPAQ2210 作为移动端，实现了一个基于 PDA 的"移动导航定位系统"。定位方式采用 GPS 卫星定位，接收机使用 PRETEC 蓝牙 GPS 接收机；采用 GPRS 进行无线网络的数据，GPRS 网卡为 G1 的 CFl 型。PDA 的操作系统为 Pocket PC 2003。开发平台采用 Microsoft Embedded Visual C＋＋4.0 和 Microsoft Visual C。

2. ArcPad

ArcPad 是 ArcGIS 是企业解决方案的一部分，是专为手持设备和移动系统设计的移动制图 GIS 系统。ArcPad 为野外用户通过手持和移动设备提供数据库访问、制图、GIS 和 GPS 的综合应用。应用 ArcPad 可以实现快速便捷的数据采集，大大提高了野外数据的可用性和有效性。

1）ArcPad 提供的功能

ArcPad 提供的功能的包括：

（1）地图导航，包括漫游和缩放，空间书签及确定当前的中心位置；

（2）数据编辑，通过触摸笔或者户输入，创建和编辑空间数据；

（3）为识别属性而进行的数据查询，超级链接显示以及属性定位；

（4）地图距离、面积、方向量测；

（5）连接到并通过导航；

（6）移动的地理数据库编辑，通过从数据库中检出数据，并进行转换和投影用在野外进行编辑，并且把改变的数据提交给中心数据库；

（7）自动野外作业的应用开发。

2）ArcPad 的关键特性

ArcPad 具有以下关键特性：

（1）支持的数据格式

无须格式转换能直接使用符合业界标准的 shapefile 矢量格式这种格式被 ArcInfo ArcView GIS ArcIMS 及其他 ESRI 软件使用以及以下的图像格式 JPEG MrSID 压缩影像 Windows Bitmap 和 CADRG 所能使用的数据量只受硬件性能的限制并且地图引擎针对 Windows CE 进行过优化。

（2）显示和查询

包含全套的浏览、查询和显示工具，如缩放、要素属性显示、层可见性随比例而变、与外部文件的超链接、距离与面积量算、图层显示控制以及各种显示符号的设置。

（3）ArcIMS 连通性

支持 ArcIMS 图形服务，ArcPad 可以作为 ArcIMS 的一个移动客户端通过一个活动的 TCP/IP 连接到服务器并取回数据到当前图层，并新建一个 GND 文件（geography network definition file）。

（4）编辑和数据获取

允许用户新建、删除、移动侧中的点、线和多边形要素，也能通过 GPS 以点模式或流模式进行数据采集。属性数据可以通过内置的编辑界面或用户自定义窗体进行操作。

（5）可选的 GPS

集成功能 GPS，带上一个可选的 GPS，ArcPad 能够在图上实时显示用户的当前位置，ArcPad 支持大量不同的 GPS 设备，只要这种 GPS 接收器的输出格式遵循 NMEA 标准，这个标准对电子信号需求，数据传输协议，定时和具体的语句格式都做了定义。ArcPad 能够接收 GPS 发送过来的信息，所有的 GPS 数据都能以跟踪日志的形式记录下来。

（6）用户界面

ArcPad 为底层复杂的功能使用提供了一个简单又流行的用户界面，通过受控的工具条，用户能实现大部分功能，这已经成了屏幕尺寸限制下的一个很重要的设计标准，特别是在更小的手掌尺寸大小的 Window CE 设备上。而且 ArcPad 允许用户定制软件程序，可以增加和删除用户街面上的按钮，创建或者编辑已有的工具条，并且支持别的输入设备，如条形码扫描器，这些定制功能都可以在 ESRI 公司发布的针对 ArcPad 的定制环境 ArcPad Application Builder 中完成。

（7）用户化定制

允许用户来定制软件程序可以增加和删除用户界面上的按钮创建或者编辑已有的工具条并且支持别的输入设备诸如条码扫描器。

（8）针对 ArcView GIS 的 ArcPad 工具集

ESRI 公司还专门在 ArcView 以中发布了一套针对 ArcPad 的工具集，这套工具集允许 ArcView GIS 用户为 ArcPad 抽取、转换以及投影数据，ArcView GIS 用户能够裁剪翻 Shapefile 专题以及生成 ArcPad 投影和符合文件。用户能够把符号输出成点、线和多边形。ArcView GIS 用户也能生成简单元数据文件供 ArcPad 使用。

3. OnSite

Autodesk OnSite 解决方案主要有两套移动组件：其一，单机的移动设计浏览工具 Autodesk OnSite View 2；其二，可定制的企业级解决方案 Autodesk OnSite Enterprise，将企业服务器上最新的数据送达作业现场的掌上设备。

Autodesk OnSite View 2 是第一套高效的移动设计工具。可使人们以电子方式浏览 AutoCAD DWG 和 DXF 图形，并加注记或进行图上量算。在施工现场或制造车间，都能通过基于 Microsoft Windows CE 的手持计算设备，高效动态地浏览设计数据。利用 Autodesk OnSite View 的注记和量算工具，可以在十分精确的位置上，附加文字或声音注记。回到办公室后，所加注记和突发的那些奇思妙想，都被纳入到图档内的一个新图层中。

Autodesk OnSite Enterprise 是一个开发多用户企业移动解决方案的平台。可以将企业服务器上最新的数据送达作业现场的掌上设备。Autodesk OnSite Enterprise 使用 Autodesk OnSite View 作为其进行移动查看的客户端软件，能让用户在企业的服务器和个人的手持式计算机之间交换设计和地图数据。

第 2 章　移 动 定 位 技 术

移动地理信息系统中三维坐标信息的获取方法有正向设计与逆向建模的方法，正向设计，比如计算机设计、建筑设计、CAD 设计等手段，属于利用计算机生成各类空间信息的范畴；还有利用空间信息获取传感器的方法，如全球导航卫星系统（GNSS）、激光测距传感器、三维激光扫描仪等；还有一类是通过各类影像传感器获取的数字图像数据经过复杂计算生成三维坐标信息的方法，如数字摄影测量、遥感图像处理和计算机视觉等手段。

本章主要介绍获取三维空间信息的移动定位技术。

2.1　移动定位的概念

移动定位是指通过特定的定位技术来获取移动手机或终端用户的位置信息（如经纬度坐标），在电子地图上标出被定位对象的位置的技术或服务。定位技术有两种，一种是基于 GNSS 的定位，一种是基于移动运营网的 LBS 基站定位。基于 GNSS 的定位方式是利用手机上的 GNSS 定位模块将自己的位置信号发送到定位后台来实现移动手机定位的。基站定位则是利用基站对手机的距离的测算距离来确定手机位置的。后者不需要手机具有 GNSS 定位能力，但是精度很大程度依赖于基站的分布及覆盖范围的大小。前者定位精度较高。此外还有利用 Wifi 在小范围内定位的方式。

2.1.1　GNSS 概况

1. GNSS 的定义

全球导航卫星系统（GNSS），英文名称"Global Navigation Satellite System"，它是所有全球导航卫星系统及其增强系统的集合名词，是利用全球的所有导航卫星所建立的覆盖全球的全天候无线电导航系统。目前，GNSS 包含了美国的 GPS，俄罗斯的 GLO-NASS，中国的北斗，欧盟的 Galileo 系统，SBAS 广域差分系统，DORIS 星载多普勒无线电定轨定位系统，QZSS 准天顶卫星系统，GAGAN GPS 静地卫星增强系统等，可用的卫星数目达到 100 颗以上。

2. GNSS 系统发展概况

（1）GPS

GPS 起步于 1973 年，建成于 1994 年。GPS 最初规划为 24 颗卫星，运行在 6 个轨道面上，近几年在轨工作卫星通常保持在 30 颗以上。GPS 是美国全球战略的一部分，它以军用为主，民用为辅。长期以来，GPS 在美国的军事行动和国家安全方面发挥了不可替代的作用，在全球民用导航市场更是占据了垄断地位，已成为卫星导航的代名词。为了强化 GPS 的地位和作用，美国实施了 GPS 现代化计划。原本 GPS 有 L1、L2 两个频率，发送 1 个民用测距码 L1C/A 和 2 个军用测距码 L1P（Y）、L2P（Y）。2005 年 9 月，GPS-2R-M 发射升空，开始播发第 2 个民用测距码 L2C，同时增播了 L1M、L2M 两个军用码。与 L1C/A 相比，L2C 不仅有数据通道，还有导频通道，导频通道上不调制导航电文，可增强信号跟踪的健壮性。2010 年 5 月，GPS-2F 卫星升空，增加了第三频率 L5，在其上调制了第 3 民用码 L5C。L5 频段位于受制度保护的航空无线电导航服务（aeronautical radio navigation service，ARNS）频段内，所受干扰较少，可用于生命安全服务。GPS-2F 是第 2 代 GPS 卫星的最后型号，设计寿命 12 年，计划制造 12 颗。2014 年 8 月 2 日，第 7 颗 GPS-2F 卫星发射升空，这颗卫星将在 9 月中旬运作；下一颗 GPS-2F 卫星将在 10 月下旬发射；美国计划在 2016 年中期完成全部 12 颗 GPS-2F 卫星的发射。截至 2014 年 8 月 2 日，GPS 在轨卫星数为 33 颗，包括 7 颗 GPS-2A、12 颗 GPS-2R、7 颗 GPS-2R－M 和 7 颗 GPS-2F。GPS-3 是第 3 代 GPS 卫星，它有 3 种型号 GPS-3A、GPS-3B、GPS-3C；GPS-3A 设计寿命 15 年，计划于 2016 年发射，在其上增播第 4 民用信号 L1C，L1C 将最终取代 L1C/A。目前，美国正加紧实施 GPS-3 计划，计划在 2030 年之前用 GPS-3 系列卫星替代现有所有型号的卫星，确保美国在卫星导航领域长期保持领先地位。与第 2 代导航卫星相比，GPS-3 信号发射功率更大，抗干扰能力更强，定位精度能达到 1m 以内，并将有望支持室内定位。

（2）GLONASS

GLONASS 由苏联研发，俄罗斯继之，始于 1976 年，建成于 1995 年。之后，由于俄罗斯经济低迷，对 GLONASS 的投入减少，加之当时的卫星设计寿命只有 3 年，失效的工作卫星不能及时更换，在 2001 年一度降到只有 6 颗，系统几近瘫痪。2002 年后，为了追赶 GPS 的步伐，重塑大国地位，俄罗斯开始实施 GLONASS 现代化。2003 年 12 月，首颗 GLONASS-M 升空，设计寿命 7 年。卫星寿命对于维持一个导航星座的长期稳定运行至关重要，俄罗斯非常重视新卫星的设计寿命。2011 年 2 月，首颗 GLONASS-K 系列卫星 GLONASS-K1 发射成功，设计寿命达到 10 年。GLONASS-K1 是目前太空中唯一的 GLONASS-K 卫星；GLONASS-K2 是其改进型，尚未发射；GLONASS-KM 正在研制，计划在 2015 年发射。GLONASS 覆盖俄罗斯全境需要至少 18 颗卫星，覆盖全球需要至少 24 颗星。2011 年 12 月，太空中已有 24 颗 GLONASS 工作卫星，GLONASS 再次实现了全球覆盖。2014 年 3 月和 6 月，俄罗斯各成功发射了 1 颗 GLONASS-M 卫星，使得 GLONASS 在轨卫星达到 30 颗，并计划于下半年再发射 3 颗。与 GPS 不同，GLONASS 采用频分多址（frequency division multiple access，FDMA）的信号体制，卫星靠频率不同来区分；GPS 采用码分多址（code division multiple access，CDMA）体制，根据调制码不同区分卫星。FDMA 信号不利于与 CDMA 信号互操作，在定位精度上也弱于 CDMA 信号，阻碍了 GLONASS 的商业化应用。近几年，俄罗斯在升级导航星座的同时，也注重了导航信号的革新，开始增播 CDMA 信号。GLONASS-K1 上发送了系统首个 CDMA 信号 L3OC。GLONASS-K2 将发射 4 个 CDMA 信号，L1OC、L3OC 为民用，L1SC、L2SC 为军用。GLONASS-KM 上将增加 L5 载波，其 CDMA 信号将达到 8 个，其中包括 2 个能与 GPS 和 Galileo 兼容互操作的信号。

（3）BDS

中国北斗卫星导航系统（BeiDou Navigation Satellite System，BDS）是中国自行研制

的全球卫星导航系统。是继美国 GPS 系统、俄罗斯 GLONASS 系统之后第三个成熟的卫星导航系统。北斗卫星导航系统（BDS）和美国 GPS、俄罗斯 GLONASS、欧盟 GALILEO，是联合国卫星导航委员会已认定的供应商。BDS 是我国按照"先区域、后全球，先有源、后无源"的发展思路建设的卫星导航系统。它的建设分 3 步：首先是在 2000 年初步建成北斗卫星导航试验系统，具备了区域有源服务能力；接着在 2012 年底建成了北斗区域系统，具备了区域无源服务能力；最后是计划在 2020 年，建成北斗全球系统，具备全球无源服务能力。我国在 2000 年成功发射了 2 颗北斗试验卫星，形成了系统服务能力，完成了第 1 步计划；2003 年 5 月发射了 1 颗备份卫星，完全建成了北斗导航试验系统。从 2007 年 4 月～2012 年 10 月，我国发射了 16 颗北斗导航卫星，完成了亚太组网，于 2012 年底宣告建成了北斗区域系统，完成了第 2 步计划。目前，北斗区域系统运行良好，建设北斗全球系统的核心技术已经基本突破，我国于 2016 年 3 月成功发射了第 22 颗北斗导航卫星。北斗系统采用空间混合星座，它的卫星轨道有三种：地球静止轨道（geostationary earth orbit，GEO），倾斜地球同步轨道（inclined geosynchronous satellite orbit，IGSO）和中圆轨道（medium earth orbit，MEO）。GPS、GLONASS 和 Galileo 均采用单一中圆轨道，这种轨道能以最少卫星数量实现全球覆盖，但在高纬度极区会有盲区，且对我国本土利用率不高。目前的北斗区域系统星座构成为"5GEO＋5IGSO＋4MEO"，计划中的北斗全球系统的空间星座则为"5GEO＋3IGSO＋27MEO"。与其他全球导航卫星系统相比，北斗系统具有很多特色，如具有短报文通信和位置报告功能，这种能力为北斗系统提供了很多增值服务空间，目前在海洋渔业、水文监测，应急通信等方面已得到广泛应用。由于星座中有 GEO 卫星，北斗系统中融入了星基增强系统，可自主提供广域差分服务，不需要像 GPS 那样还要另建专门的广域增强系统。此外，北斗系统具备三频导航信息服务能力，在 B1 和 B2 上发射开放服务信号，在 B1 和 B3 上发射授权服务信号，使军用、民用均可实现双频导航。B1 频段为 1559.052～1591.788MHz，B2 频段为 1166.22～1217.37MHz，B3 频段为 1250.618～1286.423MHz。目前 BDS 发送 B1a、B1b、B2I 和 B3 导航信号，中心频率分别为 1561.098MHz、1589.742MHz、1207.14MHz 和 1268.52MHz。BDS 完全建好后，导航信号会与现在不同，将发送 B1c、B2 和 B3 信号，中心频率分别为 1575.42MHz、1191.795MHz 和 1268.52MHz。其中 B2 信号采用 AltBOC（15，10）圆包络调制方式，包括 B2a 和 B2b 导航信号，中心频率分别为 1176.45MHz 和 1207.14MHz。

（4）Galileo

Galileo 是欧盟为摆脱对 GPS 的依赖，打破其垄断，而建立的卫星导航系统。Galileo 计划首次公布于 1999 年 2 月，在 2002 年 3 月的欧盟 15 国交通部长会议上被正式批准启动。欧盟于 2005 年 12 月 28 日和 2008 年 10 月 12 日，第二批 2 颗 Galileo 卫星也顺利升空；这 4 颗星是在轨验证卫星，也是正式的 Galileo 工作卫星。4 颗星是满足导航服务的最小数量，这 4 颗星可以组成一个迷你小星座，初步发挥地面三维定位功能，对全系统进行在轨验证，并为后续卫星的精确入轨提供支持。2014 年 8 月 22 日，欧盟成功将第 5 颗和第 6 颗 Galileo 卫星送入太空，但没能进入预定轨道。按照计划，至 2020 年，将完成全部 30 颗卫星的组网，具备全面运行能力。投入使用后 Galileo 将与 GPS 在 L1 和 L5 频点上实现兼容和互用。与现在的 GPS 相比，Galileo 星座的轨道高度更高、轨道面倾角更大，具有更好的全球覆盖性，建成后可为挪威、瑞典等北欧国家提供更好的服务。Galileo原计划在2008年建成，曾被认为是对美国GPS最有力的挑战。不过，由于欧盟的政治体制，需要协调各方利益，系统建设进度被一再延误，完成全球组网的时间已推迟到2020年，这使得Galileo丧失了抢占全球市场的大好机会。

(5) QZSS

准天顶卫星系统（Quasi-Zenith Satellite System，QZSS）是日本按照"先增强，后独立，兼容渐进"的发展思路建设的区域性导航系统。QZSS可为GPS提供区域增强，系统发送L1C/A、L1C、L2C、L5C等信号，可将日本民用信号的精度从10m提高到1m以内。2010年9月11日，日本发射了首颗QZSS卫星，设计寿命10年，拉开了日本打造独立定位系统的大幕。QZSS的空间星座原定为3颗IGSO卫星，可保证总有一颗IGSO卫星在日本本土的天顶附近，后又增加了1颗GEO卫星。具体计划为，在2017年3月之前发射2号卫星，2017年5月之前发射3号卫星，2017年7月之前发射4号卫星。从2018年开始全面启用由"3IGSO＋1GEO"构成的QZSS，再以此为基础进行扩展升级，在2020后建成一个由"4IGSO＋3GEO"构成的区域导航系统。

(6) IRNSS

印度政府于2006年5月9日正式批准建设印度区域导航卫星系统（IRNSS），其空间星座由4颗IGSO卫星（2颗在轨备份）和3颗GEO卫星构成，卫星设计寿命约为10年。3颗GEO卫星分别位于东经32.5°、83°、131.5°赤道上空；4颗IGSO卫星轨道倾角为29°，升交点分别位于东经55°和111.75°。系统建成后，可为印度本土及边境以外1500km范围内的用户提供精确定位信息服务。2013年7月2日发射了系统首颗导航卫星IRNSS-1A；2014年4月4日发射了第2颗导航卫星IRNSS-1B。

2.1.2 北斗系统定位

1. 北斗导航系统概况

北斗卫星导航系统〔BeiDou（COMPASS）Navigation Satellite System〕是中国正在实施的自主研发、独立运行的全球卫星导航系统，缩写为BDS，与美国的GPS、俄罗斯的格洛纳斯、欧盟的伽利略系统兼容共用的全球卫星导航系统，并称全球四大卫星导航系统。北斗卫星导航系统于2012年12月27日起提供连续导航定位与授时服务。

北斗卫星导航系统由空间端、地面端和用户端三部分组成。空间端包括5颗静止轨道卫星和30颗非静止轨道卫星。地面端包括主控站、注入站和监测站等若干个地面站。用户端由北斗用户终端以及与美国GPS、俄罗斯GLONASS、欧盟GALILEO等其他卫星导航系统兼容的终端组成。

北斗卫星定位系统是由中国建立的区域导航定位系统。该系统由四颗（两颗工作卫星、2颗备用卫星）北斗定位卫星（北斗一号）、地面控制中心为主的地面部分、北斗用户终端三部分组成。北斗定位系统可向用户提供全天候、24小时的即时定位服务，授时精度可达数十纳秒（ns）的同步精度，北斗导航系统三维定位精度约几十米，授时精度约100ns。中国此前已成功发射四颗北斗导航试验卫星和十六颗北斗导航卫星（其中，北斗-1A已经结束任务），将在系统组网和试验基础上，逐步扩展为全球卫星导航系统。

2. 北斗系统定位原理

其工作原理如下：北斗一号卫星定位系出用户到第一颗卫星的距离，以及用户到两颗卫星距离之和，从而知道用户处于一个以第一颗卫星为球心的一个球面，和以两颗卫星为焦点的椭球面之间的交线上。另外中心控制系统从存储在计算机内的数字化地形图查寻到用户高程值，又可知道用户出于某一与地球基准椭球面平行的椭球面上。从而中心控制系统可最终计算出用户所在点的三维坐标，这个坐标经加密由出站信号发送给用户。北斗一号的覆盖范围是北纬5°～55°，东经70°～140°之间的心脏地区，上大下小，最宽处在北纬35°左右。其定位精度为水平精度100m（1σ），设立标校站之后为20m（类似差分状态）。工作频率：2491.75MHz。系统能容纳的用户数为每小时540000户。

双星定位不同于多星定位，一代"北斗"只用双星定位，比GPS等投资小、建成快，范本尧说这是我国国情决定的，也对一代北斗的技术路线提出了特殊的要求，所以我们的定位系统具有自己的特点。二代北斗可称中国的GPS。我国发展二代"北斗"不会采取一步到位的方式，也不会停掉一代，另外发展二代，范本尧说，我们会在一代的基础上不断补充卫星数，增加其功能，提高其整体水平。这位将继续承担二代北斗设计工作的科学家说：二代"北斗"可以称为"中国的GPS"，不过它仍然会比GPS多一个通讯为发展我国二代北斗的关键技术提供了准备。范本尧举例说，此次定位的北斗一号备份卫星上新装载了用于卫星定位的激光反射器，能够参照其他星，把自身位置精确定格在几个厘米的尺度以内。这颗卫星已定位成功，表明这种技术是有效而可靠的。这样，当我们不断发射新的卫星构建二代北斗体系时，众多卫星就会找准自己的位置，构成符合标准的网络。此外，北斗一号的3颗星寿命都是8年，专家正不断研究，预计下一次发射的卫星寿命就能达到10年左右了；而目前GPS卫星的寿命都是12年左右，GLONASS卫星的寿命则是3到5年。北斗卫星的工作流程如图2所示，地面控制中心向卫星Ⅰ和卫星Ⅱ同时发送询问信号，经卫星转发器向服务区内的用户广播。用户响应其中一颗卫星的询问信号，并同时向两颗卫星发送响应信号，经卫星转发回中心控制系统。中心控制系统接收并解调用户发来的信号，然后根据用户申请的服务内容进行相应的数据处理。对定位申请，中心控制系统测出两个时间延迟：即从中心控制系统发出询问信号，经某一颗卫星转发到达用户，用户发出定位响应信号，经同一颗卫星转发回中心控制系统的延迟；和从中心控制系统发出询问信号，经上述同一卫星到达用户，用户发出响应信号，经另一颗卫星转发回中心控制系统的延迟。由于中心控制系统和两颗卫星的位置均是已知的，可以由上述两个延迟量计算出用户到第一颗卫星的距离，以及用户到两颗卫星距离之和。从而知道用户处于一个以第一颗卫星为球心的一个球面，和以两颗卫星为焦点的椭球面之间的交线上；另外，中心控制系统从存储在计算机内的数字化地形图查寻到用户高程值，又知道用户处于某一与地球基准椭球面平行的椭球面上。因此，中心控制系统利用数值地图可计算出用户所在点的三维坐标，并与相关信息或通信内容发送到卫星，经卫星转发器传送给用户或收件人。

3. 实际应用

1）军用功能

"北斗"卫星导航定位系统的军事功能与GPS类似，如：飞机、导弹、水面舰艇和潜艇的定位导航；弹道导弹机动发射车、自行火炮与多管火箭发射车等武器载具发射位置的快速定位，以缩短反应时间；人员搜救、水上排雷定位等。

2）民用功能

（1）个人位置服务

当你进入不熟悉的地方时，你可以使用装有北斗卫星导航接收芯片的手机或车载卫星导航装置找到你要走的路线。

（2）气象应用

北斗导航卫星气象应用的开展，可以促进我国天气分析和数值天气预报、气候变化监测和预测，也可以提高空间天气预警业务水平，提升我国气象防灾减灾的能力。

除此之外，北斗导航卫星系统的气象应用对推动北斗导航卫星创新应用和产业拓展也具有重要的影响。

（3）道路交通管理

卫星导航将有利于减缓交通阻塞，提升道路交通管理水平。通过在车辆上安装卫星导航接收机和数据发射机，车辆的位置信息就能在几秒钟内自动转发到中心站。这些位置信息可用于道路交通管理。

（4）铁路智能交通

卫星导航将促进传统运输方式实现升级与转型。例如，在铁路运输领域，通过安装卫星导航终端设备，可极大缩短列车行驶间隔时间，降低运输成本，有效提高运输效率。未来，北斗卫星导航系统将提供高可靠、高精度的定位、测速、授时服务，促进铁路交通的现代化，实现传统调度向智能交通管理的转型。

（5）海运和水运

海运和水运是全世界最广泛的运输方式之一，也是卫星导航最早应用的领域之一。在世界各大洋和江河湖泊行驶的各类船舶大多都安装了卫星导航终端设备，使海上和水路运输更为高效和安全。北斗卫星导航系统将在任何天气条件下，为水上航行船舶提供导航定位和安全保障。同时，北斗卫星导航系统特有的短报文通信功能将支持各种新型服务的开发。

（6）航空运输

当飞机在机场跑道着陆时，最基本的要求是确保飞机相互间的安全距离。利用卫星导航精确定位与测速的优势，可实时确定飞机的瞬时位置，有效减小飞机之间的安全距离，甚至在大雾天气情况下，可以实现自动盲降，极大提高飞行安全和机场运营效率。通过将北斗卫星导航系统与其他系统的有效结合，将为航空运输提供更多的安全保障。

（7）应急救援

卫星导航已广泛用于沙漠、山区、海洋等人烟稀少地区的搜索救援。在发生地震、洪灾等重大灾害时，救援成功的关键在于及时了解灾情并迅速到达救援地点。北斗卫星导航系统除导航定位外，还具备短报文通信功能，通过卫星导航终端设备可及时报告所处位置和受灾情况，有效缩短救援搜寻时间，提高抢险救灾时效，大大减少人民生命财产损失。

2.1.3 GPS 系统原理

1. GPS 系统概述

GPS 系统由空间部分、地面监控部分及用户端组成。GPS 的空间部分由 21 颗工作卫星及 3 颗备用卫星组成，它们均匀分布在 6 个相对于赤道的倾角为 55°的近似圆形轨道上，每个轨道上有 4 颗卫星运行，它们距地面的平均高度为 20200km，运行周期为 12 恒星时。GPS 卫星星座均匀覆盖着地球，可以保证地球上所有地点在任何时刻都能看到至少四颗 GPS 卫星。GPS 系统的地面监控部分由一个主控站，三个注入站和五个监测站组成。其分布情况是：主控站设在美国本土科罗拉多斯平士（Colorado. Spings）的联合空间执行中心 CSOC（即 Consdidated Space Operation Center）；三个注入站分别设在大西洋的阿森松（Ascension），印度洋的狄哥、伽西亚（DiegoGarcia）和太平洋的卡瓦加兰（Kwaja-lein）三个美国空军基地上；五个监测站，除一个单独设在夏威夷外，其余四个都分设在主控站和注入站上。GPS 系统的用户接收部分的基本设备就是 GPS 信号接收机，其作用是接收、跟踪、变换和测量 GPS 卫星所发射的信号，以达到导航和定位的目的。GPS 系统的用户是非常隐蔽的，它是一种单程系统，用户只接收而不必发射信号，因此用户的数量也是不受限制的。

2. GPS 定位原理

利用 GPS 进行定位的基本原理，就是把卫星视为"飞行"的控制点，在已知其瞬时坐标（可根据卫星轨道参数计算）的条件下，以 GPS 卫星和用户接收机天线之间距离（或距离差）为观测量，进行空间距离后方交会，从而确定用户接收机天线所处的位置。利用 GPS 进行定位有多种方式，如果就用户接收机天线所处的状态而言，定位方式分为静态定位和动态定位。若按参考点的不同位置，又可分为单点定位和相对定位。

（1）静态定位与动态定位

如果在定位时，接收机的天线在跟踪 GPS 卫星过程中，位置处于固定不动的静止状态，这种方式称为静态定位。此时接收机高精度地测量 GPS 信号的传播时间，根据 GPS 卫星的已知瞬间位置，算得固定不动的接收机天线的三维坐标。由于接收机的位置固定不动，就有可能进行大量的重复观测，所以静态定位可靠性强，定位精度高，它在大地测量、工程测量中应用相当广泛，是精密定位中的基本模式。如果在定位过程中，接收机位于运动着的载体，天线也处于运动状态，这种方式叫作动态定位。动态定位是用 GPS 信号实时地测得运动载体的位置。动态定位的特点是测定一个动点的实时位置，多余观测量少，定位精度较低，除了要求测定动点的实时位置外，一般还要求测定运动载体的状态参数，如速度、时间和方位等。

（2）单点定位和相对定位

单点定位就是根据一台接收机的观测数据来确定接收机位置的方式。通过 GPS 接收机对码的量测就可得到卫星到接收机的距离。由于会有接收机卫星钟的误差及大气传播误差，故称为伪距。对 OA 码测得的伪距称为 UA 码伪距，精度约为 20m 左右，对 P 码测得的伪距称为 P 码伪距，精度约为 2m 左右。单点定位时，至少需要 4 个同步伪距观测值，也就是说至少必须同时观测 4 颗卫星。

相对定位（差分定位）是根据两台以上接收机的观测数据来确定观测点之间的相对位置的方法，它即可以采用伪距观测量也可采用相位观测量。

在单点定位和相对定位中，又都可能包括静态定位和动态定位两种方式。其中静态相对定位一般均采用载波相位观测值为基本观测量。这种定位方法是当前 GPS 测量中精度最高的一种方法，其精度可达（1～2）ppm，在大地测量、精密工程测量、地球动力学研究等精度要求较高的测量工作中，普遍采用了这一方法。

2.2 移动定位技术原理

2.2.1 移动网络定位技术的分类

近年来，室内定位需求日益增大。虽然在室外使用卫星定位可获得较好的定位精度，但是由于卫星定位需要在相对空旷，高层建筑不密集的地方才能实现比较精确的定位，因此需要利用其他技术方案实现室内位。即使室内无线定位技术面临各种难题，人们也没有放弃对这一技术的研究，因为室内无线定位技术的应用意义非常明显，能够给人们的生活带来巨大的方便。目前室内无线定位技术有很多种，研究人员尝试用各种无线技术来尽可能地降低室内环境的复杂多变性带来的对定位精度的影响，来实现室内环境下便捷而精准的定位。下面介绍几种室内无线定位技术：

（1）蓝牙室内定位技术：蓝牙技术目前已趋于成熟，应用广泛多样，这种短距离无线传输技术功耗也较低，同时设备的体积较小容易集成在很多便携设备上，目前大部分的智能手机都带有蓝牙功能。蓝牙室内定位技术通过测量信号强度来实现室内环境下的精确定位，且不容易被障碍物影响，但是由于其传输距离不是很理想所以在小范围短距离内进行精确定位比较适合用这种技术，如一个会议室内或者一个仓库内等，当要求定位的区域超过蓝牙的传输距离时蓝牙技术就无法实现精确的定位了，同时蓝牙设备的造价相对较高，要实现精确定位需要的设备数量较多，所以该室内定位技术适用于特定的环境中，无法完全普及，这是它的一大缺点。

（2）红外线室内定位技术：随着人们对红外线的研究和应用，在很多领域都会用到红外线技术来为人们提供方便，小到日常生活到大到国家军事，人们对红外线的应用已经非常普遍了。红外线室内定位技术是通过安装在室内特定位置上的光学传感器接收红外射线来实现定位的。红外线室内定位技术的定位精度在环境相对简单的情况下相对较高，当遇到室内墙壁，装饰物，人员等遮挡时就很容易出现误差，因为红外线的穿透性有限，同时在技术实现的成本上也相对较高，为了达到较好的定位效果，需要安装的光学传感器等设备也相对较多，造价相对较昂贵，所以红外线室内定位技术适合于环境相对简单固定的室内环境。

（3）超宽带（UMB）室内定位技术：超宽带技术完全摆脱波载调制的传统手段，是一种以极窄脉冲方式进行无线发射和接收的特殊技术。这种技术的特点主要有：极窄的脉冲，极宽的带宽，无载波，数据传输率高，系统容量大，功耗低，传输可靠性高，安全性强，结构简单，电磁兼容性好。用超宽带技术来实现室内精确定位能够提供非常好的效果，但也有其局限性，那就是超带宽技术发射的距离短且易受干扰。距离短就会导致在相对较大区域的室内环境中不能很方便地实现精确定位，而易受干扰主要是由于它的功率密度比一般的噪声水平低，很容易受到其他窄带无线通信信号的干扰，这会给定位带来很大的误差。

（4）超声波室内定位技术：这种室内定位技术的原理是利用接收到的目标物体反射回的超声波来确定目标距离参考位置的距离，从而确定目标的位置来实现定位的。超声波室内定位技术的定位精度相对其他很多的定位技术来说都高，在一定的环境中甚至能达到厘米级的高精确度，但是由于其受环境因素的影响也很大，所以很容易出现误差，同时对于硬件的要求也很大，所以成本相对较高。

（5）ZigBee室内定位技术：该技术的原型是蜜蜂之间的一种简单信息传递方式，蜜蜂在发现花丛后会通过一种特殊的肢体语言来向同伴发送信息，ZigBee技术就是据此而命名的一种可靠性非常高的短距离低功耗无线数据传输网络，与蓝牙技术类似。用这种技术来实现室内定位可以实现高效，精确的定位，但根据环境要求需要铺设另外的定位网络，需要相当量的设备，成本也相对较高。

（6）WiFi室内定位技术：WiFi是IEEE802.11标准的统称，WiFi无线网络由AP（Access Point）和无线网卡组成的网络。WiFi的通讯距离在开放性区域可以达到300m，在封闭区域可以达到70m到120m，这相比起蓝牙技术等具有很大的优势，而这个无线通讯距离对于室内空间来说已经足够了，这也是WiFi室内定位得以实现的原因。WiFi室内定位技术是通过移动设备与无线网络接入点（AP）无线信号交流来确定目标的位置，从而实现定位。WiFi室内定位技术相对于其他的定位技术来说无论从定位精度和效率还是从成本方面考虑都具有很大的优势。

（7）射频识别室内定位技术：这是一种短距离定位技术，通过利用射频的方式进行双向的非接触式通信交换数据来实现定位。这种室内定位技术的优势在于能够在几毫秒的时间内实现厘米级的精确定位，同时用于定位的标识体积小，制造成本也较低，所以这项技术具有很大的优势。但其劣势在于标识的作用距离较短而且不具备通信能力，不利于整合到其他系统中进行使用。

2.2.2 UWB室内定位技术

超宽带（UWB，Ultra-WideBand）技术是一种全新的、与传统通信技术有极大差异的通信新技术。它不需要使用传统通信体制中的载波，而是通过发送和接收具有纳秒或纳秒级以下的极窄脉冲来传输数据，从而具有GHz量级的带宽。超宽带可用于室内精确定位，例如战场士兵的位置发现、机器人运动跟踪等。

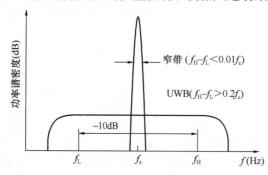

图2-1　超宽带技术与窄带技术区别

超宽带系统与传统的窄带系统相比，具有穿透力强、功耗低、抗多径效果好、安全性高、系统复杂度低、能提供精确定位精度等优点（图2-1）。因此，超宽带技术可以应用于室内静止或者移动物体以及人的定位跟踪与导航，且能提供十分精确的定位精度。

1. UWB技术定义

超宽带技术是一种使用1GHz以上带宽且无需载波的先进无线通信技术。2002年4月FCC发布了UWB无线设备的初步规定，并重新对UWB作了定义。按此定义，UWB信号的带宽应大于等于500MHz，或其相对带宽大于20%。这里相对带宽定义为：

$$\frac{f_H - f_L}{f_c}$$

其中，f_H、f_L分别为功率较峰值功率下降10dB时所对应的高端频率和低端频率，f_c是信号的中心频率，$f_c = (f_H + f_L)/2$。

2. UWB 的主要优势

UWB 是近年来提出的定位方案中能达到较高定位精度的一种技术，其本身的特性决定了它特殊的工作原理，下面将对其在技术方面的优势做具体分析：

（1）结构简单、实现成本低

与传统的窄带收发信机相比，UWB 无需产生正弦载波，发射端，发射器使用脉冲直接激励天线，将信号发射出去，也可以采用天线阵列。这种技术下，传统发射器中使用的变频技术、功率放大技术甚至是混频技术都可省略；类似的，接收端，曾经一度使用的中频、射频电路都被替换掉。显然，通过这一分析，可以清楚地发现 UWB 技术下的硬件设备体积较小，成本也较低，基本可以达到低碳、环保的要求。

（2）隐蔽性好、保密性强

跳时扩频技术是 UWB 发射信号的典型特点，使其发射功率谱的密度很低，同时其射频带宽很宽，甚至可以达到几 GHz，所以发射信息中的有用成分完全淹没在背景噪声和其他各种干扰信号中，能被敌人截获并检测出来的概率非常之小，保证了整个系统的安全性。

（3）多径分辨能力强

与其他无线通信系统相比，UWB 系统发射出去的是一种特殊的窄脉冲信号，一方面它的持续时间极短，另一方面它的占空比又很低，这两方面的性质决定了多径信号具有在时间上可分离的优势。

（4）穿透能力强

相关试验表明，UWB 在树叶的穿透和各种障碍物的穿透上都有令人欣喜的成果，有可能突破超短波不具备穿透能力的记录。同时，UWB 信号也具有隔墙成像的能力。

（5）良好的同频段共存性

由于 UWB 信号自身的功率谱密度很低，使得它不会对同类型的其他设备造成干扰，另一方面，也能通过约束信号的辐射能量来避免此干扰；而且 UWB 的整个系统功能可以在其他系统所使用的频段上实现，并且不受任何影响。这一兼容性使得 UWB 技术不再面临任何电磁兼容的困境，可以在室内监测、卫生医疗等众多领域中得到广泛应用。

通过上面的分析，UWB 兼得了短距离通信和高精度定位的双重功能，在应用方面的前景十分美好，具有很重要的研究意义。

3. UWB 定位方法

无线定位系统实现定位，一般是要先获得和位置相关的变量，建立定位的数学模型，然后再利用这些参数和相关的数学模型来计算目标的位置坐标。因此，按测量参数的不同，可将定位方法分为：

（1）基于接收信号强度（RSS，Received Signal Strength）法。

（2）基于到达角度（AOA，Angle of Arrival）法。

（3）基于接收信号时间（TOA/TDOA，Time/Time Difference of Arrival）法（图 2-2）。

其中，基于 TDOA 测距技术的超宽带标签定位系统采用一个独立时差计数器统一记录标签信号到达各基站的时间差，故基站间无须严格同步的参考时钟，避免了因参考时钟起点不同步带来的测量误差，从而在有效地提高定位精度的同时降低了系统实现复杂度。

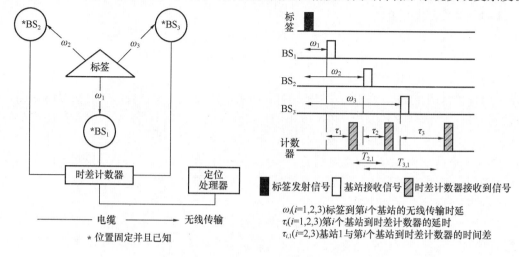

图 2-2　基于接收信号时间法定位原理

2.2.3　基于 WiFi 的室内定位技术

基于 WiFi 的定位技术：WiFi 是一个无线网络通信技术的品牌，是基于 IEEE802.11 标准的一种无线局域网。WiFi 本身不带定位功能，但是它可利用接收的信号强度进行定位。由于 WiFi 的热点很少移动，且所有 WiFi 拥有唯一的地址，所以很容易识别出不同的 WiFi 热点。随着基于 WiFi 的"无线城市"的快速发展，通过 WiFi 进行定位有很多优势，比如它可工作于室内、室外等不同的场合，为实现无处不在的定位提供了可能，有此特性就能实现室内定位和室外定位在一定范围的无缝连接；它的硬件平台成熟，仅仅依赖于现有的网络，无需对其进行任何改动，成本低；在有障碍物的情况下也能使用进行 WiFi 定位。

1. WiFi 的传播与衰减

WiFi 是一个无线网路通信技术的品牌，WiFi 实质上是一种商业认证，同时也是一种无线联网的技术，以前通过网线连接电脑，而现在则是通过无线电波来联网；常见的就是一个无线路由器，那么在这个无线路由器的电波覆盖的有效范围都可以采用 WiFi 连接方式进行联网，如果无线路由器连接了一条 ADSL 线路或者别的上网线路，则又被称为"热点"。WiFi 有两种传输方式：

1）第一种扩展频谱

顾名思义如果从正弦坐标图上我们可以知道此时的数据频谱被压缩成了多倍数，也就是说在坐标图上看到的是致密的波形图。这样我们不难想象，由于周期变短所以频带的带宽不会被浪费掉。这种方式带来的好处就是安全和抗干扰能力强。

2）第二种窄带方式

这种窄带方式调制数据信号占用的频带少，频带没有任何扩展被发射出。采用这种方式调制的无线局域网要使用专用的频段，专用频段是需要国家来控制分配的，所以还需要办理相关的手续。

WiFi 信号是电磁波，其衰减是和介质有关的，介质对电磁波都有阻挠或吸收作用，这是波的衍射现象。那么穿透后波的振幅会减小，那也就是说功率会减小，功率太小或平板 WiFi 接收模块质量或者设计不够好，都会导致 WiFi 失敏现象。表 2-1 给出相关介质对电磁波的衰减值的影响：

介质对电磁波的衰减值的影响   表 2-1

序号	RF 障碍物	相对衰减度	范例	穿透损耗
1	木材	低	办公室分区	约 3~6dB
2	塑料	低	内墙	约 3~6dB
3	合成材料	低	办公室分区	约 3~6dB
4	石棉	低	天花板	约 3~6dB
5	玻璃	低	窗户	约 8dB 左右
6	水	中	湿木、养鱼池	约 8~10dB
7	砖	中	内墙和外墙	约 8~12dB
8	大理石	中	内墙	约 10~12dB
9	纸	高	壁纸	约 12~15dB
10	混凝土	高	楼板和外墙	约 12~20dB
11	承重墙	高	浇筑水泥墙	约 20dB

2. WiFi 定位的常用方法

常见的适用于 WiFi 的室内定位方法可分为参数化室内定位方法和非参数室内定位方法，本节对这些方法进行介绍。

1）与距离参数无关的定位方法

与距离参数无关的定位方法是指通过无线信号传播过程中在不同的位置表现出的不同特性来判断目标的位置，而不用测量定位目标与已知位置的距离，一般需要在定位前建立无线信号的特征库来用于判断。基于位置特征匹配的定位方法就是一种经典的与距离无关的定位方法，其原理为：通过重复多次采集 WiFi 信号数据来提取特征后建立位置特征库，再与实时采集的数据进行匹配，通过一定的算法计算当前位置实现定位。这种算法有两种方式：一种是基于模型的匹配定位算法，另一种是无需模型的匹配定位算法。

基于位置特征匹配的定位方法分为训练和定位两个阶段，其模型如图 2-3 所示。

训练阶段：其目标在于建立一个位置特征数据库，定位系统部署人员在定位环境中遍历所有位置，同时在每个参考位置收集来自不同 AP 接入点的 RSSI 值，将各个 AP 的 MAC 地址、RSSI 值和参考点的位置信息组成一个相关联的三元组数据保存在位置特征库中。

定位阶段：定位用户在定位区域中，实时采集所有 AP 接入点的 RSSI 值，并将 MAC 地址和 RSSI 值组成二元组，作为位置匹配算法的输入数据，按照一定的顺序遍历特征库，然后以特定的匹配算法进行位置估计。

基于位置特征匹配的定位算法在定位阶段的计算量相对较小，但前期特征库的建立费时费力，需要重复采集大量的数据。

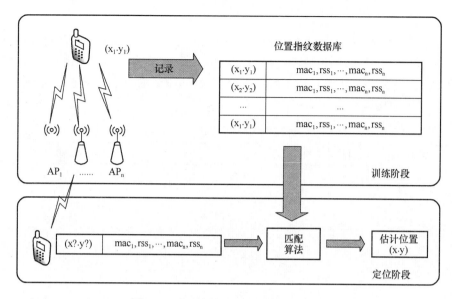

图 2-3　基于特征匹配的定位算法模型

2) 与距离参数相关的定位方法

与距离参数相关的定位方法是指通过一定的方式得到某一点或多点的具体位置，然后通过无线信号传播的各种特性来获得定位标与已知点的距离，通过测量的距离来确定目标的位置，从而实现定位。与距离参数有关的定位方法主要有以下几种：

（1）基于信号到达时间（Time of Arrival，TOA）的定位方法

通过测量信号从发射到到达的时间，采用特定的计算方法来实现定位。其原理是将位于三个以基站为圆心，目标与基站间的距离为半径的三个圆的焦点处的位置作为目标的定位位置。其原理如图 2-4 所示。

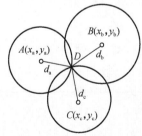

图 2-4　TOA 算法原理

已知参考节点 A、B、C 的坐标分别为（X_a，Y_a）、（X_b，Y_b）、（X_b，Y_b）测得其到待定位节点 D 的距离分别为 D_a、D_b、D_c，假设节点 D 的坐标为（X，Y）。当测得未知节点与信标节点的距离为 d 时，在理想情况下，可认为未知节点在以参考节点为圆心半径为 d 的圆上，三个相交的圆可唯一确定一个点或一个区域，这个点或者这个区域的中心即为未知节点的位置。根据已知参数，可建立方程组（2-1）：

$$\begin{cases} \sqrt{(x-x_a)^2+(y-y_a)^2}=d_a \\ \sqrt{(x-x_b)^2+(y-y_b)^2}=d_b \\ \sqrt{(x-x_c)^2+(y-y_c)^2}=d_c \end{cases} \tag{2-1}$$

由式（2-1）可得到 D 节点的坐标，如式（2-2）为：

$$\binom{x}{y}=\begin{pmatrix} 2(x_a-x_c) & 2(y_a-y_c) \\ 2(x_b-x_c) & 2(y_b-y_c) \end{pmatrix}^{-1}\begin{bmatrix} x_a^2-x_c^2+y_a^2-y_c^2+d_c^2-d_a^2 \\ x_b^2-x_c^2+y_b^2-y_c^2+d_c^2-d_b^2 \end{bmatrix} \tag{2-2}$$

（2）基于信号传播时间差（Time Different Of Arrival，TDOA）的定位方法

这种方法是利用测量信号到达两个基站的时间差来实现定位的。其原理是利用 3 个基

站间信号到达时间差形成的两个双曲线定位区的交点，再附加一定的条件来计算目标的定位位置。这种算法 TOA 比算法更优化，TOA 算法需要考虑时间是否同步，而 TDOA 则不用考虑这个问题。

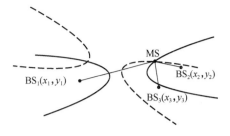

图 2-5　TDOA 算法原理

　　TDOA 算法的原理如图 2-5 所示：

　　（3）基于信号射入角度（Angel of Arrival，AOA）的定位方法

　　通过在基站安装测量信号达到角度的天线来测量信号到达的角度，然后构建一个三角形来计算目标的位置，也称三角测量法。由于该方法对测量天线的要求较高，同时容易受非视距传播的影响，会造成测量的角度出现较大偏差的情况，所以该方法的定位精度不是很理想。其原理如图 2-6 所示。

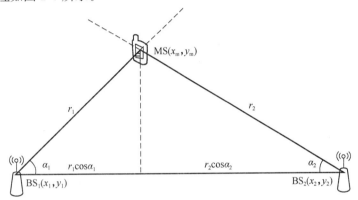

图 2-6　AOA 算法原理

　　AOA 算法的解算方程可根据三角形的几何关系获得，如式（2-3）所示：

$$\begin{cases} d_{12} = r_1\cos\alpha_1 + r_2\cos\alpha_2 \\ r_1^2 = (x_m - x_1)^2 + (y_m - y_1)^2 \\ r_2^2 = (x_m - x_2)^2 + (y_m - y_2)^2 \\ d_{12}^2 = (x_1 - x_2)^2 + (y_1 - y_2)^2 \end{cases} \tag{2-3}$$

　　（4）基于信号强度（Received Singnal Strength Indication，RSSI）的定位方法：

　　通过测量 WiFi 信号强度与发射点的距离可以发现，当目标离发射点距离较近时测量的信号强度较强，而随着距离的增加信号强度会逐渐减弱，超过一定范围后信号会消失。基于信号强度的定位算法就是根据信号强的变化与距离的关系来确定目标位置的。根据接收设备捕获到信号强度和空间中传播的无线电信号的强度随着传输距离的增加而下降的这一特性给出计算两个无线设备间距离的公式。如式（2-4）所示：

$$PL(d) = PL(d_0) + 10n\lg(d/d_0) + X_0 \tag{2-4}$$

　　式中，$PL(d)$ 为经过距离 d 后的路径损耗；$PL(d_0)$ 为经过单位距离后的路径损耗；d_0 为单位距离，通常为 1m，X_0 为均值为 0 的高斯分布随机数，其标准范围为 4～10；n 为信号衰减因子，范围一般为 2～4。室内定位范围一般相对较小，并且现在室内定位一

般利用高频率的无线电,其传播速度为光速,如果时间上稍稍出现一点误差,则基于时间的测距方法就会产生非常大的误差,但是基于 RSSI 的测距方法则有效的避免了这个缺点,且其信号模型在小范围内也是比较接近理论值的所以室内定位技术大多都采用基于 RSSI 的测距方法。

2.2.4 基于 ZigBee 的网络介绍

1. ZigBee 技术简介

ZigBee 技术作为一种新兴无线通信技术不同于其他一些无线传感器网络技术,其不追求高速率、远距离等特点,而是以低功耗、低速率、低成本为主要特点,被广泛用于多个领域。其中,定位就是无线传感器网络的主要应用领域之一。

由英国 Invensys 公司、日本三菱电气公司、美国摩托罗拉公司以及荷兰飞利浦等公司在 2002 年共同宣布组成 ZigBee 技术联盟,共同研究开发 ZigBee 技术。ZigBee 是一种新兴的低功耗、低速率、低成本短距离无线网络技术,在工业、农业、军事、环境、医疗等领域都有极高的应用价值。

ZigBee 作为一种新兴的无线传感器网络技术,之所以更适用于远程控制领域并被如此多的企业看好,是由其自身的技术优势所决定的,其特点如下:

(1) 低成本。ZigBee 降低了对通信控制器的要求,因此可以采用 8 位单片机存储器,大大降低了硬件成本。预计 ZigBee 模块初期成本在几十元左右,广泛应用后可降到 20 元左右且由于协议栈免专利费用,因此可进一步降低软件的应用费。

(2) 工作频段灵活。可供使用的频段分别为 2.4GHz、868MHz(欧洲)及 915MHz(美国),均为免执照频段。

(3) 低速率。ZigBee 根据不同的工作频段,其数据传输速率会有所不同,但都处于较低的速率。在 2.4GHz 频段上,有 16 个数据传输速率为 250kbps 的信道在 868MHz 频段上,有 1 个 20Kbps 的信道,在 915MHz 频段上,有 10 个 40kbps 的信道。

(4) 低功耗。这是 ZigBee 网络最显著的一个特点。在工作模式下,由于 ZigBee 技术的传输速率低,传输数据量较小,因此信号的收发时间短,在非工作模式时,ZigBee 节点又处于休眠模式。一般 ZigBee 节点用两节普通 5 号干电池供电,可使用 6 个月以上。

(5) 短时延。ZigBee 的通信时延以及从休眠状态到激活的时延都非常短。设备搜索时延典型值为 30ms,休眠激活时延典型值为 15ms,活动设备信道接入时延为 15ms,这对某些时间敏感的信息至关重要,另外还能减小能量消耗。

(6) 数据传输可靠。由于 ZigBee 采用了防冲突机制 CSMA/CA,同时对需要固定带宽的通信业务采用预留专用时隙的策略,避免了发送数据时的竞争和冲突。在接入层采用确认数据传输机制,每个发送数据包必须等待接收点的确认信息才可以发送下一个数据包。如果传输过程中出现问题可以进行重发,从而建立起可靠的数据通信模式。

(7) 近距离通信。由于 ZigBee 的低功耗特点,决定设备的发射功率较小,一般两个 ZigBee 节点的通信距离在 10~75ms 内。

(8) 组网方式灵活。ZigBee 组网方式灵活,可以组成星状、树状、网状三种方式,网络可以随节点设备的加入或退出呈现动态变化。

(9) 网络容量大。ZigBee 设备分为三种方式,网关(即协调器)、路由器和终端设备。每个 ZigBee 网络最多可支持 255 个设备，即每个 ZigBee 主设备可以与另外 254 台从设备相连接。若是通过网络协调器，整个网络最多可以支持超过 64000 个 ZigBee 网络节点，再加上各个网络协调器可互相连接，整个 ZigBee 网络节点数目将非常可观，十分符合大面积传感器网络的布建需求。

（10）自配置。在可通信距离内，ZigBee 通过网关自动建立网络，采用载波侦听冲突检测方式进行通道接入节点设备可随时加入和退出，是一种自配置、自组织的组网模式。

（11）三级安全模式。ZigBee 提供了基于循环冗余校验的数据包完整性校验，支持鉴权和认证，并在数据传输中提供了三级安全处理。第一级是无安全方式对于某种应用，如果安全并不重要或者上层已经提供足够的安全保护，设备就可以选择这种方式来转移数据。第二级安全处理设备可以使用接入控制列表来防止非法设备获取数据，在这一级不采取加密措施。第三级安全处理在数据传输中采用属于高级加密标准一的对称密码，可以用来保护数据净荷和防止攻击者冒充合法设备。不同的应用可以灵活确定其安全属性。

由于上述特点，使得 ZigBee 在许多方面得到了应用，主要用于功耗要求低、数据传输率不是很高而且传输距离不是十分远的场合，比如通过建立完备 ZigBee 的网络，智能建筑可以随处感知可能发生的火灾隐患，及早提供相关信息；根据人员分布情况自动控制中央空调，实现能源的节约；及时掌握客房内客人的出入情况，以便突发状况时能及时发出通知；在机场，持有 ZigBee 终端的乘客们可以随时获取导航信息；在工业领域，人们可以通过 ZigBee 网络及时了解厂房内不同区域的温湿度；在医院，ZigBee 网络可以及时、准确地收集病人的信息和检查结果，快速准确地做出诊断。

2. 基于 ZigBee 技术的定位原理

Zigbee 技术就是通过在待定位区域布设大量的廉价参考节点，这些参考节点间通过无线通信的方式形成了一个大型的自组织网络系统，当待定位区域出现被感知对象的信息时，在通信距离内的参考节点能快速的采集到这些信息。同时利用路由广播的方式把信息传递给其他参考节点，最终形成了一个信息传递链并经过信息的多级跳跃回传给终端电脑加以处理，从而实现对一定区域的长时间监控和定位。如图 2-7 所示，密集排布的参考点之间可以进行路由通信，同时也可以与感知对象之间建立联系，经过数据整合打包后经过信息多跳，回传给 PC 机进行处理，并将定位结果展现出来。

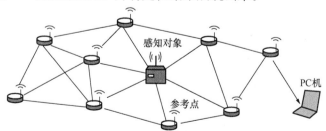

图 2-7　Zigbee 的定位原理示意图

定位算法：

由于使用的场合是短距离室内定位，因此基于测时间的定位方式会产生较大的误差，而基于测距技术的定位方式则比较适合短距离室内这种环境。而接收信号强度指示技术（Received Signal Strength Indicator，RSSI）功耗低、成本低、实用性高，因此测距定位方式中的 RSSI 技术作为定位方式。

电波在自由空间传播的距离、频率和信号衰减的关系为：

$$Q_{los} = 32.44 + 20\lg d + 20\lg f \qquad (2\text{-}5)$$

式中：Q_{los} 为传播损耗，单位为 dB；d 为距离，单位为 km；f 为工作频率，单位为 MHz。

当电波的频率和发射功率固定不变时，通信的距离和接收器接收到的功率直接相关，由于不同的环境下信号的衰减程度不同，在相应的环境下进行测量得到传播损耗经验值，并对式（2-5）进行修正。

作为需要定位的目标装置，本方案选择 CC2431 芯片来完成。CC2431 是 TI 公司推出的带硬件定位引擎的片上系统（SoC）解决方案，能满足低功耗 ZigBee/IEEE802.15.4 无线传感器网络的应用需要。CC2431 定位引擎基于 RSSI 技术，根据接收信号强度与已知参考节点位置准确计算出目标装置位置。

RSSI 的理论值可表示为

$$I_{RSSI} = -(10n \times \lg d + A)$$

式中：d 为信号传播的距离，单位是 m；射频参数 A 和 n 用于描述网络操作环境。在全向模式下，射频参数 A 被定义为用 dBm 表示的距发射端 1m 处接收到的信号强度绝对值。射频参数 n 被定义为路径损失指数，它指出了信号能量随着到收发器距离的增加而衰减的速率。

在发射功率和频率不变的情况下，对接收到的信号强度进行处理能够得到发射点和接收点的距离。当一个接收点接收到最少三个信号时，则能计算到三个节点的距离，假设待定位传感节点（接收点）的坐标为 (x, y)，得到三个参考节点 A、B、C 的坐标为 (x_1, y_1)，(x_2, y_2)，(x_3, y_3)。距离运算通过式（2-6）实现

$$\left. \begin{array}{l} (x - x_1)^2 + (y - y_1)^2 = d_1^2 \\ (x - x_2)^2 + (y - y_2)^2 = d_2^2 \\ (x - x_3)^2 + (y - y_3)^2 = d_3^2 \end{array} \right\} \qquad (2\text{-}6)$$

通过对式（2-6）求解，可得出节点的近似坐标。如图 2-8 所示。

但是在实际环境中，由于测量误差和其他不确定因素，会导致三个圆很难交在唯一点，如图 2-9 所示。

针对这种情况，使用基于质心算法的定位方法能有效确定定位点：

如图 2-9（a）所示，当三个圆有公共区域时，取在相交区域靠近里面的三个交点 A'、B'、C'，以这三个点为顶点做三角形 $A'B'C'$，这个三角形的质点 D' 为定位节点位置估算点

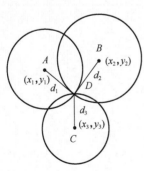

图 2-8　相交在唯一点

（D 为定位节点的真实点），要想求得 D' 点坐标，只要分别求出 A'、B'、C' 坐标。

A'、B'、C' 坐标分别为（x'，y'）、（x'，y'）、（x'，y'），D' 坐标为（x'，y'）[D 坐标为（x，y）]。可以很容易求出 A'、B'、C' 点坐标，于是 D' 点坐标就求出来了。

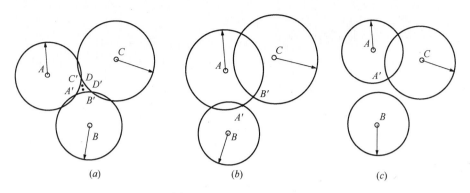

图 2-9　相交不在唯一点

$$(\hat{x},\ \hat{y}) = (x',\ y') = \left(\frac{x'_1 + x'_2 + x'_3}{3},\ \frac{y'_1 + y'_2 + y'_3}{3}\right) \tag{2-7}$$

但是在实际应用中，往往连上面这种有公共区域的情况都不会出现，出现没有两两相交，没有公共区域的情况，如图 2-9（b）和（c）所示。如果仍然用上面方法求解的话，最终的求解结果会得到复数。此时，最终需要得到的坐标信息就会误差很大。

结合以上两种情况，使用全交点质心求解定位算法。将多边定位算法列出的方程展开写成如下格式：

$$\begin{cases} -2x_1 x - 2y_1 y + x^2 + y^2 = d_1^2 - x_1^2 - y_1^2 \\ -2x_2 x - 2y_2 y + x^2 + y^2 = d_2^2 - x_2^2 - y_2^2 \\ \vdots \\ -2x_n x - 2y_n y + x^2 + y^2 = d_n^2 - x_n^2 - y_n^2 \end{cases} \tag{2-8}$$

写成矩阵形式：

$$\begin{bmatrix} -2x_1 & -2y_1 & 1 \\ -2x_2 & -2y_2 & 1 \\ \cdots & \cdots & \cdots \\ -2x_n & -2y_n & 1 \end{bmatrix} \begin{bmatrix} x \\ y \\ x^2 + y^2 \end{bmatrix} = \begin{bmatrix} d_1^2 - x_1^2 - y_1^2 \\ d_2^2 - x_2^2 - y_2^2 \\ \cdots \\ d_n^2 - x_n^2 - y_n^2 \end{bmatrix} \tag{2-9}$$

定义：

$$\theta = \begin{bmatrix} x \\ y \\ x^2 + y^2 \end{bmatrix}, b = \begin{bmatrix} d_1^2 - x_1^2 - y_1^2 \\ d_2^2 - x_2^2 - y_2^2 \\ \cdots \\ d_n^2 - x_n^2 - y_n^2 \end{bmatrix}, Q = \begin{bmatrix} -2x_1 & -2y_1 & 1 \\ -2x_2 & -2y_2 & 1 \\ \cdots & \cdots & \cdots \\ -2x_n & -2y_n & 1 \end{bmatrix} \tag{2-10}$$

则（2-9）式可以写成 $Q\theta = b$

用最小二乘法求得 $\hat{\theta}_{LS} = (Q^T Q)^{-1} Q^T b$

向量 $\hat{\theta}_{LS}$ 的前两项就是所要求的定位节点估计坐标 $(\hat{x}_{LS},\ \hat{y}_{LS})$

用此算法求出的定位节点近似坐标 $(\hat{x}_{LS},\ \hat{y}_{LS})$ 是所有圆交点组成多边形坐标的质心。而且不管这 n 个圆是否两两相交。

2.2.5 重力场定位原理与方法

地球重力场是地球外部及其内部的基本物理场，地球重力场确定在地球科学与其他相关学科中具有重要意义。在空间科学中，各类人造卫星轨道的精密确定需要重力场的详细结构；现代各类制导武器也需要确定导弹位置与重力加速度的关系以及发射点的垂线偏差等；各类高精度惯性导航也需要地球重力场的精细结构及垂线偏差。

地球表面的重力场在不同地区的差异性构成了一种典型特征，利用这种特征来确定载体所在的地理位置，就是重力场导航所依据的基本原理。

1. 全球重力场确定

全球重力场确定代表性的方法是球谐展开法。自从第一颗人造卫星发射后，有关的机构和学者进行了大量的、长期的研究。主要有：美国哥达德宇航中心 GEM 系列，主要侧重于用人卫方法确定低阶位系数；美国俄亥俄州立大学 OSU 系列，侧重于用人卫数据与地面数据联合确定高阶地球重力场模型。OSU91A 最高阶次为 360×360 阶；联合地球模型 JGM 系列，由美国哥达德宇航中心、马里兰大学、俄亥俄州立大学等联合研制，最高 360×360 阶，是目前精度最高的地球模型，得到广泛应用。

2. 局部重力场确定

局部重力场确定应用的方法比较灵活，大致介绍如下。

1）Stokes 积分

由地面重力测量确定的重力异常，利用 Stokes 积分可计算大地水准面。

2）反 Stokes 积分

由卫星测高确定的测高数据减去海面地形后，可得到海洋大地水准面数据。再由这些数据利用反 Stokes 公式即可计算海洋地区重力异常。由于卫星测高数据的覆盖性较好，求出的重力异常无论分辨率还是精度都是比较好的。目前，海洋地区已有 $2' \times 2'$ 重力异常数据。

3）其他各种局部重力场确定方法

（1）点质量法：优点是比较灵活和简单，但确定质点埋藏深度缺乏一定的准则。

（2）地形和地球物理校正法：可改善重力数据不足地区或未测地区数据的精度和分辨率。

（3）Fourier 法：可使用 FFT 等快速算法。

（4）垂线偏差法：是由中国台湾地区学者黄金维提出的一种方法，在反演海洋地区大地水准面时有一定优势，可避免一些不必要的系统误差。

第3章 移动空间数据获取系统

3.1 手持设备

  移动 GIS 的表达呈现于移动终端上，移动终端有手机、掌上电脑、车载终端等。手持 GPS，指全球移动定位系统，是以移动互联网为支撑、以 GPS 智能手机为终端的 GIS 系统，是继桌面 GIS、WEBGIS 之后又一新的技术热点，移动定位、移动 MIS、移动办公等越来越成为企业或个人的迫切需求，移动 GIS 就是其中的集中代表，使得随时随地获取信息变得轻松自如。它包括空间数据库、GIS 服务器、瓦片服务器、GIS 客户端等。

  随着移动端 APP 的发展，越来越多的新兴应用正在逐渐颠覆着我们的生活，打车软件、外卖软件、线上生活超市无一不是利用手机定位功能来实现的。

  手机定位是比较复杂的，因为它不是单纯的一种定位方式，而是由多种不同的定位方式联合解算，组合导航计算出你所在的位置。这些定位方式包括卫星定位、辅助卫星定位、基站定位、WiFi 定位、蓝牙定位。每一种定位技术都可以单独定位，但是又有着不同的优缺点，如果只采用单一定位方式进行定位，手机定位的实用性将大大降低，后面会讲到各种定位方式的特点。这些定位方式中最重要的便是大家耳熟能详的卫星定位，这种定位方式是手机定位的基础，其他的几种定位方式都是作为辅助，以提高卫星定位对不同环境的适应性和定位精度。

  GPS 不是唯一的卫星定位系统，GPS、GLONASS、GALILEO、BeiDou 是联合国卫星导航委员会认定的四个服务商。GPS 是 Global PositioningSystem 的简称，起始于美国的军方项目，如今已经在 6 个轨道平面上布置了 24 课卫星，且广泛应用于各种民用、军用项目，是大众了解最多的卫星导航系统。除 GPS 以外，俄罗斯于 2009 年开始面向全球提供 GLONASS 卫星导航服务，该卫星导航系统完全独立于 GPS 卫星导航系统。伽利略是欧盟研制和建立的全球卫星导航定位系统，目前尚未建设完全，无全球覆盖的定位能力。北斗卫星导航系统则是我国自主研制建立的导航系统，建设完成后共有 35 颗卫星，目前已经覆盖亚太地区。

  卫星定位设备可以提供三维位置、时间等信息。定位精度主要取决于使用的导航系统以及定位设备本身。总体来说，GPS、GLONASS、BeiDou 三个定位系统的定位精度相当，搭配使用高价位的高精度卫星导航接收机均可达到 1m 左右的位置精度，手机中所使用的定位芯片则精度较低，在收星情况良好时可以达到 3~10m 的位置精度。

  手机定位芯片的供应商主要有联发科、SiRF、U-blox 等。SiRF 是较大的芯片供应商，先后被 CSR 以及高通收购，其生产的 SiRFstar 系列芯片广泛用于三星、苹果等国际手机品牌。U-blox 在国产手机金立等品牌中有使用。国内的定位芯片生产商主打北斗品牌，武汉梦芯、北伽导航、东方联星、和芯星通等公司都推出了北斗定位芯片，国内三大

IC厂商海思、展讯和联芯则推出了高集成度低功耗北斗移动通讯一体化芯片，经工信部牵头，华为、中兴、联想、宇龙将率先进行整机的适配工作，预计明年使用自主高集成度北斗芯片的智能手机将突破2000万部。

手机中所使用的卫星定位技术逐渐向高集成度、多系统联合定位、高定位精度、良好的抗干扰性发展。随着卫星导航技术的发展，定位芯片性价比将进一步提高，应用场景也会越来越多。

3.2 车载移动测量系统（MMS）

随着社会的快速发展和"人口爆炸"，城市的承载力受到了极大的挑战。为了实现城市的可持续发展，"智慧城市"的建设逐渐成为人们关注的热点和社会发展不可逆转的历史潮流。"智慧城市"主要依托定位技术、集成技术、3S技术和地理信息技术等，它被广泛运用于智能交通、智能物流和医疗保健等领域。其中，数据采集是"智慧城市"的关键。

空间数据的采集主要分为地面采集和空对地采集两种方式。空对地的观测手段可以大范围、高效率的采集地面数据，不过对于有树木、建筑物遮挡的区域以及建筑物立面等数据无法有效采集。地面观测恰好可以弥补空地观测的这种不足，适时的采集建筑物立面及易被障碍物遮挡信息，与空对地采集数据形成有效互补，共同构建"智慧城市"空间三维模型。在实际工程中，地面数据采集常用的仪器类型分别是站载三维激光扫描仪和车载式三维激光扫描仪。站载三维激光扫描仪一般用在小范围区域的数据采集，精度较高，不过其对于大规模城市空间数据采集时就显得效率较低。凭借GPS技术、惯导技术和CCD影像技术，车载三维激光扫描系统便可发挥其便于移动、实时定位的特点，便捷、高效的对城市区域空间数据进行采集，快速获取区域内建筑物的空间与纹理信息。

3.2.1 车载扫描系统构成及基本原理

1. 系统构成

通过车载运动平台作为载体对空间城市建筑三维信息进行测量，采用的车载移动测量系统主要有三部分组成：以车载激光扫描仪和CCD相机为主的数字图像采集系统，提供发射点到被测目标的距离、角度等极坐标信息和被测目标的纹理信息；GPS系统，提供扫描仪实时位置信息；INS惯性导航系统，提供扫描仪的姿态信息。后两者通常也称为定位定姿系统，即POS（Position and Orientation System）系统。车载扫描系统如图3-1所示：

设计的两种车载多传感器集成系统如图3-2所示：

2. 统仪器相关参数

车载系统各部件的参数如表3-1所示：

车载系统组成部件的参数	表3-1

车载激光扫描仪	该扫描仪是一种二维激光扫描仪，它具有速度快，分辨率高，精度高和多端口等优点。角度分辨率：0.001°；距离分辨率15mm；扫描距离1.5～150m；最大观测角：+60°/-40°＝100°；最快扫描速率：83000点/s

GPS 接收机	GPS 接收机，后处理动态精度 5mm±1ppm，原始输出频率和位置输出频率为 20Hz，信号重捕时间为 0.5s（L1）、1s（L2），时间精度为±20ns
IMU 惯性导航仪	SPAN-CPT 解算精度在不同的模式下可适用于不同的定位需求，支持包括 SBAS，L 波段（Omnistar 和 CDGPS）和 RTK 等多种差分方式。测姿精度：俯仰±0.015°、横滚±0.015°、航向±0.015°、最大速度 4514m/s

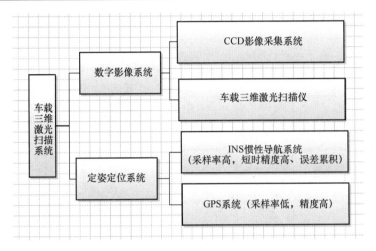

图 3-1　车载扫描系统构成

图 3-2　车载多传感器集成系统

3. 系统基本原理

整个车载扫描系统在车载计算机控制下，通过 GPS 的秒脉冲信号进行同步。工作前需要将扫描仪、GPS 和惯导统一安装在车辆上，并经过严格检校，得到车辆各传感器间相对固定的几何位置关系。将 GPS 时间作为整个车载扫描系统的时间基准，通过车载计算机对各传感器进行统一控制，同步采集实验地区的空间地物信息。其中 POS 定位定姿系统采集的是车载扫描系统的原始位置测量信息，当 GPS 接收机卫星失锁时，可以通过 IMU 惯导系统采集该时段信息，对失锁数据进行弥补。当 POS 系统数据采集完毕后，通过联合解算软件对所采集的 GNSS/INS 原始数据进行解算。通过对 POS 系统的数据高精度解算，可以得到车载扫描系统在运动过程中空间位置、行进速度和姿态等信息，为时间空间数据融合配准提供依据。

3.2.2 车载数据处理过程

车载扫描工作主要分为数据采集部分和数据后处理部分。其中，数据采集部分就是扫描车辆在行驶过程中，各传感器在车载计算机系统的控制下同步采集车辆运行中一侧建筑等地物三维空间数据和属性信息，并储存在车载计算机中，以便后续数据处理过程对其进行整合处理。数据后处理部分包括时间配准和空间配准两方面，也是本节阐述的重点。数据处理流程如图 3-3 所示：

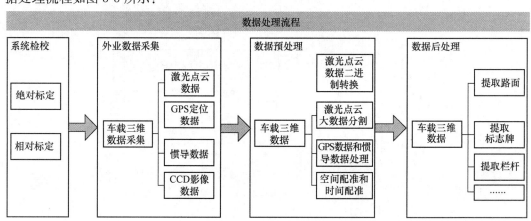

图 3-3　数据处理流程

1. 时间配准

激光扫描仪与 POS 系统采集数据频率不同，我们把采集数据时的同步信号作为基准，把时间信息作为低频 POS 数据内插处理和多传感器数据匹配的依据，结合 POS 系统所采集每一时刻点的空间位置和姿态信息。

首先需对 GPS 数据进行解算处理，利用基准站与主天线之间的观测数据进行单历元后处理差分解算出主天线中心坐标，然后根据激光扫描仪和 POS 系统数据采集频率记录时间自动内插出 6 个外方位元素，最后对数据精心空间配准与时间配准，结算出目标点坐标。当部分数据点内插时，对于以直线轨迹为主的数据可以进行线性内插，对于折线等不规律轨迹，可用多项式内插或分段 B 样条曲线进行内插。

2. 空间配准

为了详细描述空间配准的相关算法，本文引入以下四种参考坐标系：扫描仪原始坐标系、扫描仪空间坐标系、车载系统坐标系和基准参考坐标系（1980 西安坐标系）。

1）各参考坐标系的定义

（1）扫描仪原始坐标系

车载激光扫描仪原始坐标系是一个极坐标系，它是由激光扫描仪的工作原理决定的。原理是利用激光探测技术获取被测目标至扫描中心的距离 ρ，由精密时钟控制编码器同步测量每个激光脉冲纵向扫描角度观测值 θ，则被测点的空间三维坐标可由空间三维几何关系通过一个线元素和一个角元素计算确定。

（2）扫描仪空间坐标系

车载扫描仪空间坐标系是以车载扫描仪发射器为坐标原点 O，即车载激光扫描仪原始坐标系坐标原点。按照车载扫描仪的实际安装位置，本文以车辆行进方向作 Y 轴，以垂直于车辆行进方向作为 X 轴，平行于极轴方向作为 Z 轴，建立右手空间坐标系 $O\text{-}XYZ$。

（3）车载系统坐标系

车载系统坐标系以 GPS 接收天线标定中心作为原点 O_c，以车辆行进方向作 Y 轴，以垂直于车辆行进方向作为 X 轴，平行于极轴方向作为 Z 轴，建立右手空间坐标系 $O_c\text{-}X_c Y_c Z_c$。

（4）当地水平坐标系

本文中当地水平坐标系是以载体位置作为坐标系原点 O，以被测点在椭球体的法线方向（即天向）为 Z 轴，以被测点所在大地子午线北端与大地地平面的交线（即北向）为 Y 轴，以大地平行圈与大地地平面的交线（即东向）为 X 轴，为右手空间直角坐标系 $O\text{-}X_L Y_L Z_L$。

（5）基准参考坐标系（ECEF 直角坐标系）

以椭球中心为 ECEF 直角坐标系的原点，以起始子午面 NGS 与赤道面 WAE 的交线为 X 轴，以椭球的短轴为 Z 轴（向北为正），以在赤道面上与 X 轴正交的方向为 Y 轴，构成右手空间直角坐标系 $O\text{-}X_{ECEF} Y_{ECEF} Z_{ECEF}$。

2）各坐标系间对应转换关系

（1）扫描仪原始坐标系转换到扫描仪空间坐标系

由于扫描仪原始坐标系中极坐标 (ρ, θ) 均可由仪器测得，则扫描仪空间坐标 (X, Y, Z) 可根据如下公式求得：

$$\begin{cases} X = \rho\cos\theta \\ Y = 0 \\ Z = \rho\sin\theta \end{cases}$$

（2）扫描仪空间坐标系转换到车载系统坐标系

扫描仪空间坐标系 $O\text{-}XYZ$ 转换到 $O_c\text{-}X_c Y_c Z_c$ 需要进行如下变换：

$$\begin{bmatrix} X_C \\ Y_C \\ Z_C \end{bmatrix} = \begin{bmatrix} \Delta X \\ \Delta Y \\ \Delta Z \end{bmatrix} + R_C \begin{bmatrix} X \\ Y \\ Z \end{bmatrix} = \begin{bmatrix} \Delta X \\ \Delta Y \\ \Delta Z \end{bmatrix} + \begin{bmatrix} a_1 & b_1 & c_1 \\ a_2 & b_2 & c_2 \\ a_3 & b_3 & c_3 \end{bmatrix} \begin{bmatrix} X \\ Y \\ Z \end{bmatrix}$$

式中 R_c 是旋转矩阵，其中各参数计算如下公式：

$$\begin{cases} a_1 = \cos\varphi\cos\kappa - \sin\varphi\sin\omega\sin\kappa & b_1 = \cos\omega\sin\kappa & c_1 = \sin\varphi\cos\kappa + \cos\varphi\sin\omega\sin\kappa \\ a_2 = -\cos\varphi\sin\kappa - \sin\varphi\sin\omega\cos\kappa & b_2 = \cos\omega\cos\kappa & c_2 = -\sin\varphi\sin\kappa + \cos\varphi\cos\kappa \\ a_3 = -\sin\varphi\cos\omega & b_3 = -\sin\omega & c_3 = \cos\varphi\cos\omega \end{cases}$$

其中 ΔX、ΔY、ΔZ、φ、ω、κ 为激光扫描仪相对于车载系统坐标系的平移与旋转参数，由关节臂扫描仪测得，也可通过其他外业测量方法对其进行标定。

（3）将车载系统坐标系转换到当地水平坐标系

车载系统坐标系与当地水平坐标系之间的转换是关于三个姿态角的矩阵，即航向角 Yaw，俯仰角 Pitch，横滚角 Roll。若激光点在当地水平坐标系下的坐标为 (X_L, Y_L, Z_L)，则有如下变换关系：

$$\begin{bmatrix} X_{\mathrm{L}} \\ Y_{\mathrm{L}} \\ Z_{\mathrm{L}} \end{bmatrix} = Z \begin{bmatrix} X_{\mathrm{C}} \\ Y_{\mathrm{C}} \\ Z_{\mathrm{C}} \end{bmatrix}$$

式中 R_{L} 为惯导采集的三个姿态角构成的旋转矩阵：

$$R_{\mathrm{L}} = R_{\mathrm{R}} * R_{\mathrm{P}} * R_{\mathrm{H}}$$

其中：

$$R_{\mathrm{R}} = \begin{bmatrix} \cos\alpha & 0 & -\sin\alpha \\ 0 & 1 & 0 \\ \sin\alpha & 0 & \cos\alpha \end{bmatrix}$$

$$R_{\mathrm{P}} = \begin{bmatrix} 1 & 0 & 0 \\ 0 & \cos\beta & \sin\beta \\ 0 & -\sin\beta & \cos\beta \end{bmatrix}$$

$$R_{\mathrm{H}} = \begin{bmatrix} \cos\gamma & -\sin\gamma & 0 \\ \sin\gamma & \cos\gamma & 0 \\ 0 & 0 & 1 \end{bmatrix}$$

式中，α、β、γ 为 IMU 测得的翻滚角，俯仰角，航向角。翻滚角 α 是绕 Y 轴旋转，右倾为正。俯仰角 β 绕 X 轴旋转，向上为正。航向角 γ 绕 Z 轴旋转，顺时针为正。

（4）将当地水平坐标系转换到 ECEF 坐标系

若 ECEF 坐标系与当地水平坐标系之间的旋转矩阵为 $R_{\mathrm{ECEF}}^{\mathrm{LL}}$。设当地水平坐标系原点的纬度为 B，经度为 L。

则有 ECEF 直角坐标系先绕其 Z 轴旋转（$90°+L$）角度得到新的坐标系，这个旋转矩阵为：

$$R_{\mathrm{ECEF}}^{\mathrm{LL}}z = \begin{bmatrix} \cos(90°+L) & \sin(90°+L) & 0 \\ -\sin(90°+L) & \cos(90°+L) & 0 \\ 0 & 0 & 1 \end{bmatrix}$$

这个新的坐标系再绕其 X 轴旋转（$90°-B$）角度，得到更新的坐标系，此旋转矩阵为：

$$R_{\mathrm{ECEF}}^{\mathrm{LL}}x = \begin{bmatrix} 1 & 0 & 0 \\ 0 & \cos(90°-B) & \sin(90°-B) \\ 0 & -\sin(90°-B) & \cos(90°-B) \end{bmatrix}$$

这个更新的坐标系与当地水平坐标系的 X，Y，Z 轴平行。

所以有

$$R_{\mathrm{ECEF}}^{\mathrm{LL}} = R_{\mathrm{ECEF}}^{\mathrm{LL}}x \cdot R_{\mathrm{ECEF}}^{\mathrm{LL}}z = \begin{bmatrix} -\sin(L) & \cos(L) & 0 \\ -\sin(B)\cos(L) & -\sin(B)\sin(L) & \cos(B) \\ \cos(B)\cos(L) & \cos(B)\sin(L) & \sin(B) \end{bmatrix}$$

则从当地水平坐标系转换到 ECEF 坐标系：

$$\begin{bmatrix} X_{\mathrm{ECEF}} \\ Y_{\mathrm{ECEF}} \\ Z_{\mathrm{ECEF}} \end{bmatrix} = (R_{\mathrm{ECEF}}^{\mathrm{LL}})^{-1} \begin{bmatrix} X_{\mathrm{L}} \\ Y_{\mathrm{L}} \\ Z_{\mathrm{L}} \end{bmatrix} + \begin{bmatrix} \Delta X_{\mathrm{ECEF}} \\ \Delta Y_{\mathrm{ECEF}} \\ \Delta Z_{\mathrm{ECEF}} \end{bmatrix}$$

3. 处理结果

将扫描仪数据和 POS 数据进行融合配准，得到处理结果如图 3-4 所示：

图 3-4　配准结果

3.2.3　车载扫描常见误差源分析

1. 各传感器自身测量误差

三维激光扫描仪的测角测距误差，其主要因素分为仪器误差和环境误差两类，仪器误差有各轴系旋转误差、时间延迟误差等；环境误差包括大气折射、区域平坦程度、天气条件等；而且随着测量距离的增加，测角测距误差会进一步加大。POS 定位定姿误差主要包括 GPS 动态定位误差和 INS 姿态测量误差两部分。

2. 系统集成误差

激光扫描仪和 POS 系统不是安装在同一坐标原点，而用关节臂扫描仪测得各传感器相对位置必然存在误差。在时间配准中，POS 系统数据采集速率很低，而激光采集数据速率很高，它们相差约两个数量级，因此，数据处理时对 GPS 和 IMU 数据进行内插时精度难以保证。在空间配准中，坐标转换模型也存在误差。

3.3　机载移动测量系统

随着各种测量手段和技术的不断发展，航空摄影测量技术是当前快速获取地理信息的重要技术手段，但由于传统航空摄影技术对机场和天气条件的依赖性大，成本高，航摄周期长，限制了数字摄影测量技术在大比例尺地形测绘中的应用。比如卫星遥感平台易受轨道、数据获取周期性长等限制，无法应用于实时性要求很高的应急观测中；微波遥感等手段虽然不受天气影响，但由于其探测原理的影响，无法替代可见光以及红外遥感在实际测量应用中的地位。此外，利用传统航空技术获取影像资料的成本很高，不利于更广泛的推广，而地面测绘技术对人力、物力的投入都十分大，获得成果慢还易受地形影响。相比于传统的测量手段，无人飞行器测量技术以及机载平台测量技术目前还是一种新型的数据获取方式。它有着采集数据快捷、成果精度高、成本较低、便于携带和容易转场等优点，会逐渐成为测量行业的重要技术手段之一，在灾后应急响应、环境监测与保护、土地利用调查、森林病虫害防护监测等领域也会发挥越来越重要的作用。

无人飞行器以及机载平台在空间信息的获取方式方面因其任务载荷的不同而略有差异，载常规的任务荷载设备分为两个部分，一部分是常规的数码相机，红外摄像机等，另一部分是激光雷达测量仪器（三维激光扫描仪等）。两种不同的任务荷载可以在不同的环境、不同的情况下实现空间信息的获取，都可以获取三维点云信息数据。

3.3.1 机载平台和无人飞行器测量系统介绍

机载平台测量系统主要是由飞行平台、通信链路、机载监控站、任务载荷（由用户提出）等组成，飞行平台也就是载人飞机本身，包括有飞机以及驾驶员等等为飞行的正常运行提供必要的安全保障和硬件支撑；通信链路的主要作用是对飞机任务载荷测量的数据进行上、下行的传输；机载监控站主要是在飞机内部，由专业工作人员以及专用的测量仪器以及软件来组成，用来实现对任务荷载的控制以及各种设置等功能；机载平台的任务载荷和无人飞行器的是相同的，是用来完成用户要求的任务所配备的设备等等，机载平台还需要数据存储设备，由于一般测量的范围较大，影像数据较多，故需要专用的存储设备来进行保存。具体组成如图 3-5 所示。

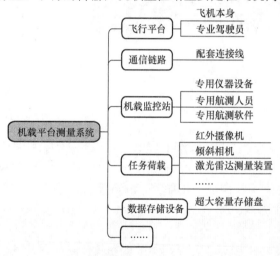

图3-5　机载平台测量系统组成图

无人飞行器测量系统相比于机载平台测量系统要复杂很多，主要是由无人飞行器飞行平台、飞控系统、通信链路、地面监控站、任务载荷（由用户提出）等组成，飞行平台是无人飞行器摄影测量系统的空中载体，为无人飞行器升空、飞行提供必要的安全保障和能量来源；飞控系统主要用来对无人飞行器飞行姿态、位置进行测量，同时对飞行状态监控，还能够自主控制飞行航线以及对自动飞行进行安全保护；通信链路的主要作用是对无人飞行器任务载荷进行遥控、上行和下行传输测量数据；地面监控站主要用来实现无人飞行器的飞行状态监控、航线的规划设计实施、超视距遥控等功能；任务载荷用来完成用户要求的任务，具体组成如图3-6所示：

机载平台和无人飞行器测量系统相比于传统测量系统，有很多的优势：（1）机动性、适应性强：无人飞行器体积较小，可使用地面交通工具快速到达作业区域，而且起飞降落方式比较简单，随时随地都可以通过弹射、手抛等方式起飞，可以通过伞降和滑行进行回收，机载平台飞机能够在很小的场地进行起飞、降落，巡航时间很长等特点。（2）在获取高分辨率影像方面，搭载高分辨率数码相机的无人飞行器或机载平台飞机所采集的影像，分辨率可以达到 0.5m 左右，在灾害的实时搜救中能发挥十分重要的作用。（3）操作简单，范围广。作业人员只需经过简单培训便可操作无人飞行器并且操作人员在地面控制无人飞行器也可以避免很多危险状况的发生。而机载平台飞机由于其巡航时间较长故可以对大面积的区域进行测绘工作。

3.3.2 基于摄影测量技术的空间数据的获取

无人飞行器以及机载平台测量系统由于其独特的作业原理，是传统的方法无法比拟的。无人飞行器摄影测量系统以及机载平台摄影测量系统所得到原始的数据是一张张高分辨率的影像，影像所携带的信息是无人飞行器以及机载平台所携带的相机像方坐标系中的坐标信息。要想得到点云数据，需要将影像进行整体处理。处理流程如下文所述。

1. 影像的预处理

无人飞行器摄影测量系统在使用

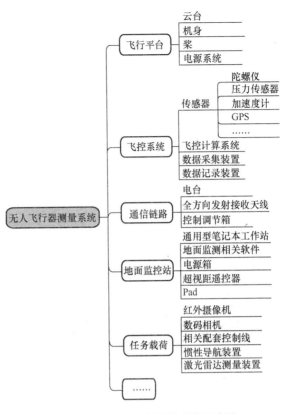

图 3-6　无人机飞行测量系统组成图

高分辨率相机获取宽视野地物的像片时，因为相机的分辨率再高也有一定限值，拍摄的地物面积大小也会受精度的限制，而且由于无人飞行器稳定性欠缺等元素的影响，故而必须对图像进行预处理也就是滤波后才能进行特征点的提取、匹配等。特征点提取和匹配是后期生成点云质量好坏的重要影像因素，因此必须采用预处理为特征点的提取、匹配提供好的图像初始信息。

一般来说，像片都具备有局部的连续的特征，也就是说像片的相邻点的像素值是接近的，是缓慢的过度的，但是如果有噪声点，往往会使的图像出现一定的跳跃性，改变这种连续的特性，所以需要进行影像的滤波，从而抑制噪，改变图像的质量，一般是用滤波器进行处理，滤波器有很多种，如高斯滤波器、中值滤波器，以及比较出名的、也是现在用得较多的就是 Wallis 滤波器。Wallis 滤波器所使用的 Wsllis 滤波，它不仅可以抑制噪声，而且最主要的是有图像增强的作用。Wallis 滤波主要的目的是将影像的灰度均值和方差值改变成指定的灰度和方差值，使得在不同位置的像素在均值与灰度方差两个值上都近似相等。经过 Wallis 滤波器处理后的图像看上去好像是噪声变得十分严重的图像，但是在特征提取与匹配时，作用是十分显著的。

$$g_c = (x, y) = g(x, y)r_1 + r_0$$
$$\begin{cases} r_1 = (cs_f)/(cs_g + s_f/c) \\ r_0 = bm_f + (1-b)m_g \end{cases}$$

其中：

r_1、r_0——乘性系数和加性系数。

s_g——影像某一位置的像素在一定邻域范围内的灰度方差；

s_f——影像方差的目标值，该值决定着影像的反差；

m_g——影像某一位置的像素在一定邻域范围内的灰度均值；

m_f——影像均值的目标值。

处理步骤：

（1）根据实际情况将影像划分为相互独立的区域（一般为矩形）；

（2）根据上一步区域的划分，依次计算各区域对应的像素灰度的均值及方差；

（3）对各区域灰度均值的目标值及方差的目标值进行设定，m_f 为 130 左右，s_f 可设为 $[40,70]$，分别计算乘性因子 r_1，与加性因子 r_0；

（4）根据公式计算出处理后各像素对应的新灰度值。

2. 特征点的提取

特征点的提取主要是将像片中那些具有明显特征的点，通过算法提取出来，算法用的是一种名为兴趣算子的计算式。关于点特征提取的算子也有很多，如 Moravec 算子、Harris 算子、Forstner 算子等等，目前使用最多、效果十分理想的便是 Harris 算子。

该算子是由 C. Harris 和 M. J. Stephens 在 1988 年提出的用来提取特征点的提取算子。算子的产生是受在信号处理领域中常用的自相关函数的启发，可以得到图像中某一像素点的自相关矩阵，矩阵的特征值便是自相关函数的一阶曲率：如果一个像素点在 X，Y 两个方向上的曲率值都很高，那么就认为该点是角点，也就是需要提取出来的特征点，一个大一个小，就认为是边缘，如果两个小的话就认为是变化缓慢的图像区，具体原理为：先对图像上的每一个像素点都计算其 X，Y 方向上的一阶导数，然后再计算两者的乘积，便会得到三幅影像，分别是 Gx，Gy，Gxy 的对应影像，然后对三幅图像进行 Guass 滤波，计算原图像上的每个兴趣值 I，再对所用的局部兴趣值进行排序，选取最大的作为特征点，根据需要提取的特征点的数目和排序的结果，由高到低的提取特征点。

$$M = G(\tilde{s}) \otimes \begin{bmatrix} g_x & g_x g_y \\ g_x g_y & g_y \end{bmatrix}$$

$$I = \det(M) - k tr^2(M), k = 0.04$$

由于该算法只涉及一阶导数的使用，所以计算速度相对较快，它对图像旋转、灰度变化、噪声影响和视点变换不敏感，是比较稳定的一种点特征提取算子而且提取的点的数量可以自己确定，特征均匀合理，但是它也有一定的局限性，如对尺度不是很敏感，提取的点都是像素级的。

3. 影像特征点匹配

影像特征点匹配技术就是将数张或数十张、数百张有重叠部分的像片（一般都是按航线编号挨着的像片）中已经识别出的特征点进行关系对应的过程，这个过程中会用到很多种方法。为了在不降低像片分辨率的条件下获取正射影像图，利用计算机进行像片特征点匹配的技术便越来越重要。

1）影像部分点的匹配

关于少量点匹配的算法也有很多，有 SIFT 匹配、相关系数法、相关函数法、最小二乘法等等。常用的、效果较好的匹配算法为灰度匹配中的最小二乘匹配。最小二乘匹配

(Least Squares Image Matching，LSM) 是由德国教授 Ackermann 在 20 世纪 80 年代提出的，它充分运用窗口内的信息进行平差运算，由于在匹配过程中最大程度地利用了匹配窗口的信息进行平差计算，因此该方法的匹配精度可达到 1/10，甚至到 1/100 像素，被公认为影像匹配中的高精度算法。最小二乘匹配是将辐射畸变和几何畸变参数都加入计算，由最小二乘准则计算出这些参数。

辐射畸变：

$$g_1(x,y) + n_1 = h_0 + h_1 g_2(x,y) + n_2$$

其中，n_1，n_2 表示随机噪声值。

几何畸变：

$$\begin{cases} x_2 = a_0 + a_1 x + a_2 y \\ y_2 = b_0 + b_1 x + b_2 y \end{cases}$$

联立辐射畸变和几何畸变方程，可得：

$$g_1(x,y) + n_1(x,y) = h_0 + h_1 g_2(a_0 + a_1 x + a_2 y, b_0 + b_1 x + b_2 y) + n_2(x,y)$$

按照灰度差的平方和最小，最小二乘，可得：

$$v = c_1 dh_0 + c_2 dh_1 + c_3 da_0 + c_4 da_1 + c_5 da_2 + c_6 db_0 + c_7 db_1 + c_8 db_2 - \Delta g$$

误差方程：

$$V = CX - L$$

参数：

$$V = (dh_0, dh_1, da_0, da_1, da_2, db_0, db_1, db_2)^T$$

一般过程为：首先进行几何变形的改正，然后重新采样，重采样后再进行辐射畸变的改正并计算相关的系数、变形参数等等，接着使用最小二乘求解改正值，最后计算得出最佳的匹配点位。该算法不仅可以使整体平差更加的方便，而且还可以检测出粗差，有利于提高像片的可靠性。

2）影像特征点的密集匹配

前面的算法满足的只是部分点的匹配，部分点的匹配只是为了作为大量点匹配的基本转换参数，而要进行大量点的密集匹配，需要下面的几步：

（1）定向点匹配

首先要进行的就是定向点的匹配，也就是上面的部分点的匹配。

（2）相对定向

同名像点的共面条件方程为：

$$F = \begin{vmatrix} B_x & B_y & B_z \\ X_1 & Y_1 & Z_1 \\ X_2 & Y_2 & Z_2 \end{vmatrix} = 0$$

同名像点关系：

$$\begin{bmatrix} X_1 \\ Y_1 \\ Z_1 \end{bmatrix} = \begin{bmatrix} x_1 \\ y_1 \\ -f \end{bmatrix}, \begin{bmatrix} X_2 \\ Y_2 \\ Z_2 \end{bmatrix} = \begin{bmatrix} a'_1 & a'_2 & a'_3 \\ b'_1 & b'_2 & b'_3 \\ c'_1 & c'_2 & c'_3 \end{bmatrix} = \begin{bmatrix} x_2 \\ y_2 \\ -f \end{bmatrix} = R_{右} \begin{bmatrix} x_2 \\ y_2 \\ f \end{bmatrix}$$

以上两式联立，可得：

$$L_1^0 yx' + L_2^0 yy' - L_3^0 yf' + L_4^0 fx' - L_5^0 fy' - L_6^0 ff' + L_7^0 xx' + L_8^0 xy' - L_9^0 xy' = 0$$

求解，可得定向元素 ψ，ω，k，B_y，B_z。

（3）核线几何解算：

核线直接解公式：

$$L_1 + L_2 x + L_3 y + L_4 x' + L_5 xx' + L_6 xy' + L_7 yx' + L_8 yy' + L_9 y' = 0$$

（4）边缘和密集匹配：

对于密集特征和边缘特征的匹配，使用 Harris 算子进行密集特征以及利用 Canny 算子进行边缘特征的提取的工作，然后经过视差核线约束、相关系数匹配以及最小二乘匹配后便可得出匹配参数。

4. 点云的生成

影像三维重建点云的生成，一般情况下都需要影像的外方位元素做计算时的参数；传

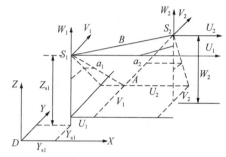

图 3-7　前方交会

统上，摄影测量是通过后方交会求解影像的外方位元素，但是在点云生成过程中，不能直接获取物方坐标计算的外方位元素，这里采取单独像对相对定向，计算单独像对定向元素。由此计算左右像片的旋转矩阵；再利用前方交会，计算模型点坐标。其中，对于共线方程要进行严密的求解才能得到高质量的带有纹理信息的密集点云。

前方交会原理如图 3-7 所示：

共线方程为：

$$\begin{cases} x - x_0 = -f \dfrac{a_1(X-X_S) + b_1(Y-Y_S) + c_1(Z-Z_S)}{a_2(X-X_S) + b_2(Y-Y_S) + c_2(Z-Z_S)} \\ y - y_0 = -f \dfrac{a_2(X-X_S) + b_2(Y-Y_S) + c_2(Z-Z_S)}{a_3(X-X_S) + b_3(Y-Y_S) + c_3(Z-Z_S)} \end{cases}$$

3.3.3　基于激光雷达技术的空间信息获取

机载激光雷达测量系统（Airborne Lidar Light Detection And Ranging Sytem）作为一种主动式的对地观测系统，是集激光测距技术、计算机技术、高精度动态 GPS 差分定位技术、高动态载体姿态测定技术于一身的测量空间数据信息的系统，具有对控制测量的依赖性低、受天气影响小、自动化程度高、成果周期短等特点，未来将会为测绘领域带来一场新的技术革命。由于机载激光雷达测量系统在三维信息的获取、森林精准计测、应急快速响应、城市三维建模等方面具有巨大优势，现已用于测绘电力线，测绘铁路轨道以及管线检查、城市环境监测及露天矿和施工现场测量等各个行业，在智慧城市、农业和林业、考古和文化遗产保护等领域发挥出了重要的作用。

如图 3-8 所示，机载激光雷达测量系统的主要组成部分：

（1）动态差分 GPS 接收机：确定激光雷

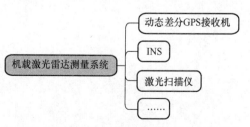

图 3-8　机载激光雷达测量系统的主要组成部分

达信号发射参考点空间位置；

（2）INS（惯性导航系统）：测定扫描装置主轴线的姿态参数；

（3）激光扫描仪：测定激光雷达信号发射的参考点到地面激光脚点之间的距离。

机载激光雷达测量系统的原理十分类似于移动激光雷达测量系统，唯一不同的地方就是所搭载的三维激光扫描仪要有所区别。机载激光雷达测量系统数据采集的流程为：首先由机载激光雷达装置（扫描仪）采用主动发射式向地面不断地发射激光脉冲，接收地面物体反射回来的反射脉冲，并记录从发射到反射接收所用的时间，从而得到三维激光扫描仪激光发射中心到地面的距离，再结合POS系统所采集的位置和姿态信息，便可以计算出被测的地面点的三维坐标信息。

与传统的测量方式相比，机载激光雷达测量系统可以直接获取到目标物体的三维点云信息，提高了数据采集的效率；另外机载激光雷达测量系统在测量时可以穿过很多植物的叶面直接获取地面信息，对于很多被植物遮挡到的地物信息的获取有很好的帮助作用，同时还可以得到某些植物的信息，有利于对地表植物的分析；利用机载激光雷达系统还可以得到某些细小复杂的、地面方式无法获得数据信息的地物的三维数据信息，在很多方面可以为常规测量提供有效的补充。

机载惯导系统有很多独到的特点，以某惯导系统为例，相比于一般的惯性导航系统，减少了地面控制点的数量；降低了旁向重叠度；具有准确的Lidar地理参考，利用RTK提供了高精度的实时定位；重量较轻，形状较小。机载激光雷达系统中的机载扫描仪与常规地面扫描仪相比也有较多的特点，对比如表3-2所示：

机载扫描仪与常规三维激光扫描仪特点对比　　　　　　　表3-2

特点比较	某无人机专用轻型机载扫描仪	常规的三维激光扫描仪
外观		
重复性精度	超远距离25mm	超远距离15mm左右
扫描速度	约30万点/秒	约30万点/秒
激光脉冲发射频率	600Hz	200Hz
可操作飞行高度	300m	不适合飞行
视角	300°	270°左右
扫描类型	完美平行线均匀分布点云	平行线点云
尺寸	225mm×180mm×125mm	约240mm×200mm×100mm
重量	3.85kg	5.0kg左右
搭载平台	各种专业飞行平台	无法搭载
接口	各种设备（IMU等）接口，GPS数据和脉冲同步信号电子接口，局域网TCP/IP接口	GPS数据接口，局域网TCP/IP接口
存储	内置240G固态硬盘	配备32G内存卡

第 4 章　移动空间数据库技术

车载或者机载激光雷达点云数据在数据库中如何进行存储？移动设备获取的数字图像数据如何进行组织与管理？如何从海量移动图像库中快速提取需要的图片？现有的空间索引技术能否满足移动空间数据的检索要求？这些都是空间数据库中具有挑战性的问题。但是，空间数据库是静态的，没有时间信息的扩展，而我们移动空间数据大多是含有时间信息的四维以上的高维数据，如何利用空间数据库来组织移动设备获取的空间数据？需要用到时空数据库吗？移动空间数据库和针对移动对象而开发的时态数据库二者是根本不同的，前者针对的数据对象不一定含有时态信息，而后者则强调时间的动态变化在空间对象上的表达方式。

4.1　空间数据库技术

空间数据库的设计目标是为地理信息系统服务的，空间数据库技术是地理信息技术的核心技术之一，也是地理信息科学、测绘科学、计算机科学相结合的产物，其主要内容是要在查询语言的基础上扩展 DBMS 的数据类型和操作算子，以便能更好地表示和查询空间对象．基于这个要求，需要在传统关系数据库中加入面向对象的内容，这就要求空间对象的数据结构对象化、二维及以上维度的索引机制设计、空间对象的空间分析与操作算法在数据库中的实现、空间查询与优化规则等。空间数据库技术已经代替传统的文件管理方式，逐步成为空间数据管理的主流技术。

空间数据库技术的主要任务是研究空间对象的数据库模型及其表示方法、空间数据模型及计算机内的存储组织结构、多维空间索引的设计方法与相关算法，目的是研究如何以最小的代价高效地管理和处理空间数据，如何正确保证空间数据的现势性、一致性和完整性，为用户提供便捷性好、准确性高、高效率、可共享的空间数据。

由于空间数据有别于传统关系数据库中存储的原子性数据，因此空间数据库具有理论性和实践性很强的特点，理解和应用也比较抽象。为便于理解，我们首先回顾一下几个重要的概念，首先我们从空间数据说起：

空间数据是指以地球表面空间位置为参照，用来描述空间实体的位置、形状、大小及其分布特征诸多方面信息的数据，所谓空间数据是指与空间位置和空间关系相联系的数据。归纳起来它具有以下几个基本特征：

1. 空间特征

绝大多数空间对象都利用坐标进行表达，即使数字图像、遥感图像都具有像素坐标，有时除了像素坐标外还具有空间坐标属性，同时空间对象可能隐含对象间和对象内部各部分间构件的空间分布特征。进行空间对象的数据库设计时，要考虑空间对象的数据结构及空间索引方法；在进行空间数据的数据库存储的时候，不仅要存储坐标属性，还要在某些实际应用中适度考虑空间分布特征。

2. 海量数据特征

空间数据获取的数据量朝着不断增大的方向发展，比如 NASA 每天都在产生的遥感数据、激光雷达获取的大规模古建筑群、城市街区的三维激光点云数据等，这些空间数据的数据量比传统的关系数据库中存储的数据要大很多。对于如此巨大的空间数据量，传统的关系数据库是存储不了的，还是要考虑面向对象关系的数据库管理系统进行海量空间数据库的组织与管理。

3. 精细数据特征

近年来空间数据获取手段，特别是以激光雷达技术为代表的新技术，不论是在硬件水平，还是数据处理软件都呈现跨越式发展态势，获取的数据越来越精细，成果数据越来越多，这些三维空间数据的存储管理逐渐成为摆在面前的难题。往往一栋古建筑仅仅是原始数据（点云数据和数码影像）数目就不少，以故宫保和殿为例，点云数据几百个测站，数码影像一千多张，总数据量占据存储空间多达几十个 GB，而这些仅是一个宫殿，如果是整个故宫建筑物群，数据估测会多达几十 TB，这样大的数据量去表达一个古建筑群，精细程度可想而知。而面对如此庞大的精细数据，传统的文件式管理和关系数据库管理已经无法满足实际应用需求。

4. 空间关系特征

空间对象往往通过显式或者隐式的方式包含空间关系，特别是很多 GIS 应用中均要体现空间关系的具体应用，如拓扑关系分析，加权最短路径分析等。在进行拓扑关系的数据库存储时，存在一个问题是，要在关系型数据库中存储空间对象拓扑结构数据，最大难题是不能存储变长记录数据，而且拓扑结构的一致性和完整性维护也比较困难。

5. 异构数据特征

地理信息系统技术的快速发展与社会化应用导致了大量异构空间数据的产生，由于在实际应用中缺少统一的标准，空间数据的多语义性、多尺度性、时空多维性和表达多样性等问题使得异构空间数据大量存在。传统的关系型数据库系统为维护其一致性需要，一般只支持结构化的原子型数据，不允许在字段中存储异构型数据，而空间数据的这个特征则恰恰又不是结构化的，不能满足关系数据模型的几大范式的要求，如果直接使用关系型数据库则需要采用创建重复字段的表或者嵌套表的方式。

下面我们来学习空间数据模型的概念，从图 4-1 的现实世界抽象图中我们可以看到，现实世界的河流、树木和房屋分别抽象为栅格形式和矢量形式，大家想想这些空间对象是如何进行抽象的？总结起来就是，空间数据模型是指利用特定的数据结构来表达空间对象的空间位置、空间关系和属性信息；是对空间对象的数据描述和对真实世界进行模拟表达。

在了解了空间数据和空间数据模型的概念以后，我们来总结一下空间数据库的概念。空间数据库指的是地理信息系统（GIS）在计算机物理存储介质上存储的与应用相关的地理空间数据的总和，一般是以一系列特定结构的文件形式组织在存储介质之上。

那么我们为什么要用空间数据库来存储空间数据呢？除了上文提到的一些原因外，还因为空间数据库具有下列优势：

（1）统一的数据格式标准；

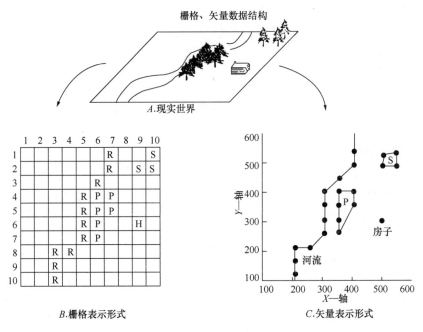

图 4-1   现实世界的抽象图

（2）查询功能和效率强大；

（3）海量空间数据存储；

（4）并发控制机制；

（5）安全机制；

（6）空间操作。

值得一提的是，随着面向位置的服务（LBS）、无线传感器网络（WSN）、移动计算技术的快速发展，我们生活中越来越多的遇到含有时间信息的三维空间对象及其具体应用，时空信息在越来越多的社会应用中显得尤为重要。针对时空数据存储于管理的时空数据库技术是一个相对较新的一个研究领域，将发挥越来越大的作用。自 20 世纪 90 年代开始，空间数据库和时态数据库的研究者逐渐认识到各自研究领域里存在的一些问题以及两者之间存在的联系，开始探索将空间数据库和时态数据库相结合的相关技术。时空数据库是地理信息系统（GIS）的应用基础，而时空数据模型是时空数据库的理论基础。从新的角度对能表达空间对象随时间发生位置及范围变化的时空数据库进行深入而系统的研究是也将变得越来越有现实意义。

4.2   面向移动空间数据的空间索引技术

4.2.1   空间索引技术

日常生活中我们会遇到大量需要查找的问题，例如（图 4-2）：怎样在图书馆中找到自己想要的书？怎样在字典里查找生字？怎样在一栋大楼里找到人力资源部？

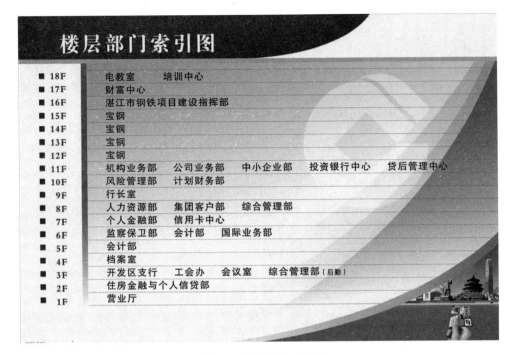

图 4-2　楼层部门索引图

很显然，一般大家先会去找这栋大楼的楼层索引图或者楼层部门分布图，有了如图所示的这个楼层部门索引图，我们就能够很快地找到人力资源部位于本楼层的 8 楼。因此，索引就是为了查找某种信息而引入的。

在学习空间索引之前，我们有必要首先简要了解一下索引的基本概念。

"索"字的本义是大绳子或大链子的意思，"引"字是拿来做证据、凭据或理由的意思，索引，英文 index，指示拿着什么东西去指示位置的意思。中国古代很早就有索引的具体应用，如在《易.系辞下》中就记载着"结绳记事"的故事，结绳即在一条绳子上打结，用来计数或者记录事件发生点，以便通过结绳数来提醒记忆，找寻过往事物的相关线索。索引在当代还有很多的含义，如：

索引是将文献中具有检索意义的事项（可以是人名、地名、词语、概念或其他事项）按照一定方式有序编排起来，以供检索的工具书。（摘自互动百科）

索引是根据表中一列或若干列按照一定顺序建立的列值与记录行之间的对应关系表。（摘自百度百科）

索引本身是一个文件，当索引很大时，可以分块，建立高一层的索引。如此继续下去，得到一个多级索引结构。

总而言之，索引是查找某种事物的依据，这种依据可能表现为打结的绳子、工具书、关系表或者电子文件等形式。

那么从索引的概念里面我们可以总结出来，索引的基本构件是索引项。我们通过索引项来查找数据。一个索引项中又是由关键词值和指针构成，通过指针就可找到含有此关键词值的记录，如图 4-3 所示，我们看这个目录里面，哪个是个关键词，哪个是指针？很显然，目录里面关键词值是查找的信息，指针是表示该内容所在的页码。

目　录

公司简介 ———————————— 02
背包手袋系列 ——————————— 03
箱包/旅行包系列 —————————— 05
鞋帽系列 ———————————— 07
腰带系列 ———————————— 09
数码产品/礼品系列 ————————— 11
运动用品系列 ——————————— 13
服装辅料系列 ——————————— 15
电脑屏花系列 ——————————— 17
绳带系列 ———————————— 19
生产设备及流程 —————————— 21
办公环境 ———————————— 23
公司一瞬 ———————————— 24
企业精神 ———————————— 25
发展远景 ———————————— 26

图 4-3　目录示例

好，我们了解索引的基本概念之后，我们再来看看空间索引的基本概念。

在了解具体概念之前，我们首先问问为什么。我们来看看为什么要引入空间索引的概念，我想从两个方面讲述：

第一就是计算机自身的原因，我们知道，计算机存储器是分内存和外存的，我们常用的空间数据一般是存储在计算机外存中的，而访问外存数据的时间又是非常慢的，访问一次内存时间 30～40ns（纳秒），外存 8～10ms（毫秒），可以看出两者相差十万倍以上。如果放在外存上的空间数据不加以记录和组织，那么我们每查询一条空间数据就要扫描整个数据文件，那将是非常耗时的，所以我们必须有一种方式对空间数据进行组织，通过在内存中的一些计算来取代对磁盘漫无目的的访问（空间换时间）。

第二点原因是空间数据管理的特征，即空间数据具有海量性，数据量往往非常大，例如 NASA 每天产生 TB 级数据，我们熟知的点云数据也可能达到 TB 级，这么大量的数据不进行管理是不行的，另外，传统的索引方式不能够很好地支持多维的空间数据，传统的索引大多是在一个维度上组织数据。由于地理数据的多维性，在任何方向上并不存在优先级问题。普通索引所针对的字符、数字等在一个维度上，任意两个元素，都可以确定其关系（<，>，=）。

空间索引的概念是依据空间对象的位置和形状或空间对象之间的某种空间关系按一定的顺序排列的一种数据结构，其中包含空间对象的概要信息，如对象的标识、外接矩形及指向空间对象实体的指针。

作为一种辅助性的空间数据结构，空间索引介于空间操作算法和空间对象之间，它通过筛选作用，大量与特定空间操作无关的空间对象被排除，从而提高空间操作的速度和效率。

空间索引主要分为三类：第一类是基于格网的空间索引，第二类是基于树结构的空间索引，第三类是基于填充曲线的空间索引结构。

其中基于格网的空间索引和基于树结构的空间索引主要用于内存和空间数据库进行建立，而基于填充曲线的空间索引结构主就要是针对磁盘存储器上存储的空间数据，其主要目的是降低磁盘响应中常见的查询寻道时间和等待时间，其主要手段是通过这种空间索引形式，将逻辑上空间相邻的空间对象和查询中有关系的空间数据存储时，在物理上存储在一起，让空间数据的查询时间更短，效率更高。

移动空间数据一般应用格网索引和树结构空间索引较多，由于我们关注的对象一般还没有到磁盘的存储，所以基于聚类思想的填充曲线空间索引结构在移动空间数据的管理中应用较少。

4.2.2 格网索引（Grid Index）

格网索引的基本思路是，视所有空间对象占用的空间范围为研究区域，将研究区域用横竖线条划分大小相等或不等的格网，记录每一个格网所包含的空间实体，记录方式是每个格网对应的空间对象列表或者是每个空间对象占有哪几个格网。当用户进行某种空间查询操作时，首先计算出用户查询对象占用哪些格网，然后再在该网格中快速查询所选空间实体，进行实际空间关系的判断，这样一来就大大地缩减了空间关系判断的数量，从而加速了空间信息的查询速度。

具体步骤可见以下示例（图4-4～图4-7）

（1）将研究区域用横竖线条划分大小相等或不等的格网；

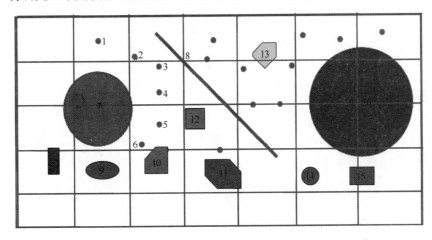

图4-4　区域划分

（2）记录每一个格网所包含的空间实体和记录实体穿过的网格，针对上图实例，每一个格网所包含的空间实体记录样式可参照下式：

G（1，2）：1

G（1，3）：2，8

G（2，3）：3，4

…

…

…

记录空间实体对应的网格：

7：G（2，1），G（2，2），G（3，1），G（3，2）

8：G（1，3），G（2，4），G（3，4），G（3，5），G（4，5）

…

…

…

（3）查询（开窗）

查询结果对应的格元为：

G（2，3），G（2，4），G（3，3），G（3，4）

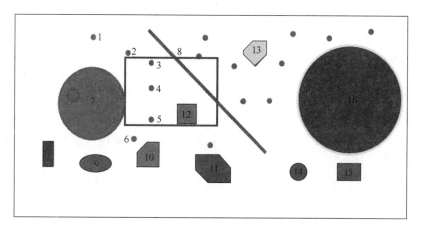

图 4-5 查询 (开窗)

如果查询空间对象相交的情况,结果为: 3,4,5,8,12

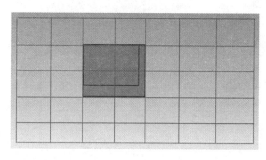

图 4-6 查询结果 1

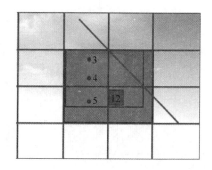

图 4-7 查询结果 2

如果是三维空间对象,如索引三维散乱的激光点云数据,那么就可以将格网索引扩展到三维空间,称为三维格网索引。以三维激光点云为例,三维格网索引的具体思路为:首先找出点云数据中三维坐标的极值:最大值 (X_max,Y_max,Z_max) 和最小值 (X_min,Y_min,Z_min),然后给定一个坐标容差 δ (δ 为大于 0 的一个微小量),然后以 (X_max+δ、Y_max+δ、Z_max+δ)

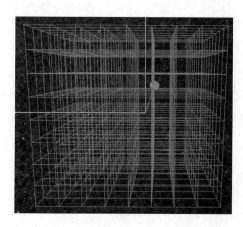

图 4-8 三维格网索引的建立

和 (X_min-δ、Y_min-δ、Z_min-δ) 为对角点构建一个边长平行于坐标轴方向的长方体包围盒。然后设定栅格的边长 α,从坐标最小值开始沿坐标轴方向将点云空间包围盒以 α 为间隔划长度构建空间六面体格网,然后根据点云中各点的坐标与格网对应的空间区域范围将点分别存入相应的立方体格网,点云数据的空间剖分即可以完成。如图 4-8 所示为三维格网索引建立示意图。

三维格网索引通过预先设置的格网大小对空间点云数据进行空间剖分,格网的大小可以根据需要灵活控制，以实现对点云邻域搜索范围的灵活控制。栅格可根据其空间位置进行顺序编号，其 26 邻域很容易确定，点云的搜索效率较高。但通过简单分析得知，点云数据在空间中是以面状分布的，这就注定了这种三维栅格法构建的点云索引通常是空白栅格比较多，大量的空白栅格占据了大量的存储空间造成资源浪费。

移动空间数据包括车载或机载激光雷达点云、近景摄影测量影像等数据均可采用格网索引的形式进行管理。

4.2.3 基于树结构的空间索引

在计算机科学中，树结构像自然界中的树一样，是一种非常重要的非线性数据结构，它是某种数据元素（在树结构中称之为结点）按层次分支性质组织起来的一种数据表达形式。逻辑上的树结构在现实世界中大量存在，如人类社会的族谱和各种社会组织机构都可用树结构来表示。树在计算机领域中也得到广泛应用，如在编译源程序如下时，可用树表示源程序如下的语法结构。又如在数据库系统中，树型结构也是信息的重要组织形式之一。可以说一切具有层次分支关系的对象都可用树结构来进行描述。从数据存储方面看，树的节点可以离散的存储，不必像数组那样必须有固定的大小，而是可以动态变化，这种性质动态性质能够在具体算法中大量进行应用；从数据结构操作方面看，对树节点的插入/删除、查找、取后继等操作都具有良好的性能特性，因此树结构是数据库索引和空间索引的理想选择。

经过三十多年的发展，大量的空间数据索引方法被提出，常用的树结构有二叉查找树、平衡二叉查找树、B 树、B＋树、B×树、红黑树、四叉树、八叉树、BSP 树、Treap，Trie，KD-Tree，VP-Tree 等等，现有的树结构主要存在如表 4-1 所列的几种：

空间数据的树结构　　　　　　　　　　　　　　　　　　　　表 4-1

二叉树	二叉树 T 树	二叉查找树	笛卡尔树	Top tree
自平衡二叉查找数	AA 树 数堆	AVL 树 节点大小平树	红黑树	伸展树
B 树	B 树 UB 树 Dancing tree	B＋树 2-3 树 H 树	B×树 2-3-4 树	B×树 (a，b)-树
Trie	前缀树	后缀树	基数树	
空间划分树	四叉树 R 树 M 树	八叉树 R×树 线段树	k-d 树 R＋树 希尔伯特 R 树	vp-树 X 树 优先 R 树
非二叉树	Exponential tree Range tree	Fusion tree SPQR tree	区间树 Van Emde Boas tree	PQ tree
其他类型	堆 Cover tree LINK-cut tree	散列树 BK-tree 树状数组	Finger tree Doubly-chained tree	Metric tree iDistance

R 树由 GUTTMAN［1984］提出，是目前应用最为广泛的一种空间索引结构。常见的索引点区域的空间索引结构有 K-D 树、B 树、KDB 树和点四叉树等，索引面区域的空间索引结构有区域四叉树、二维 R 树系列和格网索引等。随着针对空间索引研究的不断深入，索引的维度也从传统的一维索引、二维索引向高维方向发展，出现了很多三维空间索引方法、时空索引方法和高维索引方法等，其索引的空间对象也由传统的 GIS 对象扩展到点云数据、位置数据等对象上。常用的三维空间索引结构有三维 R 树索引、八叉树索引、Morton 编码、Hilbert 编码、球面 QTM 编码、球面 HSDS 编码和动态广义表等［郑坤等，2006；何珍文，2011］。目前适合点云的空间索引方法主要有八叉树、k-d 树［李清泉，2003；史文中，2007］、R 树及其变种［龚俊，2011］和一些很具代表性的混合索引［伏玉琛，2003；路明月，2008；Guo Ming，2009］等。

从空间索引结构的演化进程看，空间索引技术的发展实际上就是针对不断出现的新需求，不断重组各种索引技术、改进索引方法的过程。在实际应用中，往往只有混合、集成多种空间索引技术才能满足各种应用需求。例如，为了解决多维点的访问问题，Robinson 等采用 Kd-b-tree 索引［Robinson，1981］；Orenstein 等人使用 The Buddy Tree 索引［Orenstein，1982］解决网格文件的死锁问题；为了解决四叉树和 R 树索引空间重叠造成的多路径查找问题，郭菁等人混合 2k 叉树和 R 树索引，提出了 QR-树空间索引，提高了查找性能［郭菁，2003］。针对三维城市模型逼真可视化的需要，适于采用 R×树的多尺度空间数据库索引 LOD－OR 树［郑坤，2005］，它是一种结合 Octree 和 R×树的混合空间索引结构，利用八叉树索引将 R 树表示的空间进行了限制，减轻了 R 树插入、删除的开销，提高了查找性能。为了提高移动对象空间定位中的准确性和检索速度，基于 R 树和四叉树的空间数据库混合索引结构也被提出［徐少平等，2006］。在研究地球空间信息领域中基于网格的空间信息服务方面，李德仁院士提出了一种既能适合网格计算环境，又充分考虑到地球空间的自然特征和社会属性的差异性，以及经济发展不平衡特点的空间信息表示新方法——空间信息多级网格（SIMG）索引技术［夏宇，2006］。为了高效管理海量点云数据，有学者提出一种基于 Hilbert 码与 R 树的二级索引方法，在有效控制两级 R 树的高度的同时限制点云的增加与更新只在局部进行［赖祖龙，2009］。为了提高二维和三维空间目标的空间索引生成和查询效率，朱庆等人［朱庆，2009；龚俊，2011］发明了一种顾及多细节层次的三维 R 树空间索引方法，该方法采用全局最优的节点选择方法和三维柯西值节点形状因子等技术保证三维 R 树的节点层次更加均衡。俞肇元等人基于共形代数理论提出了一种边界约束的非相交球树多维统一空间索引，可满足复杂多维地理场景的检索与运算要求［俞肇元，2012］。王晏民等人总结点图像的固有特点的基础上发明了一种结合二维四叉树和三维最小外包盒（Minimal Bounding Box，MBB）的二三维混合空间索引方法［王晏民，2013］。

其中八叉树、R 树家族和 K-D 树在空间索引中应用较多，如八叉树结构是平面四叉树在三维空间中的推广和应用，在空间索引的建立中拥有很多的优点。其基本思想是（图 4-9）：构建包含所有点云数据在内的长方体包围盒，然后沿包围盒的三个正交平面进行均匀分割，形成八个大小完全相等的子立方体。然后对每个子立方体进行判断，如果子立方体的空间对象条件不符合分割条件，则立方体停止分割；否则，则对该子立方体进行剖分，直到所有的子立方体都满足分割域值。

 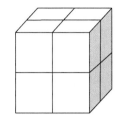 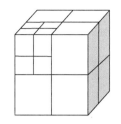

图 4-9　八叉树空间剖分

八叉树的结构是通过对子空间层层判断、细分的原理构建起来的，划分后的结果冗余低，可节省大量的存储空间。

八叉树结构（Octree）的应用领域十分广泛，国内外很多专家学者都对此做了深入的研究，相关的理论和方法日趋成熟。以八叉树索引散乱三维激光点云数据为例，传统上基于八叉树原理的点云数据索引构建主要有两种方法：一种是基于点云数量域值的方法，即将剖分后的每个子长方体所包含的点云数量作为子长方体是否进行继续剖分的判断条件；另一种是基于空间范围域值的方法，即判断每个子立方的空间大小是否满足剖分条件设定的空间范围，如果剖分后的子立方体大于设定的域值且体内包含点云则继续进行剖分，否则剖分停止。这两种方法都可以大量的节约存储空间，适合海量数据的建模及可视化等操作，基于空间范围的域值方法更适合于邻域的检索。

八叉树空间剖分

$$a * 2^n = L + X \tag{4-1}$$

$$a * 2^n - L > 0 \tag{4-2}$$

其中 a 为八叉树剖分阈值，n 为剖分次数，X 为代求根节点改正值，根据式（4-1）和式（4-2）求取满足条件的 X 的最小值，这样经过 n 次剖分后的子节点恰好为边长为 a 的立方体栅格。

栅格—八叉树编码的建立（图 4-10）：八叉树的结构建立以后，为了对八叉树所有节点进行高效管理、查询等操作，需要对八叉树的每个节点进行编码。本文采用

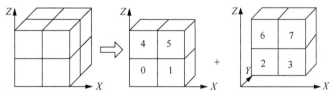

图 4-10　八叉树编码

线性八叉树编码作为本文所构建的栅格—八叉树的编码方法。线性八叉树编码是一种只存储叶子节点的位置信息的编码，通常是采用暗含叶子节点位置和大小信息的 Morton 码表示的地址码对叶子节点进行编码。如对一个 $2^n \times 2^n \times 2^n$ 的八叉树空间进行划分，根据八叉树编码的特点，可以用一个 n 位的八进制数来确定八叉树结构任一节点的位置信息：

$$Q_8 = \sum_{i=0}^{n-1} q_i 8^i \tag{4-3}$$

式中 q_i 为八进制编码，$q_i \in \{0,1,2,3,4,5,6,7\}$，$q_i$ 表示该节点在兄弟节点中的序号，其前面的一位为其父节点在兄弟间序号，后面为其子节点在兄弟间序号。

根据上述描述的八叉树编码特点，该节点的编码可以根据此节点所在的空间位置换算

出来，即：

$$
\begin{cases}
x = \displaystyle\sum_{i=0}^{n-1} a_i 2^i, \\[2mm]
y = \displaystyle\sum_{i=0}^{n-1} b_i 2^i, \\[2mm]
z = \displaystyle\sum_{i=0}^{n-1} c_i 2^i.
\end{cases}
\tag{4-4}
$$

由八叉树构建原理知 x、y、z、a_i、b_i、c_i 均为自然数，根据上式可以求出 a_i、b_i、c_i 的值。

如果已知八叉树中某个叶节点的编码值，可以通过式（4-5）反求出它的坐标值：

$$
\begin{cases}
x = \displaystyle\sum_{k=1}^{n-1} (q_k \bmod 2) \times 2^k \\[2mm]
y = \displaystyle\sum_{k=1}^{n-1} \left[(q_k/2) \bmod 2\right] \times 2^k \\[2mm]
z = \displaystyle\sum_{k=1}^{n-1} \left[(q_k/4) \bmod 2\right] \times 2^k
\end{cases}
\tag{4-5}
$$

上式中 $\left[(q_k/2)\bmod 2\right]$ 表示 q_k 除以 2 后再对 2 取模所得的整数部分。根据八叉树空间中各叶子节点单元编号之间的相互关系，由式（2-4）和式（2-5）可得

$$
q_k = a_k 2^0 + b_k 2^1 + c_k 2^2
\tag{4-6}
$$

根据以上描述及后处理需要建立如下八叉树结构：

```
{
    //立方体所在的编码；
    //立方体的八个顶点
    //立方体的中心点
    //所含的点云中距离立方体距离中心点的最近点
    //立方体包含的点云集合
    //父节点索引
    //子节点索引
};
```

现有空间数据大多数存储在数据库中，显然任何空间数据在数据库中的存储方式均是数据表，在数据库的使用过程中最主要的就是对数据表的操作，主要包括数据表的插入、删除、更新等查询。数据库中数据量和种类都比较复杂，查询的要求是希望能够在数据表中精确定位目标记录，然后返回相应的记录，这就要求具有高效率的数据表查询索引。下面以移动平台采集的数字图像数据的存储为例，来说明树结构在空间数据库存储中的应用。

数字图像数据存储采用的是由上而下的主题树和改进四叉树相结合的索引方式，即实际的项目中项目的总图采用主题树数据管理方式进行管理，与总图相互对应的所有分图采用改进四叉树的原理进行存储。以某实际物体数字图像存储为例，首先选择需要进行精细化建模的几个位置进行人工分组，本文分为腿（东南、西北、西南、东北四四部分）、外

部（东、西、南、北和底部五部分）、内部（东、西、南、北和底部五部分）和耳朵（东（内外）和西（内外）等四大部分，这五部分按照主题树的方式进行存储，保存总图数据和相关的属性信息。在此基础上，分图会按照改进的四叉树结构，依据分图在总图的分布位置进行分类和组织，确定数据位置分布。

结合激光雷达纹理图像管理的实际需求，主要是因为以下几点选择四叉树作为基本的索引结构：

（1）分图在总图的位置往往是根据某种算法进行匹配或者人工选定得出的，作为分图位置的近似值作者希望在必要情况下可以对位置进行简单的微调。但是 R 树索引基于目标对象的最小外包矩形不允许进行调整，而四叉树的划分级别和数目是可以修改的，这是四叉树的好处；

（2）进行激光雷达点云的数据处理时，纹理图像不能满足需求时会进行图像的更换、修改、拼接、正摄处理等。经过加工处理的图像的更替等会导致对数据库数据频繁的更新操作，因此四叉树是理想的索引结构，最大限度降低对索引效率的损耗。

首先必须明确数据表中记录的唯一的标记符号：ID 号。在数据库存储表中一个项目的所有存储图像，每张对应一条数据存储记录，并被赋予唯一的标记符号——ID 号，ID 号是所有的一个项目中总图和分图的综合编号，成为数据库存储中每个对象文件的唯一身份标识。

四叉树作为一种普遍使用的索引树结构，在计算机领域被频繁的用于文件存储和处理。四叉树是通过目标区域的四等分建立的层次索引机制，会把目标对象的区域按照规则不断切分为上下左右四个完全相同的子区域。在此过程中规定当前子空间的对象个数 n 作为阈值 k，通过阈值来判断是否需要进行进一步的空间区域划分，直至子空间的对象数目小于阈值 k，则停止当前空间的继续划分。

在索引树结构中，我们把数据具体保存的位置称之为树节点。根据四叉树索引结构的特点，该索引结构上共有三种节点：根节点、中间节点和叶子节点。第一级节点称之为根节点，最后一级没有子节点的节点称为叶子节点，除此之外的所有的节点称为中间节点，同时所有的非叶子节点均具有四个子节点。四叉树的节点划分会带来树高（或者叫作树深）的变化，树高指的是四叉树结构从根节点到最低级叶子节点的层级。一般规定根节点的树高 H 为，节点每划分一次，树高 H 的值就增加一。典型的四叉树结构中，R 指代树的根节点，I 指代树的中间节点，L 指代叶子节点，H 为树的深度。对于普通的四叉树索引结构，M 用于指代四叉树的全部叶子节点的数目，N 用于指代中间节点的数目，二者之间一般的数值关系为：

$$M = 3N + 1 \tag{4-7}$$

对于完全四叉树而言，所有的叶子节点全部分布在相同树高的层级上，此时叶子节点的总数与树高 H 之间满足关系为：

$$M = H^4 \tag{4-8}$$

四叉树索引结构具有索引数据结构比较简单、数据处理运算简便的特点。固定的排序和简单的层次结构使得索引的查询和变更变得比较方便。但是传统的四叉树结构应用于海量图像数据的管理会出现以下的问题：

（1）不能确定叶子节点存储对象的合适数目，因为存储数目的多少直接影响索引树树高，从而决定四叉树索引的效率能不能满足需要；

（2）传统的四叉树的基本规则是递归的将每一个空间分解为四个子空间，一直分解至满足设定的阈值，索引树的执行效率会比较低；

（3）局部图像分布不均匀可能会导致四叉树划分不均匀，造成局部树失去平衡。

四叉树索引结构的构建核心是递归。构建流程可以总结为：第一确定索引树的根节点，然后对四叉树进行递归调用。判断当前节点的属性，如果是叶子节点就停止递归和划分；如果不是叶子节点就可以继续调用四叉树划分函数，将当前节点划分为四个子节点。按照这种方式不停地进行递归判断和划分，在所有的节点全部满足阈值设定的要求和全部被划分为子节点为止。

简单的递归方法应用在数据量比较小的条件下比较适应。随着数据的不断增加，循环的递归调用时算法会在数据处理过程中为每一层的返回点和局部变量配置所需的存储资源，会导致数据检索效率变低。而且递归函数的使用会引发多层次的循环调用，函数调用次数的增加造成对堆栈的使用空间不能满足需要的可能。为了避免在划分过程中出现以上的问题，本文采用自定义堆栈数据结构对递归操作进行模拟便于完成数据的四叉树划分，实现四叉树的结构划分和节点分配。

在图像数据导入之后应该判断数据总量是否满足一个预定的最小值，如果超过最小值得限制，则进行之后的过程，否则直接进行传统的主题树索引构建，不再过程进行数据的划分。

满足条件进入下一个流程的图像文件，根据阈值判定当前节点是否为叶子节点；之后读取当前节点所处的树深层次，判断是否在设定的合理树深以内，超过合适的树深就直接结束四叉树的划分；满足树深范围的节点进一步分解，把当前节点的文件存进堆栈并释放当前节点信息，同时上级节点之前存放的文件划分并存放进入新划分的树节点。对于当前节点的存储进行判断，没有信息的节点直接踢出堆栈并删除节点。满足条件对的节点进行递归循环调用，直到整个文件数据块划分完成。这样的操作可以规避堆栈的数据溢出，帮助提高图像文件组织的速度。

对于构建完成的索引树，为了实现四叉树全部节点的查询，文章对四叉树中的全部的节点根据满四叉树的编码方式进行编码，假若没有这一节点则直接略过，继续后面的编码，把实际使用的四叉树转换成线索四叉树。在对应的索引存储表中，需要进行存储的信息包括节点的编号、对应的图像标号、节点所在树深等。

上面介绍了基于传统四叉树结构的堆栈和建树，但是传统的四叉树是固定的由根节点开始至最底层子节点的树状层次结构。这样的索引树会有以下的几种问题：

（1）四叉树中的叶子节点才可以存储文件，其余节点没有存放文件的权限。图像文件的数目增加会引发四叉树层次的迅速增加，四叉树树深的增加会降树结构的索引效率。

（2）单一的图像文件会被切分为多个数据块。切分后的图像分布会增加树的索引损耗。

（3）在实际应用中的图像数目分布不均匀和数据增加等，可能会造成四叉树结构局部的树深迅速增加致常规四叉树失去平衡。树结构的不平衡分布会造成存储空间的浪费。

文章将分图图像在总图的位置信息存放在数据表中，并进一步转化为图像的中心点。

将一个节点之下的全部的分图图像文件的中心位置。同时每个图像在进行存储后只会产生一条记录，可以有效地减少对存储空间的占用。根据以往的数据经验，四叉树的树高最好控制在四到七层。

节点是索引的核心组成部分，用于存储索引结构对应的数据编号和索引标记，可以看成是索引结构的关键。

```
/ * 树节点 * /
typedef struct QTNode
{
    IMAGERect      rect;              //节点所代表的矩形区域
    int            Count;             //节点所包含的图像个数
    id-info        image—id;         //指代的是当前节点的图像 ID 编号
    int            nChildCount;       //子节点个数
    QTNode * children [4];           //当前节点的叶子节点
}
QTNode;
```

Rect 指代的是当前节点的代表的图像的最小区域的边界坐标；Count 代表本节点包含的对象的个数；image-id 指代当前节点存储的图像数目；nChildCount 当前节点划分后的子节点的数目；children 当前节点包含的子节点。

在数据库的实际操作中，索引是为了方便数据的检索与调用，而树形结构可以用来实现对索引结构的可视化，但是索引树结构最终还是依赖于数据库。根据当前绝大多数的对象-关系数据库的特点，数据大都是按照二维数据表格式存放对应的数据信息，不支持直将索引树结构存储在数据库中的数据表内。因此需要设计合适的图表结构及其对应的增加（Create）、读取（Retrieve）（重新得到数据）、更新（Update）和删除（Delete）算法来实现关系型数据库中树形结构的存储。

根据索引的用途和数据库应用分析，理想的索引树结构应该具备存储数据冗余度小、可视化程度高；检索高效准确和遍历迅速；节点操作效率比较快捷。根据数据库设计表进行索引树的存储，可以直观快速地实现对树的存储和读取。但是这样会造成直接后果就是数据库操作带来的表格更新效率会降低。存储节点的从属关系会影响索引的检索效率。为了尽量较少数据库数据查询时的递归操作时间损耗，根据索引树的前序遍历定义一宗新的编码方式：不需要进行递归和多次分组操作。

在利用这种存储方式进行索引树结构的节点存储时候，数据的存储表如表 4-2 所示。在进行制定区域的叶子节点的查询时候，根据指令设计的查询函数为：

```
select * from codes where left between 5 and 14 order by left asc;
```

这样就可以查询出来所有的介于"四周"这一节点的左右数值之间的子节点，只要左右在查询语句要求的范围之内，便会直接被命中。根据编码方式我们可以知道，在当前节点下的节点总数 p 为：

$$p = 1/2(\text{right-left-1}) \tag{4-9}$$

根据检索条件，位于树节点四周下面的节点数目为 $0.5 \times$（14-5-1）为 4 个。可以根据计算获取的节点数目对节点树进行进一步检索和操作。

4.3 移动空间数据组织与管理

4.3.1 基于四叉树的数字图像数据管理

经上节系统介绍了树结构的空间索引之后，本节详细介绍基于四叉树的空间数据组织与管理方法。力图实现数字图像数据的分类存储、位置分类、属性存储、文件查询、索引构建、文件可视化与读取等功能。下文简要介绍实验原型系统的总体设计方法和模块的数据库整体设计流程，包括数据库的模型设计、数据库逻辑设计和数据库实施，最后介绍试验系统实现的主要功能和操作界面。

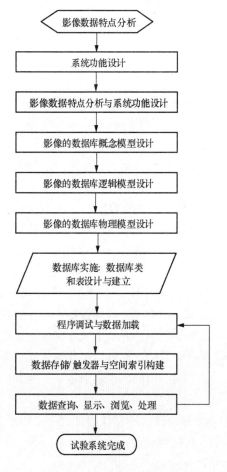

图 4-11　系统总体技术路线图

试验系统设计的总体技术路线如图 4-11 所示。

文章围绕图像数据的存储与管理工作，设计上述的研究路线图，依据实际工作需要和生产实际，能够作为激光雷达纹理图像数据来源的一般包括以下部分：

（1）移动平台数码相机获取的数字图像，主要包括 *.JPG、*.bmp 和 *.raw 文件；

（2）近景摄影测量技术获得的无规律数字图像；

（3）低空摄影测量的建筑物顶部图像；

（4）其他来源的图像，譬如合成、数字化获取的图像。

依据实际需要，将图像数据的存储、管理和可视化工作具体的划分为数据库存储表设计、数据加载、图像索引构建、影响存储、数据查询和数据读取与可视化等部分，数据的存储方式、索引技术和数据应用是本文需要突破和研究的重点领域。在前文分析的基本理论知识和技术手段的基础上，以下重点介绍理论的实践方法和技术应用实践。

系统开发采用的数据库管理工具为 Navicat，Navicat 是一套高效、可靠的数据库管理工具，可以简化数据库的管理操作，支持用户单机或者远程操作数据库，完成包括文件存储、文件读取、数据库备份和协助管理数据等。Navicat for PostgreSQL 专门为 PostgreSQL 数据库开发，支持数据库包括触发器、函数检索和权限管理等新功能，利用 Navicat for PostgreSQL 进行数据库操作可以简化数据库的操作步骤，提高数据查询效率和实验实施效率。Nacicat 的启动界面和数据表操作界面分别如图 4-12～图 4-14 所示。

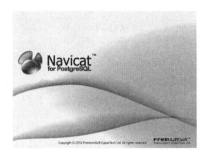

图 4-12　Navicat 启动主界面

图 4-13　Navicat 操作界面

1. 概念模型设计

概念模型是对现实世界中与问题相关事物的描述，是面向用户和现实世界的数据模型，实现从现实世界到信息世界的抽象。本文从数字图像数据的存储、管理和可视化需求和研究出发，采用实体-关系方法（E-R 模型）来表述试验系统的数据库概念模型，如图 4-15 所示：

2. 利用到的几个概念

（1）触发器

触发器是数据库提供的数据保证方法，是与表事件相关的特殊的存储过程，由于表相关的事件来触发。触发器能够应用于数据表结构的操作，也适用于控制与数据库有关的事

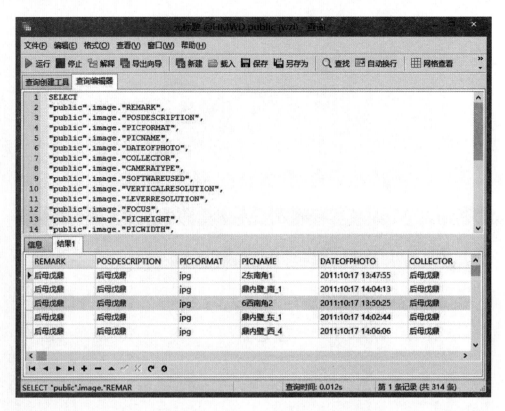

图 4-14　Nacicat 数据查询结果

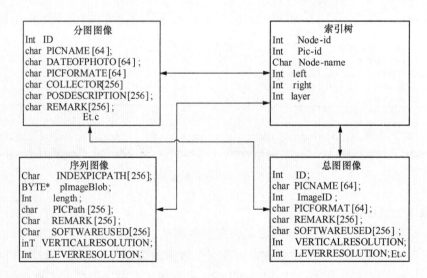

图 4-15　数据库表模型设计

务权限。触发器可以通过数据表中定义的主键和外键约束，来保证在数据表中进行数据的添加、更新和删除时的强制引用完整性。

　　在 PostgreSQL 数据库内部，内部触发器一般可以分为行级别和语句级别触发器两种。前者按照代码影响的一行数据就会引发对应的函数执行一次；后者则是执行制定的语句之后就会触发触发器执行触发函数一次，而不管数据表行数的影响。

（2）主键与外键

主键又称为主关键字（primary key），是数据表中的单个字段或者多个字段，主键字段的数据值是用于区分表内记录的唯一标识。主关键字是表定义的一部分，也是唯一关键字，因此一张表不允许同时拥有多个关键字，且用作关键字的字段不能有空值。主键的存在可以加速数据的操作，保证实体的完整性。

文章作者建议使用文件属性值或者不易被反复操作改变的字段，结合实际应用的需求选择合适字段作为主键。

如果一张表 A 中的主键在另外一张表 B 中不被用作主键被称之为另一张表 B 外键（foreign key）即外关键字，外键表现的是两张表 A，B 之间的相互联系。外键的存在有助于保持两张表之间数据的协同性。

（3）关系与关系模式

关系（Relation）可以表现不同的实体对象之间的关系。它包括：关系名，结构和数据（元组）。关系中没有重复的元组，任何元组在关系数据库中都是唯一的。

关系模式（Relational Scheme）由名称和属性组成，对应二维表的表头，展现的是二维表的数据结构。其格式为：

关系名（属性名 1，属性名 2，…，属性名 n）

3. 实体模型设计

（1）索引树实体

为了简化实体模型的管理，文章设立利用索引树实体来对多个数据表的图像数据进行检索和管理。实验系统软件上增加索引显示窗口。索引树实体设计的属性信息有父节点信息、子节点信息、ID 编号和对应的图像 ID 编号。

（2）图像文件实体

根据前文介绍的多种数据格式的文件，分别存储和检索不同分类的图像数据。图像文件实体存储的主要属性信息有：ID 编号、图形名称、图像水平分辨率、图像垂直分辨率、图像 CCD 数值大小、文件获取日期、相机类型和其他的备注信息：包括图像的获取位置、人员和项目名称等。同时图像文件本身直接按照大二进制的形式存储在数据库同一条记录里面。

4. 数据库实施（图 4-16）

数据库的实施主要是指对象关系的设计与实现。

模式对象设计包含数据存储表、属性类型、触发器等内容的规划和设计。根据本文图像存储的实际需要，用于存储数据的表包括序列图像表、总图表、分图表和索引数据表。索引数据表为各记录总表。不同表格之间的数据关系遵从数据设计时的要求。索引表通过文件的唯一编号（ID 号）来实现对实体数据的访问，另外不同的数据表根据自己的 ID 标识符外键建立与其空间数据 BLOB 表与空间索引 BLOB 表之间的联系。

总图属性信息设计和查询，如图 4-17 所示：

分图属性信息与查询，如图 4-18 所示：

整体查询，根据项目筛选数据库内部满足条件的全部的照片，用于满足客户的具体的需求，如图 4-19 所示：系统界面显示后，在导航窗口选择图像照片一栏，右击图像照片根节点，弹出的显示框中选择统计按钮，在显示界面属相表界面弹出所有图像照片的数据信息。

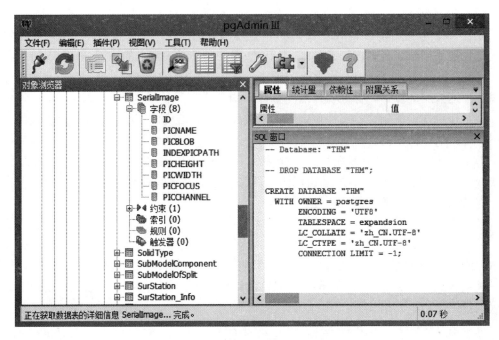

图 4-16　数据库的物理设计（序列图）

图 4-17　总图属性信息

图 4-18　分图属性信息

编号	名称	采集时间	所属建筑	项目名称	信息	照片提取人
38	古建2-05	2014.4	古建2	故宫	暂无	王志良
27	古建1-01	2014.11	古建1	故宫	太和门是紫禁城外朝庄严的…	秦强
31	古建1-02	2014.10	古建1	故宫	照片门位于太和门广场西…	张勇
33	古建1-03	2014.10	古建1	故宫	暂无	王志良
34	古建1-04	2014.9	古建1	故宫	昭德门，明初称东角门，嘉…	冉俊勇
41	古建1-06	2014.7	古建1	故宫维修	暂无	张磊
39	古建2-01	2014.4	古建2	故宫维修	暂无	秦强
30	古建2-02	2014.10	古建2	故宫	无	秦强
40	古建2-03	2014.10	古建2	故宫维修	暂无	郑少开
42	古建2-04	2014.7	古建2	故宫维修	暂无	杨鹏伟
一共10行						

图 4-19　项目筛选界面

所示，此时属性表中显示的为图像照片的所有的图像照片数据，用户可对图像照片进行筛选，本数据库管理系统提供类似于 EXCEL 表形式的数据筛选模式，属性表第一行为表数据表头，第二行设置为属性条件的筛选（图 4-20）。在选择条件确定之后，最后属性表显示的是符合所有数据查询条件的数据，同时在属性表最后一列显示符合条件的所有数据，具有相应的统计功能。

图像照片数据筛选完成后，需要对应

图 4-20　筛选过程

找到该张照片，该查询方式可以支持通过点击某条数据对应的一行中任意一个位置，然后通过点击右击弹出的打开按钮，可直接打开该条图像照片数据对应的图像照片。

4.3.2　移动平台三维点云数据的组织与管理

移动平台激光雷达点云数据也具有数据量大（海量性）、数据表达较精细（高空间分辨率）、空间三维点之间存在隐含拓扑关系（线性）等特征，参考移动平台激光雷达点云数据的这些特点，结合八叉树和三维 K-D 树各自的空间索引特性，提出采用八叉树与 K-D 树集成索引（OctKDTree 树）的方法重组点移动平台激光雷达点云数据，将 OctK-DTree 树混合索引与空间数据分别进行组织，利用二进制数据流在计算机内存、磁盘文件与数据库中检索与调度数据，这种数据组织方式不仅便于多分辨率细节层次模型的实现与单点坐标的快速检索，而且还利于三维空间邻近点的查找，为移动平台激光雷达点云数据后处理与分析工作提供必要的技术支持。

要根据实际情况和应用需要来确定选取何种索引机制作为某种大规模空间数据模型的数据组织方法，事实上，K-D 树与八叉树（octree）都属于二叉树（BSP）的一个变种。在计算机图形学和计算机视觉领域中，一些基本的三维图形算法诸如视锥裁剪、碰撞检测、遮挡剔除以及光线跟踪等，都是通过对三维场景中的各类空间数据模型进行层次化细分，进而加速数据的遍历与检索过程的。基于各种三维空间索引方法的特点和实用性，就本章的主要研究对象——移动平台激光雷达点云数据来说，针对其数据海量性和高空间分辨率的特征，本文采用多级混合索引的策略将数据索引到单个空间三维点；针对移动平台激光雷达点云数据存在隐含拓扑关系（线性）特征，本文采用八叉树索引从整体点云的最小外包矩形体（MBB）开始不断分割海量点云，使八叉树索引节点中三维点的分别在空间上较为均衡；针对大规模移动平台激光雷达点云数据的数据后处理和分析需要，本文采用三维 K－D 树索引单个三维空间点，使快速查询与处理单个点坐标及其属性数据（如纹理信息等）成为高效之选。

K-D 树索引的划分过程需要将分割平面限定为必须与某个三维坐标轴垂直，而八叉树索引则是在每次分割时采用平行于三坐标轴三个平面，也可以说是一个空间立方体对空间进行按一定规则等分，八叉树索引节点 MBB 相对规则，处理起来较其他三维空间索引要容易得多，但是由于要对部分空间进行规则等分，并且属于完全占有三维空间，所以往往出现每个树节点 MBB 对点云模型内的点集的包围不够紧密的问题，这些问题会在进行点云数据检索时会降低查询的效率。相比之下，三维 K-D 树索引的空间分割方法既保留了原二叉树索引结构简单的特点，又无对三维空间进行等分的要求，所以相比八叉树索引三维 K-D 树节点 MBB 能够更紧密地包围三维点集，但对海量点云模型数据来说三维 K-D 树要索引到单个三维点或者较少个数的三维点集，其树深往往超过 10 层，甚至达到 20 层以上，这样空间索引的检索效率会大大降低，达不到高效检索空间数据的目的。因此结合八叉树空间索引和三维 K-D 树空间索引各自的索引特点，将其混合为 OctKDTree 树空间索引来索引海量移动平台激光雷达点云数据就成为点云模型组织管理的必由之路。

本节提出的 OctKDTree 树空间索引的数据结构如图 4-21 所示，它由五种数据对象组成，它们分别是三维点数据类型、顶点数据类型、最小外包盒数据类型、八叉树节点类型和 K-D 树节点数据类型，其中三维点数据类型 Point3D ＿struct 包括 x、y、z 三维坐标值属性、三维点的 ID 标识属性和点的纹理属性等，它用来存储点云模型的几何坐标值；顶点数据类型仅包括 x、y、z 三维坐标值属性和三维点的 ID 标识属性，它是最小外包盒的二个三维空间顶点的数据类型；最小外包盒数据类型则存储每个 OctKDTree 树空间索引节点和 K-D 树节点的最小外包矩形体属性，它用 2 个三维空间顶点坐标或者 6 个浮点数来表达；八叉树节点类型属性包括分割标识符 cut、节点名称标识符 ID、每个叶子节点的 K-D 树根节点 KDarray、本节点所在的节点深度 LayerCount、八个子节点名称标识 LeafNode、中心点坐标 Midpoint、节点包含的点集数据 Pointlist、父节点标识 Root-Node、节点的最小外包盒 Vertex 等等；K-D 树节点类型包括节点名称标识符 ID、中心点坐标 Midpoint、节点包含的点集数据 Pointlist 以及节点的最小外包盒 Vertex 等属性，本节即是利用 OctKDTree 树空间索引的这一套数据结构完成点云模型的数据索引与组织工作。

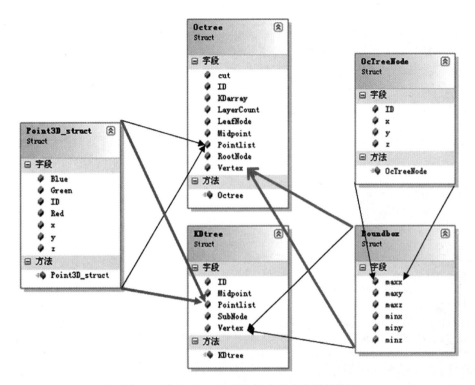

图 4-21　OctKDTree 树空间索引的数据结构图

　　基于上述 OctKDTree 树空间索引的数据结构，下面以伪代码的形式给出其构建算法。给定一个海量移动平台激光雷达点云数据 P，构建 OctKDTree 树空间索引的算法见表 4-2。

构造 OctKDTree 树空间索引的算法　　　　　　　　表 4-2

算法：构建 OctKDTree 树空间索引
输入：海量移动平台激光雷达点云数据点集 ＝ {P}
输出：存储与索引 {P} 的 OctKDTree 树结构

伪代码表达：

　　从数据文件读取原始数据，构建点集 {P}，循环计算 {P} 内三维点坐标的最大最小值，记为 x_{max}，x_{min}，y_{max}，y_{min}，z_{max}，z_{min}，根据它构建 {P} 平行于三坐标轴的最小外包盒 MBB；

　　视 {P} 的最小外包盒 MBB 为八叉树的根节点，计算出最小外包盒 MBB 的八个顶点坐标和中心坐标；

　　八叉树子节点分割递归：终止条件为节点存储的三维点个数超过阈值

　　{

　　计算当前节点 MBB 的八个顶点坐标、各边中点坐标和中心坐标；

　　通过 MBB 中点计算八个子节点的八个顶点坐标、各边中点坐标和中心坐标；

　　分配三维空间点到各个子节点，如果节点内包含的三维空间点的个数没有超过给定阈值，如 5000 个，则将此节点标记为不再分割的叶子节点；如超过给定阈值则继续递归分割 MBB 并计算三维点的归属，直到所有三维空间点分配完毕。三维空间点在八叉树叶子节点内只存储其 ID 号，不存储其实际坐标值；

　　按照线性八叉树编码法对每个节点进行名称标识 ID 编码，生成节点的名称编码，通过此名称编码可以容易得到本节点到根节点的存储路径及本节点深度。

　　};

通过叶子节点由下往上依次重采样子节点内包含的点集，存储到本节点的点集 ID 动态数组中，同样也是自存储三维空间点的 ID 号，直到根节点为止，采样方法采用均匀采样，依此构建基于八叉树的细节层次模型；

遍历八叉树的每个叶子节点，在每个叶子节点内构建 K-D 树，定义轴 x：0，y：1，z：2：

{

将八叉树叶子节点的 MBB 作为 K-D 树的根节点 MBB，以节点内包含的点集 {P} 作为预分割点集；

计算根节点 MBB 的最长轴，将最长轴作为 K-D 树分割轴，以最长轴作为分割平面的法向将节点 MBB 一分为二；

计算分割后两个节点的 MBB 并分配三维空间点，更新点集 {P}

{

IF {P} ＝NULL THEN 返回一个空树；

IF {P} 中点的总数小于某一阈值，如 1 个点，THEN 返回叶子节点；

ELSE　 axis＝ 需要继续分割的最长轴；

switch（axis）

{

case 0：以 X 轴为法向平面将点集 {P} 分割为两个集合，设 P1 为左集合，P2 为右集合；break；

case 1：以 Y 轴为法向平面将点集 {P} 分割为两个集合，设 P1 为左集合，P2 为右集合；break；

case 2：以 Z 轴为法向平面将点集 {P} 分割为两个集合，设 P1 为左集合，P2 为右集合；break；

}

在 P1 中执行构建 K-D 树算法；

在 P2 中执行构建 K-D 树算法；

}

保存构建的 K-D 树属性；

}

返回 OctKDTree 树；

}

其中 case 0/1/2 情况下，P1 点集中所有点的 $x/y/z$ 坐标小于等于划分平面的 $x/y/z$ 坐标，P2 点集中所有点的 $x/y/z$ 坐标大于划分平面的 $x/y/z$ 坐标。移动平台激光雷达点云空间点数据读取完毕后，即可构建 OctKDTree 树空间索引，OctKDTree 树空间索引构建完成后，点云模型在逻辑概念上和物理存储上均转变为两个部分表达，一部分是海量三维空间点坐标数据和对应的属性数据，另一部分为生成的 OctKDTree 树空间索引数据，两种数据均需要从计算机内存转化为二进制流存储到外存或数据库管理系统，因此它们各自需要以不同的方式进行组织。移动平台激光雷达点云数据组织逻辑结构示意如图 4-22 所示。

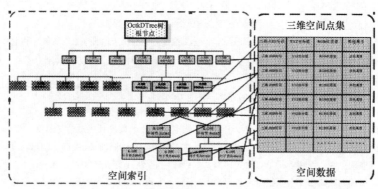

图 4-22　点云模型数据组织逻辑结构示意图

海量三维空间点坐标数据和对应的属性数据在计算机内存中是以三维点结构体动态数组的方式存储的，其数据格式比较规则，由图 4-2 的 OctKDTree 树空间索引的数据结构可知，Point3D_struct 结构体中存储 ID 标识符、三维坐标值和 RGB 纹理值，其中三维坐标值均以浮点型表达，ID 标识符以 1 个无符号整形表达，3 个 RGB 纹理值均以一个字节型表达，因此一个空间点共需要 $3 \times 4 + 4 + 3 \times 1 = 19$ 个字节来存储。由于海量移动平台激光雷达点云数据表达的现实场景往往较大，经空间索引分割的单个 MBB 中存储的点数据个数与空间分布长度通常不能确定大小，因此不能采用基于空间范围的数据压缩算法来压缩点云模型的空间点数据。将点云模型的全部空间点数据以 19 个字节为一段连续存储为二进制数据流，以数据流为单位在不同计算机内外存和数据库管理系统中进行数据的传输与调度。

　　对于 OctKDTree 树空间索引数据的组织问题，OctKDTree 树的所有节点均不存储真实的点坐标数据，而是只存储每个点的 ID 信息，通过点的 ID 标识从空间点坐标数据中找到相应的真实坐标值。OctKDTree 树空间索引的八叉树索引部分主要承担多细节层次建模的任务，八叉树的每个节点内均存储有不同分辨率的点集 ID，以八叉树的深度的不同来表达不同的 LOD 层次模型，八叉树的深度越深表示 LOD 级别越高，存储的数据越精细。而 K-D 树空间索引的节点则并不都存储点集 ID，只是 K-D 树的叶子节点存储点集 ID，非叶子节点只是作为空间索引的查询通路，并不存储任何数据，降低了点云模型数据存储冗余量，提高了 OctKDTree 树空间索引的整体查询效率。将 OctKDTree 树空间索引数据按树的前序遍历方式序列化为二进制流，分别将树节点中各类数据按其对象大小顺序写入，需要写入某种数据个数的情况需要加入，在恢复 OctKDTree 树空间索引时能够预先分配数据存储空间，避免二进制数据读取出错。

　　本节根据移动平台激光雷达点云数据的固有特征提出了一种新型海量空间数据索引——OctKDTree 树空间索引。分析和总结了八叉树空间索引和 K-D 树空间索引各自特点，给出了 OctKDTree 树空间索引的数据结构和索引构建算法伪代码，通过将 OctKDTree 树空间索引和三维空间点集数据分别转换为二进制数据流的方式，完成了数据组织与转换工作。该索引生成速度快，具有快速索引海量点云模型中单点数据的能力，而且便于邻近点查找，如快速进行 k－邻域计算等操作，数据结构简单清晰，具有较强的实用性。

第5章　JAVA 语言基础与开发环境

Java 是 Sun 公司推出的面向对象程序设计语言，特别适于 Internet 应用程序的开发，它的平台无关性有很大的优势，这表现在以下几个方面：

（1）计算机相关的大公司都购买了 Java 许可证，包括 IBM、Apple、Adobe、HP、Oracle、TOSHIBA 以及 Microsoft 等。这一点说明，Java 已经得到了业界的认可。

（2）众多软件开发商都开始支持 Java 软件产品。例如 Inprise 公司的 JBuilder、Sun 公司的 Java 开发环境 JDK 与 JRE。Sysbase 公司和 Oracle 公司均已支持 HTML 和Java。

（3）Intranet 正在成为企业信息系统中最佳的解决方案，而其中 Java 起到了重要作用。Intranet 目的是将 Internet 用于企业内部的信息类型，有便宜、易于使用和管理等众多优点。用户不管使用何种类型的机器和操作系统，界面是统一的 Internet 浏览器，而数据库、Web 页面、Applet、Servlet、JSP 则存储在 Web 服务器上，无论是开发人员还是管理人员，或是用户都可以受益于该解决方案。

Java 语言是一种优秀的编程语言。它大的优点就是与平台无关，在 Windows 9x、Windows NT、Solaris、Linux、MacOS 以及其他平台上，都可以使用相同的代码。"一次编写，到处运行"的特点，使其在互联网上被广泛地采用。由于 Java 语言的设计者们十分熟悉 C++语言，所以在设计时很好地借鉴了 C++ 语言。可以说，Java 语言是一种比 C++语言"还面向对象"的一种编程语言。Java 语言的语法结构与 C++语言的语法结构十分相似，这使得 C++程序员学习 Java 语言 更加容易。Java 语言提供的一些有用的新特性，使得使用 Java 语言比 C++语言更容易写出"无错代码"。

这些新特性包括：

（1）提供了对内存的自动管理，程序员无需在程序中进行分配、释放内存，那些可怕的内存分配错误不会再打扰设计者了；

（2）去除了 C++语言中的令人费解、容易出错的"指针"，用其他方法来进行弥补；

（3）避免了赋值语句（如 a = 3）与逻辑运算语句（如 a = = 3）的混淆；

（4）取消了多重继承这一复杂的概念。

Java 语言的规范是公开的，可以在 http：//www. sun. com 上找到它，阅读 Java 语言 的规范可以很快地提高技术水平。

5.1　JAVA 语言基本语法

5.1.1　程序的构成

1. 逻辑构成：

Java 源程序逻辑构成分为两大部分：程序头包的引用和类的定义。

1）程序头包的引用

主要是指引用 JDK 软件包自带的包，也可以是自己定义的类。引用之后程序体中就可以自由应用包中的类的方法和属性等。

2）类的定义

Java 源程序中可以有多个类的定义，但必须有一个主类，这个主类是 Java 程序运行的入口点。在应用程序中，主类为包含 main 方法的类；在 Applet 中，主类为用户自定义的系统 Applet 类的扩展类。在 Java 源程序中，主类的名字同文件名一致。

类的定义又包括类头声明和类体定义。类体中包括属性声明和方法描述。下面来看一个例子，其中斜体表示的语句行为主类类头，主类类头下面从大括号"{"开始到"}"结束的部分称为主类类体。

2. 物理构成

Java 源程序物理上由三部分构成，分别为语句、块和空白。

（1）语句指一行以分号"；"结束的语句。

（2）块指用括号对 {} 界定的语句序列，块可以嵌套使用。

（3）空白指语句之间、块内部或者块之间的空白行。空白不影响 Java 源程序的编译和运行，适当地运用空白，可以形成良好的代码风格。

3. 标识符、关键字和转义符

在 Java 语言中，标识符是赋予变量、类和方法等的名称。标识符由编程者自己指定，但需要遵循一定的语法规范：

（1）标识符由字母、数字、下划线（_）、美元符号（$）组成，但美元符号用得较少。

（2）标识符从一个字母、下划线或美元符号开始。

（3）Java 语言中，标识符大小写敏感，必须区别对待。

（4）标识符没有最大长度的限制，但最好表达特定的意思。

（5）标识符定义不能是关键字。

关键字又称保留字，是指 Java 语言中自带的用于标志数据类型名或者程序构造名等的标识符，如 public、double 等。转义符是指一些有特殊含义的、很难用一般方式表达的字符，如回车、换行等。所有的转义符以反斜线（\）开头，后面跟着一个字符来表示某个特定的转义符，如表 5-1 所示。

转义符的含义　　　　　　　　　　　　　　　　　　　　表 5-1

引用方法	含　义
\ b	退格
\ t	水平制表符 Tab
\ n	换行
\ f	表格符
\ r	回车
\ '	单引号
\ "	双引号
\ \	反斜线

5.1.2 数据类型、变量和常量

1. 数据类型

Java 编程语言定义了八种基本的数据类型（见表 5-2），共分为四类：整数类（byte、short、int、long）、文本类（char）、浮点类（double、float）和逻辑类（boolean）。

Java 的数据类型

表 5-2

分　类	数据类型	关键字	占字节数	缺省数值	取值范围
整数类	字节型	byte	8	0	$-2^7 \sim 2^7 - 1$
	短整型	short	16	0	$-2^{15} \sim 2^{15} - 1$
	整型	int	32	0	$-2^{31} \sim 2^{31} - 1$
	长整型	long	64	0	$-2^{63} \sim 2^{63} - 1$
文本类	字符型	char	16	$'\backslash u\,000'$	$'\backslash u\,0000' \sim '\backslash u\,FFFF'$
浮点类	浮点型	float	32	0.0F	—
	双精度型	double	64	0.0D	—
逻辑类	逻辑型	boolean	8	False	True、False

1）整数类

（1）采用三种进制——十进制、八进制和十六进制。

2—— 十进制值是 2；

077—— 首位的 0 表示这是一个八进制的数值；

0xBAAC—— 首位的 0x 表示这是一个十六进制的数值。

（2）具有缺省 int。

（3）用字母"L"和"l"定义 long。

（4）所有 Java 编程语言中的整数类型都是带符号的数字。

2）文本类

（1）代表一个 16 bit Unicode 字符。

（2）必须包含用单引号（' '）引用的文字。

（3）使用下列符号：

$'a'$——一个字符。

$'\backslash t'$——一个制表符。

$'\backslash u????'$——一个特殊的 Unicode 字符,???? 应严格使用四个十六进制数进行替换。例如："$\backslash u03A6$"表示希腊字母"Φ"。

3）浮点类

默认为 double 类型，如果一个数字包括小数点或指数部分，或者在数字后带有字母 F 或 f（float）、D 或 d（double），则该数字为浮点数。

4）逻辑类

boolean 数据类型有两种值：true 和 false。

例如：boolean flag = true;

上述语句声明变量 flag 为 boolean 类型，它被赋予的值为 true。

2. 变量与常量

常量是指整个运行过程中不再发生变化的量，例如数学中的 π＝ 3.1415……，在程序中需要设置成常量。而变量是指程序的运行过程中发生变化的量，通常用来存储中间结果，或者输出临时值。

变量的声明也指变量的创建。变量声明语句时，系统根据变量的数据类型在内存中开辟相应的存储空间并赋予初始值。变量有一个作用范围，超出它声明语句所在的块就无效。

5.1.3 运算符和表达式

Java 常用的运算符分为五类：算术运算符、赋值运算符、关系运算符、布尔逻辑运算符、位运算符。位运算符除了简单地按位操作外，还有移位操作。按位操作返回布尔值。

表达式是由常量、变量、对象、方法调用和操作符组成的式子。表达式必须符合一定的规范，才可被系统理解、编译和运行。表达式的值就是对表达式自身运算后得到的结果。

根据运算符的不同，表达式相应地分为以下几类：算术表达式、关系表达式、逻辑表达式、赋值表达式，这些都属于数值表达式。

1. 算术运算符及算术表达式

Java 中常用的算术运算符如下：

＋	加运算符	－	减运算符	＊	乘运算符
／	除运算符	％	取模运算（除运算的余数）		
＋＋	增量运算符	－－	减量运算符		

2. 关系运算符

关系运算符用于比较两个数据之间的大小关系，关系运算表达式返回布尔值，即"真"或"假"。Java 中的常用关系运算符如下：

＝＝	等于	！＝	不等于
＞	大于	＜	小于
＞＝	大于等于	＜＝	小于等于

【例 1】编写程序，测试关系运算符及其表达式，程序输出如图 5-1 所示。源程序代码如下：//程序文件名称为 TestRelation. java

```java
public class TestRelation {
    publicstatic void main (String args []) {
        //变量初始化
        int a = 30; int b = 20;
        //定义结果变量
        boolean r1, r2, r3, r4, r5, r6;
        //计算结果
        r1 = a = = b; r2 = a! = b; r3 = a>b; r4 = a<b; r5 = a> = b; r6 = a< = b;
        //输出结果
```

```
System.out.println ("a="+a+"  b = " + b);
System.out.println ("a==b = "+ r1); System.out.println ("a! = b = " + r2);
System.out.println ("a>b = " + r3); System.out.println ("a<b = " + r4);
System.out.println ("a> = b = " + r5); System.out.println ("a< = b = " + r6);
    }
}
```

```
a = 30   b = 20
a==b = false
a!=b = true
a>b = true
a<b = false
a>=b = true
a<=b = false
```

图 5-1　程序输出结果

3. 布尔逻辑运算符（表 5-3）

布尔运算符及规则　　　　　　　　　　表 5-3

运算符	含义	示例	规则
!	取反	! a	a 为真时，结果为假；a 为假时，结果为真
&	非简洁与	a&b	a、b 都为真时，结果为真；a、b 有一个为假时，结果为假
|	非简洁或	a | b	a、b 有一个为真时，结果为真；a、b 都为假时，结果为假
∧	异或	a∧b	a、b 不同真假时结果为真；a、b 同真或同假时，结果为假
&&	简洁与	a&&b	a、b 都为真时，结果为真；a、b 有一个为假时，结果为假
||	简洁或	a || b	a、b 有一个为真时，结果为真；a、b 都为假时，结果为假

表 5-3 为布尔逻辑运算符及其规则示例等。其中简洁与和简洁或的执行结果分别与非简洁与和非简洁或的执行结果是一致的，不同在于简洁与检测出符号左端的值为假时，不再判断符号右端的值，直接将运算结果置为假；而简洁或与非简洁或的不同在于简洁或检测出符号左端为真时，不再判断符号右端的值，直接将运算结果置为真。

例如：Boolean a = false;　　　　　　　Boolean b = true;

a && b 检测到 a 为假，则无需判断 b 的值，直接将值置为假；而 b || a 时检测到 b 为真，则无需判断 a 的值，直接将值置为真。

4. 位运算符

Java 中的常用位运算符如下：

~　　位求反　　　　　　　　&　　按位与
|　　按位或　　　　　　　　∧　　按位异或
<<　　左移　　　　　　　　>>　　右移
>>>不带符号右移

右移运算符对应的表达式为 x>>a，运算的结果是操作数 x 被 2 的 a 次方来除，左移运算符对应的表达式为 x<<a，运算的结果是操作数 x 乘以 2 的 a 次方。

【例 2】测试位运算符<<和>>，程序输出结果如图 5-2 所示。源程序代码如下：

//程序文件名称为 TestBit.java

```
public class TestBit {
    publicstatic void main (String args []) {
        int a = 36; int b = 2; //变量初始化
```

```
a = 36    b = 2
a>>b = 9
a<<b = 144
```

图 5-2　程序输出结果

```
    int r1，r2；//定义结果变量
    r1 = a＞＞b；r2 = a＜＜b；//计算结果
    System.out.println（"a = " + a + "  b = " + b）；//输出结果
    System.out.println（"a＞＞b = " + r1）；System.out.println（"a＜＜b = " + r2）；
}}
```

5. 赋值运算符

赋值运算符分为简单运算符和复杂运算符。简单运算符指"＝"，而复杂运算符是指算术运算符、逻辑运算符、位运算符中的双目运算符后面再加上"＝"。表 5-4 列出了 Java 常用的赋值运算符及其等价表达式。

赋值运算符及其等价表　　　　　　　　　　　　表 5-4

运算符	含　义	示　例	等价表达式
＋＝	加并赋值运算符	a＋＝b	a＝a＋b
－＝	减并赋值运算符	a－＝b	a＝a－b
＊＝	乘并赋值运算符	a＊＝b	a＝a＊b
/＝	除并赋值运算符	a/＝b	a＝a/b
％＝	取模并赋值运算符	a％＝b	a＝a％b
&＝	与并赋值运算符	a&＝b	a＝a&b
|＝	或并赋值运算符	a|＝b	a＝a|b
∧＝	或并赋值运算符	a∧＝b	a＝a∧b
＜＜＝	左移并赋值运算符	a＜＜＝b	a＝a＜＜b
＞＞＝	右移并赋值运算符	a＞＞＝b	a＝a＞＞b
＞＞＞＝	右移并赋值运算符	a＞＞＞＝b	a＝a＞＞＞b

6. 其他操作符及其表达式

（1）三目运算符（?:）相当于条件判断，表达式 x? y：z 用于判断 x 是否为真，如果为真，表达式的值为 y，否则表达式的值为 z。例如：

int x ＝ 5；　　　int a ＝（x＞3）? 5：3；则 a 的值为 5。如果 x ＝ 2，则 a 的值为 3。

（2）对象运算符（instanceof）用来判断一个对象是否属于某个指定的类或其子类的实例，如果是，返回真（true），否则返回假（false）。例如：boolean b ＝ userObject instanceof Applet 用来判断 userObject 类是否是 Applet 类的实例。

7. 优先级（表 5-5）

运算符优先级　　　　　　　　　　　　表 5-5

优先级	含义描述	运　算　符	结合性
1	分隔符	［］　0;，，	
2	单目运算、字符串运算	＋＋ －－ ＋ － ～ ！（类型转换符）	＊右到左
3	算术乘除运算	＊ / ％	左到右
4	算术加减运算	＋ －	左到右
5	移位运算	＜＜ ＞＞ ＞＞＞	左到右
6	大小关系运算、类运算	＜ ＞ ＜＝ ＞＝　instanceof	左到右
7	相等关系运算	＝＝ ！＝	左到右

优先级	含义描述	运　算　符	结合性
8	按位与，非简洁与	&	左到右
9	按位异或运算	∧	左到右
10	按位或，非简洁或	|	左到右
11	简洁与	&&	左到右
12	简洁或	||	左到右
13	三目条件运算	?:	* 右到左
14	简单、复杂赋值运逢	=　*=　/=　%=　+=　-=　<<=　>>=　>>>=　&=　∧=　|=	* 右到左

5.1.4　程序流程与异常处理

1. 分支语句

分支语句分为两类：单分支语句和多选语句。

1）if-else 语句

if-else 语句的基本格式为：

if（布尔表达式）

{

　　语句或块 1；

}

else

{

　　语句或块 2；

}

其中：

（1）布尔表达式返回值为 true 或 false。

（2）如果为 true，则执行语句或块 1，执行完毕跳出 if-else 语句。

（3）如果为 false，则跳过语句或块 1，然后执行 else 下的语句或块 2。

图 5-3　程序输出结果

【例 3】测试 if-else 语句，如果 x＞10，则输出 x 的值，并提示结果正确，否则输出 x＝10，提示结果不正确。程序输出结果如图 5-3 所示。源程序代码如下：

```
//程序文件名称为 TestIf. java
public class TestIf
{    //声明全局静态变量 x
    static int x;
    publicstatic void main (String args []) { x = 12;
    if (x>10) { System. out. println ("x = " + x + "结果正确");}
    else {System. out. println ("x = 10" + "结果不正确");}
    change ();
```

```java
        System.out.println ("修改 x 的值之后");
        if (x>10) {System.out.println ("x = " + x + "结果正确");}
        else {System.out.println ("x = 10" + "结果不正确");}}
    public static void change () {x = 5; } //change 方法：修改 x 的值
}
```

2）switch 语句

switch 语句的基本格式为：

```java
switch（表达式 1）
{
case 表达式 2：
    语句或块 2；
    break；
case 表达式 3：
    语句或块 3；
    break；
case 表达式 4：
    语句或块 4；
    break；
default：
    语句或块 5；
    break；
}
```

其中：

（1）表达式 1 的值必须与整型兼容。

（2）case 分支要执行的程序语句。

（3）表达式 2、3、4 是可能出现的值。

（4）不同的 case 分支对应着不同的语句或块序列。

（5）break 表示跳出这一分支。

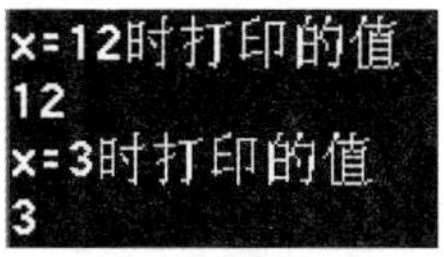

【例 4】测试 switch 语句，当 x＝1、2、3 时，分别打印 1、2、3，x 不为这三个值时，打印 x 的值。程序输出结果如图 5-4 所示。源程序代码如下：

图 5-4　程序输出结果

```java
//程序文件名称为 TestSwitch.java
public class TestSwitch
{
    public static void main (String args [])
    int x; x = 12; //声明变量 x
    System.out.println ("x = 12 时打印的值");
    choose (x); x = 3;
    System.out.println ("x = 3 时打印的值");
    choose (x);
}
```

```
//choose 方法：switch 语句结构
public static void choose（int x）
｛
switch（x）
    ｛
    case 1：System.out.println（1）；
        break；
    case 2：System.out.println（2）；
        break；
    case 3：System.out.println（3）；
        break；
    default：System.out.println（x）；
    ｝
｝
```

3）for 循环语句

for 循环语句实现已知次数的循环，其基本格式为：

for（初始化表达式；测试表达式；步长）

｛

　　语句或块；

｝

其执行顺序如下：

（1）首先运行初始化表达式。

（2）然后计算测试表达式，如果表达式为 true，执行语句或块；如果表达式为 false，退出 for 循环。

（3）最后执行步长。

【例 5】用 for 循环统计 1～100（包括 100）之间数的总和。程序输出结果如图 5-5 所示。源程序代码如下：

1到100（包括100）的数的总和为：5050

图 5-5　程序输出结果

```
public class TestFor ｛//程序文件名称为 TestFor.java
    public static void main（String args []）｛
        int sum = 0；
        for（int i = 1；i<=100；i++）
            sum += i；
        System.out.println（"1 到 100（包括 100）的数的总和为："+sum）；
    ｝
｝
```

4）while 循环语句

while 循环语句实现受条件控制的循环，其基本格式为：

while（布尔表达式）

｛

语句或块；

}

当布尔表达式为 true 时，执行语句或块，否则跳出 while 循环。

上面 for 循环语句的例子改为 while 语句后如下所示：

```
int sum = 0; int i = 1;
while (i< = 100) {
sum + = i;
i++;
}
System. out. println ("1 到 100（包括 100）的数的总和为：" + sum);
```

5）do-while 语句

Do-while 语句实现受条件控制的循环，其基本格式为：

do

{

语句或块；

}

while（布尔表达式）

先执行语句或块，然后再判断布尔表达式。与 while 语句不同，当布尔表达式一次都不为 true 时，while 语句一开始判断就跳出循环，不执行语句或块，而在 do-while 语句中则要执行一次。上面那个例子改为 do-while 循环为：

```
int sum = 0; int i = 1;
do {
sum + = i;
i++;
}
while (i< = 100);
System. out. println ("1 到 100（包括 100）的数的总和为：" + sum);
```

2. 异常处理

1）认识异常

异常是在程序中导致程序中断运行的一种指令流，一旦产生异常之后，异常之后的语句将不再执行了，所以现在 的程序并没有正确的执行完毕之后就退出了。那么，为了保证程序出现异常之后仍然可以正确的执行完毕，所以要采用异常的处理机制。

Java 异常结构图见图 5-6：

2）处理异常

如果要想对异常进行处理，则必须采用标准的处理格式，处理格式语法如下：

```
try {// 有可能发生异常的代码段
} catch (异常类型 对象) {  // 异常的处理操作
} catch (异常类型 对象) { // 异常的处理操作
} …
finally {// 异常的统一出口 }
```

但是，以上的格式编写的时候可以直接使用 try…catch 或者 try…catch…finally 范

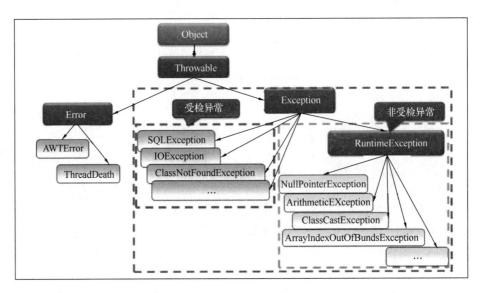

图 5-6　JAVA 异常结构图

例：对程序进行异常处理。

```
public class ExceptionDemo {
public static void main (String argsp []) {
    int i = 10 ;
    int j = 0 ;
    System. out. println ("= = = = = = = = = = = = = 计算开始 = = = = = = = = = = = =");
    int temp = 0 ; // 要在外部定义
    try {
        temp = i / j ; // 进行除法运算
    } catch (ArithmeticException e) {
    System. out. println ("发生了异常：" + e) ; // 打印异常对象，调用 toString () 方法
    }
    System. out. println ("temp = " + temp) ;
    System. out. println ("= = = = = = = = = = = = = 计算结束 = = = = = = = = = = = =");
    }
};
```

程序执行结果：

```
= = = = = = = = = = = = =计算开始 = = = = = = = = = = = =
发生了异常：java. lang. ArithmeticException：/ by zero
temp = 0
= = = = = = = = = = = = =计算结束 = = = = = = = = = = = =
```

以上的操作中，所有的异常进行了正确的处理，那么保证程序的正常执行完毕，并正常退出。也就是说，一旦出现了异常之后，try 语句中捕获到的异常交给 catch 语句进行处理。一旦有异常产生，在 try 语句之中的异常产生之后的代码也将不再执行。

一般来说，程序只是对一个问题进行了处理，如果对多个问题进行处理的话，则就必须加入多个 catch。

3）异常的处理流程

那么一个程序中产生异常之后到底是如何处理的呢？

（1）一旦产生异常，则系统会自动产生一个异常类的实例化对象。

（2）那么，此时如果存在了 try 语句，则会自动找到匹配的 catch 语句执行，如果没有异常处理，则程序将退出，并由系统报告错误。

（3）所有的 catch 根据方法的参数匹配异常类的实例化对象，如果匹配成功，则表示由此 catch 进行处理。

明白以上的操作之后，就可以得出这样的一个假设，如果现在在异常中直接将父类进行处理，则肯定会非常的方便，因为符合于对象向上转型操作。

从之前的三个异常（ArithmeticException、ArrayIndexOutOfBoundsException、NumberFormatException）可以发现：所有类的命名格式都是 XxxException。证明 Exception 表示的是所有异常的父类。

4）异常类的继承关系

从 Java DOC 文档中可以发现，Exception 本身还是存在父类的。父类是 Throwable（可能的抛出），此类下存在两个子类：

• Error：表示的是错误，是 JVM 发出的错误操作。

• Exception：一般表示所有程序中的错误，所以在程序中将进行 try…catch 的处理。

在进行异常捕获的时候还有以下的几个注意点：

（1）捕获更粗的异常不能放在捕获更细的异常之前。

（2）在进行异常捕获及处理的时候，不要使用 Throwable 作为捕获的类型，因为范围太大了。

（3）如果为了方便，则可以将所有的异常都使用 Exception 进行捕获。

（4）但是为了操作的方便起见，所有的异常最好进行分别的处理，即：以上程序中会产生的三个异常最好分别使用三个 try…catch 块进行处理。因为这样做的话会比较容易确认异常的位置。

如果要想进一步深入的研究以上代码的用处，则必须结合后面的异常标准格式，此处先了解其基本语法即可。

随着 JDK 的发展，实际上对于异常的处理格式，也出现了许多的变态做法。从最早的 Java 开始对于异常的处理结构就分为两种：

① try…catch

② try…catch…finaly

但是最新的 JDK 出现了一种根本就没有任何意义的操作：try…finally

5）throws 关键字

在程序中异常的基本处理已经掌握了，但是随异常一起的还有一个称为 throws 关键字，此关键字主要在方法的声明上使用，表示方法中不处理异常，而交给调用处处理。

因为程序中的 div（）方法本身使用了 throws 关键字声明，所以在调用此方法的位置处就必须明确的使用 try..catch 进行异常的捕获处理，而不管是否真的会发生异常。

既然 throws 关键字可以在普通方法上使用，那么能不能在主方法上使用呢？如果在主方法上使用了 thorws 关键字声明的话，表示所有的异常将由 JVM 进行处理。

6）throw 关键字

throw 关键字表示在程序中人为的抛出一个异常，因为从异常处理机制来看，所有的异常一旦产生之后，实际上抛出的就是一个异常类的实例化对象，那么此对象也可以由 throw 直接抛出。

7）异常的标准处理结构

（1）在异常处理中，不管是否加上 finally 最终结果都会执行异常之后的操作？

（2）在程序中都会尽量避免异常的产生，为什么还要存在 throw 抛异常呢？

所以，在实际的开发中，以上的五个关键字是要一起联合使用的。

现在要求完成以下的一个操作方法：

（1）定义一个除法操作，但是在进行除法操作之前，必须打印"计算开始"，在整个操作的最后必须打印"计算结束"

（2）如果中间产生了异常，则必须返回到调用处进行处理

8）RuntimeExcepion 与 Exception 的区别

只要程序的方法中使用了 throws 关键字，是不是就意味着，程序一定要使用 try…catch 进行处理。但是观察一下 Integer 类中的以下方法：

public static int parseInt（String s）throws NumberFormatException 此方法的功能是用于将字符串变为基本的 int 型数据，但是此方法抛出了一个异常。

```java
public class ExceptionDemo {
    public static void main (String argsp []) {
        int i = Integer.parseInt ("123");
    }
};
```

以上的操作，按照正常的思路来讲，parseInt（）方法必须使用 try…catch 进行捕获，如果不捕获那么肯定连编译都无法通过。

因为 NumberFormatException 并不是 Exception 的直接子类，而是 RuntimeException 的子类，只要是 RuntimeException 的子类，则表示程序在操作的时候可以不必使用 try…catch 进行处理，如果有异常发生，则由 JVM 进行处理。当然，如果加上了异常处理格式，程序也不会有任何的错误发生。

9）自定义异常类

在 Java 中，已经提供了很多的异常类的定义，但是如果在开发一些个人的系统中可能需要使用一些自己的异常类的操作，那么此时就可以通过继承 Exception 类的方式完成一个自定义异常类的操作。

```java
classMyException extends Exception { // 继承 Exception，表示一个自定义异常类
    public MyException (String msg) {
        super (msg); // 调用 Exception 中有一个参数的构造
    }
};
public class ExceptionDemo {
    public static void main (String argsp []) {
        try {
```

```
            throw new MyException ("自己定义，自己抛着玩。");
        } catch (Exception e) {
            e. printStackTrace ();
        }
    }
};
```

10）Eclipse debug

debug：调试是程序员编码过程中找逻辑错误的一个很重要的手段断点：遇到断点，暂挂，等候命令

debug as—> Java Application

快捷键：

F5：单步跳入。进入本行代码中执行

F6：单步跳过。执行本行代码，跳到下一行

F7：单步返回。跳出方法

F8：继续。执行到下一个断点，如果没有断点了，就执行到结束

Ctrl＋R：执行到光标所在的这一行

11）异常处理总结

（1）异常的出现，如果没有进行合理的处理，则有可能造成程序的非正常结束。

（2）使用 try…catch、try…catch…finally 完成异常的基本处理

- 在 try 中捕获异常

- 交给 catch 进行匹配

- 不管是否发生异常，最终结果都要执行 finally 语句

（3）在程序中可以使用 throws 在方法的声明处声明，表示此方法不处理任何的异常。使用 throw 人为的抛出一个异常。

（4）try、catch、finally、throw、throws 联合使用才能形成一个异常的标准处理格式。

（5）RuntimeException 的子类在程序中可以不用进行处理，如果有异常产生则交给 JVM 进行处理，当然，如果有需要也可以加上 try…catch 进行处理。

（6）一个类只要继承了 Exception 类，那么此类就表示异常类。

（7）throwable 分为两个子类

① Error：表示 JVM 出错，一般无法处理

② Exception：表示程序出错，一般由开发人员处理

5.1.5　数组

1. 数组声明

数组的定义如下：

（1）首先是一个对象。

（2）存放相同的数据类型，可以是原始数据类型或类类型。

（3）所有的数组下标默认从 0 开始。访问时不可超出定义上限，否则会产生越界错误。

数组声明实际是创建一个引用，通过代表引用的名字来引用数组。数组声明格式如下：

数据类型 标识符 ［］

例如：

int a［ ］; //声明一个数据类型为整型的数组 a

pencil b［ ］; //声明一个数据类型为 pencil 类的数组 b

2. 创建数组

由于数组是一个对象，所以可以使用关键字 new 来创建一个数组，例如：

a = new int［10］; //创建存储 10 个整型数据的数组 a

b = new pencil［20］; //创建存储 20 个 pencil 类数据的数组 b

数组创建时，每个元素都按它所存放数据类型的缺省值被初始化，如上面数组 a 的值被初始化为 0，也可以进行显式初始化。在 Java 编程语言中，为了保证系统的安全，所有的变量在使用之前必须是初始化的，如果未初始化，编译时会提示出错。有两种初始化数组的方式，分别如下：

（1）创建数组后，对每个元素进行赋值。

a［0］=5;　…　a［9］= 10;

（2）直接在声明的时候就说明其值，例如：

int a［ ］=｛4, 5, 1, 3, 4, 20, 2｝; //说明了一个长度为 7 的一维数组。

【例 6】编写程序测试数组，程序输出结果如图 5-7 所示。源程序代码如下：

图 5-7　程序输出
结果

```
//程序文件名称为 TestArray. java
public class TestArray
{
    public static void main (String args [])
    {
    int a [];    char b []; //声明数组
    a = new int [3]; b = new char [2]; //创建数组
    for (int i = 0; i<3; i+ +) //数组初始化
    {a [i] = i * 3;}
    b [0] = 'a'; b [1] = 'b';
    int c [ ] = {0, 1 * 3, 2 * 3}; //快速初始化数组
    //输出结果
    System. out. print ("数组 a \ n");
    for (int i = 0; i<2; i+ +)
    {System. out. print (b [i] + "　");}
    System. out. print ("\ n 数组 c \ n");
    for (int i = 0; i<3; i+ +)
    {System. out. print (c [i] + "　");}
    }
}
```

程序输出结果：

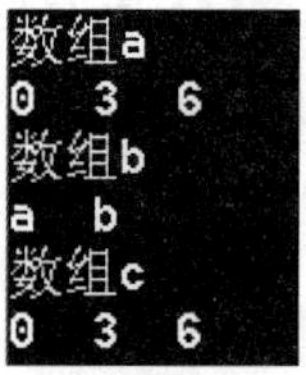

5.2　面向对象的程序设计

面向过程是很难适应变化的，而面向对象因为有其完整的分析思路，所以可以任意地

进行修改。

面向对象从概念上讲分为以下三种：OOA、OOD、OOP

|-OOA：面向对象分析（Object Oriented Analysis）

|-OOD：面向对象设计（Object Oriented Design）

|-OOP：面向对象程序（Object Oriented Promgramming）

但是，我们在学习中并不会严格地按照以上的步骤走，我们的分析和解决问题的思路来源于现实生活。

面向对象中有三大特征：

（1）封装性：所有的内容对外部不可见；

（2）继承性：将其他的功能继承下来继续发展；

（3）多态性：方法的重载本身就是一个多态性的体现。

面向对象是当今主流的一种程序设计理念和设计规范，它取代了早期的"结构化"过程设计开发技术，主张一切皆为对象，程序以人的思维模式去解决问题。面向对象的程序是由类组成的，每个类包含对用户公开的特定功能部分和隐藏的实现部分。传统的结构化程序设计通过设计一系列的过程（即算法）来求解问题。这一些过程一旦被确定，就要开始考虑存储数据的方式，这就明确的表述了程序员的工作方式。但面相对象却调换了这个顺序，它不必关心数据对象的具体实现，只要能满足用户的需求即可。面向对象有三个最基本的特性，即：封装，继承，多态。

封装（Encapsulation）：使用方法把类的数据隐藏起来，遵循了 java 一切皆为对象的基本概念和核心思想，达成对类的封装，让普通类型上升为对象级；封装控制用户对类的修改和访问数据的程度，增强了程序的可维护性。

继承（Implementation）：发生在类和类之间，可分为单继承和多层继承描述父子对象之间的血缘关系，最终达到的目的是：一旦使用了继承，子类便获得了父类所有的成员（变量和方法），但是父类的私有的方法和属性不能被访问，父类的 final 成员不能被重写。一旦使用了继承，父类的实例能指向派生类（子类）的引用。

多态（Multipart）：对象在运行期和编译期具有的两种状态，使代码具有灵活性和重用性。编译时多态，也就是函数重载，所谓函数重载就是指同一个函数名可以对应多个函数的实现具体调用哪个按照由参数个数，参数类型等来决定。运行时多态：用一个基类的指针或引用来操纵多个派生类型的能力被称为多态性。

5.2.1 类与对象

1. 两者的关系

在面向对象的概念中类和对象是一个绝对的重点问题，下面就要分析类和对象的关系。

类表示一个共性产物，是一个综合的特征，而对象，是一个个性的产物、个体的特征。

类必须通过对象才可以使用，那么对象的所有操作都在类中定义。

类由属性和方法组成：

（1）属性：就相当于一个个的特征；

（2）方法：就相当于人的一个个的行为，例如：说话、吃饭、唱歌、睡觉。

2. 类的定义格式

在 Java 中可以使用以下的语句定义一个类：

```
class 类名称 {
    属性名称
    方法名称（）{}
}
```

但是，在定义类的时候，类中的方法声明时，可以暂时不加入 public static，而只写返回值类型和方法名称。

下面按照以上的格式定义出一个 Person 类

```
class Person {
    String name ; //表示姓名
    int age ; //表示年龄
    void tell () {
        System. out. println ("姓名：" + name + "；年龄：" + age) ;
        }
};
```

以上定义出了一个类，但是这个类要想被使用，则必须依靠对象。

3. 对象的定义格式

一个类要想真正的进行操作，则必须依靠对象，对象的定义格式如下：

> 类名称 对象名称 ＝ new 类名称（）；

按照以上的格式就可以产生对象了。

如果要想访问类中的属性或方法（方法的定义），则可以依靠以下的语法形式：

> 访问类中的属性：对象 . 属性；
>
> 调用类中的方法：对象 . 方法（）；

示例：调用 Person 类中的属性和方法

```
class Person {
    String name ; //表示姓名
    int age ; //表示年龄
    void tell () {
        System. out. println ("姓名：" + name + "；年龄：" + age) ;
    }
};
public classDemo {
    public static void main (String args []) {
        Person per = new Person () ; // 声明对象并实例化
        per. name = "张三"; // 设置 per 对象的 name 属性内容
        per. age = 30 ; // 设置 per 对象的 age 属性内容
        per. tell () ; // 调用类中的方法
    }
};
```

此时，所有的操作已经正常的调用完成，而且一个类可以使用了，但是以上的操作有以下几点必须说明。

- 在 java 中对象声明有两种含义

|-声明对象：Person per ＝ null ；// 表示声明了一个对象，但是此对象无法使用，per 没有具体的内存指向

|-实例化对象：per ＝ new Person（）；// 表示实例化了对象，可以使用

```
public classDemo {
    public static void main（String args []）{
        Person per ＝ null ；// 声明对象
        per ＝ new Person（）；// 实例化对象
        per. name ＝ "张三" ；// 设置 per 对象的 name 属性内容
        per. age ＝ 30 ；// 设置 per 对象的 age 属性内容
        per. tell（）；// 调用类中的方法
    }
};
```

- 对象属于引用数据类型，所以也需要进行内存的划分。

|-不管任何情况下，只要是调用了关键字 new，则表示开辟新的堆内存空间（图 5-8）

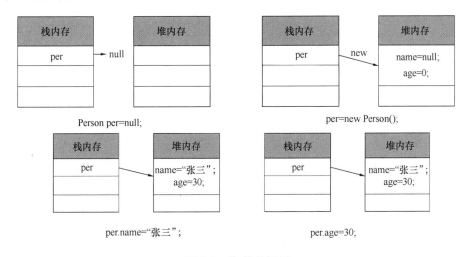

图 5-8 堆-栈的调用

所以在使用类的时候必须考虑到堆-栈的引用空间，但是在这里有一个需要说明的问题：

- 如果一个类中没有使用关键字 new 进行内存的开辟，则将出现以下的问题：

Exception in thread "main" java. lang. NullPointerExceptionat Demo03. main（Demo. java：12）

出现了"空指向"问题，那么此问题将陪伴大家的开发人生。造成此类问题的根源非常简单，因为没有开辟对应的堆内存空间，所以出现以上的错误。

那么，如果现在产生多个对象呢？这些对象之间会不会互相影响呢？

```
public classDemo {
    public static void main（String args []）{
        Person per1 ＝ null ；// 声明对象
        Person per2 ＝ null ；// 声明对象
        per1 ＝ new Person（）；// 实例化对象
        per2 ＝ new Person（）；// 实例化对象
```

```
        per1.name = "张三"; // 设置 per 对象的 name 属性内容
        per1.age = 30; // 设置 per 对象的 age 属性内容
        per2.name = "李四";
        per2.age = 33;
        per1.tell ();
        per2.tell (); // 调用类中的方法
    }
};
```

以上的程序，可以得出以下的内存关系图（图 5-9）：

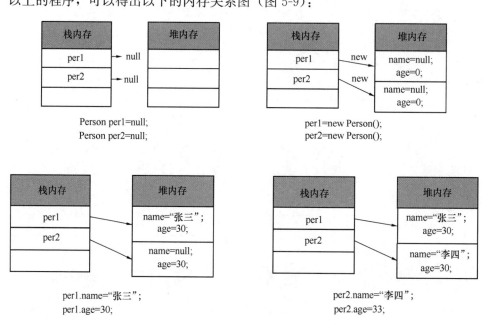

图 5-9　内存关系图

在类的操作中，所有的对象名称放在栈内存中，所有的对象的具体内容放在堆内存之中，那么类中的方法放在那里了？实际上所有的方法放在了全局代码区中。

那么，对象间既然属于引用数据类型的操作，所以肯定也是可以进行引用传递的，如果要想进行引用传递，就是将一个堆内存的空间地址的使用权给了其他对象。

```
class Person {
    String name; // 表示姓名
    int age; // 表示年龄
    void tell () {
        System.out.println ("姓名：" + name + "；年龄：" + age);
    }
};
public classDemo {
    public static void main (String args []) {
        Person per1 = null; // 声明对象
        Person per2 = null; // 声明对象
        per1 = new Person (); // 实例化对象
```

per1.name = "张三" ; // 设置 per 对象的 name 属性内容

per1.age = 30 ; // 设置 per 对象的 age 属性内容

per2 = per1 ; 将 per1 对象的堆内存空间给了 per2，那么此时的内存关系图

per2.name = "李四" ;

per1.tell () ;

per2.tell () ; // 调用类中的方法

```
        }
    };
```

内存调用图如下所示（图 5-10）：

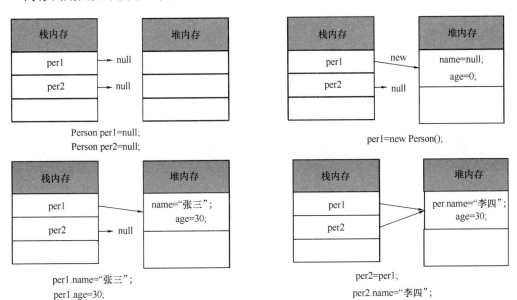

图 5-10　内存调用图

继续观察以下的一种情况：

```
class Person {
    String name ; //表示姓名
    int age ; //表示年龄
    void tell () {
        System.out.println ("姓名：" + name + "；年龄：" + age) ;
    }
};
public classDemo {
    public static void main (String args []) {
        Person per1 = null ; // 声明对象
        Person per2 = null ; // 声明对象
        per1 = new Person () ; // 实例化对象
        per2 = new Person () ; // 实例化对象
        per2.name = "王五" ;
        per1.name = "张三" ; // 设置 per 对象的 name 属性内容
        per1.age = 30 ; // 设置 per 对象的 age 属性内容
```

```
            per2 = per1 ;
            per2.name = "李四" ;
            per1.tell ( ) ;
            per2.tell ( ) ; // 调用类中的方法
        }
    } ;
```

内存调用图如下所示（图 5-11）：

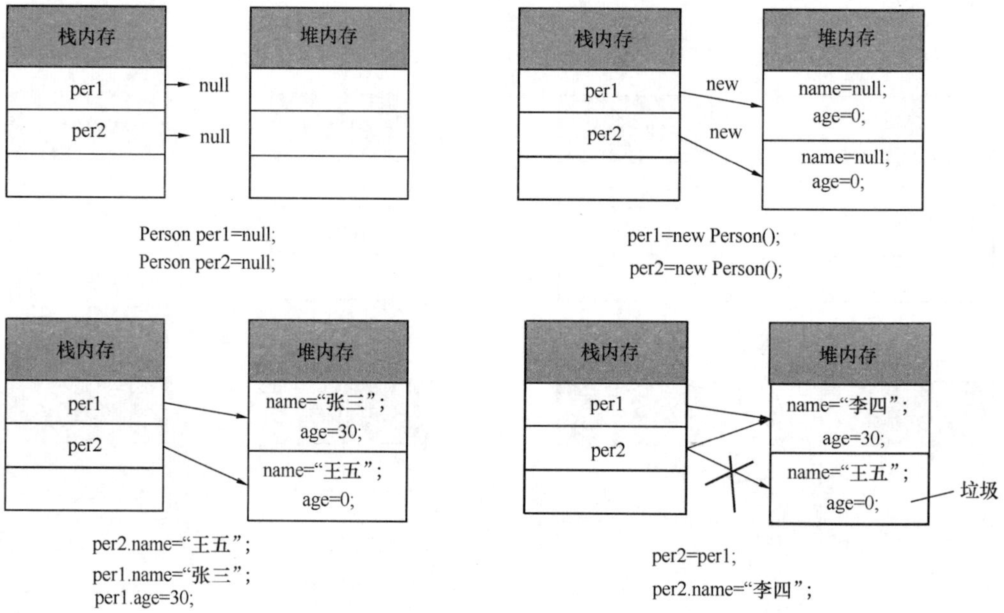

图 5-11　内存调用图

从本程序之中，可以清楚地发现垃圾对象的产生，垃圾对象将被系统通过 GC 进行自动的垃圾回收，并释放掉内存空间。

4. 封装性

在讲解封装性之前，来看一下以下的代码：

```
class Person {
    String name ; //表示姓名
    int age ; //表示年龄
    void tell ( ) {
        System. out. println ("姓名：" + name + "；年龄：" + age) ;
    }
} ;
public classDemo {
    public static void main (String args []) {
        Person per = new Person ( ) ;
        per. name = "张三" ;
        per. age = － 30 ;
        per. tell ( ) ;
    }
} ;
```

以上的操作代码并没有出现了语法错误，但是出现了逻辑错误。那么此时，这种操作并不是很合乎正常的逻辑。造成此类问题的根源在于：可以通过对象直接访问类中的属性。那么，此时就需要对类中的内容进行封装，使用 private 关键字，使用之后的效果如下：

```
class Person {
    private String name ; //表示姓名
    private int age ; //表示年龄
    void tell () {
        System. out. println ("姓名：" + name + "；年龄：" + age) ;
    }
};
public classDemo {
    public static void main (String args []) {
        Person per = new Person () ;
        per. name = "张三" ;
        per. age = - 30 ;
        per. tell () ;
    }
};
```

编译时出现了以下的错误提示：

```
Demo. java：11：name has private access in Person
per. name = "张三" ;
∧
Demo08. java：12：age has private access in Person
per. age = - 30 ;
∧
2 errors
```

name 和 age 属性是私有的访问权限，不能被外部所访问，那么此时，既然不能被外部所访问，则肯定是安全的了。所以，在 Java 开发中对于所有的私有属性要想进行访问，必须通过 setter 和 getter 方法，这是一个标准的操作，例如：

- 现在有 String name 属性
- setter：public void setName (String str)
- getter：public String getName ()

示例：

```
class Person {
    private String name ; //表示姓名
    private int age ; //表示年龄
    void tell () {
        System. out. println ("姓名：" + getName () + "；年龄：" + getAge ()) ;
    }
    public void setName (String str) {
        name = str ;
    }
    public void setAge (int a) {
        age = a ;
    }
```

```
    public String getName () {
        return name ;
    }
    public int getAge () {
        return age ;
    }
};
public classDemo {
    public static void main (String args []) {
        Person per = new Person () ;
        per. setName ("张三") ;
        per. setAge (-30) ;
        per. tell ( ) ;
    }
};
```

但是，以上的操作中仍然没有解决年龄是负数的情况。需要在 setter 方法上加上检测措施，而在 getter 方法上只是简单地把内容返回即可。

```
    public void setAge (int a) {
        if (a>0&&a<150)
        age = a ;
    }
    public int getAge () {return age ;}
```

提示：

在开发中只要是属性就必须封装，只要是封装的属性就必须通过 setter 及 getter 方法来存取值。

5. 构造方法（重点）

构造方法是在类中定义的，构造方法的定义格式：方法名称与类名称相同，无返回值类型的声明。

观察对象的产生语法：

类名称 对象名称 = new 类名称 () ;

既然有"()"则就表示调用的是一个方法，那么此方法实际上就是构造方法，在使用关键字 new 实例化对象的时候，就会调用类中的构造方法。所有的 Java 类中肯定都至少会保存一个构造方法，如果在一个类中没有明确的定义一个构造方法的话，则会自动生成一个无参的什么都不做的构造方法，这就是为什么之前的代码中都没有构造方法。

```
class Person {
    privatestring name ; // 表示姓名
    private int age ; //表示年龄
    public Person () { //构造方法
    void tell () {
        System. out. println ("姓名：" + getName () + "；年龄：" + getAge ()) ;
    }
    public void setName (String str) {
        name = str ;
```

```
    }
    public void setAge (int a) {
        if (a>0&&a<150)
        age = a ;
    }
    public String getName () {
        return name ;
    }
    public int getAge () {
        return age ;
    }
};
```

既然有了构造方法，实际上构造方法的主要作用是为类中的属性初始化，所以可以通过构造方法进行属性内容的设置，这样以后就可以不用再分别调用 setter 方法设置属性内容。

```
public Person (String n，int a) { //构造方法
        name = n ;
        age = a ;
}
```

以上的代码中设置了有两个参数的构造方法，那么执行的时候，可以直接调用此构造方法。

注意：当类中已经明确的定义了一个构造方法的时候，则无参构造将不会自动生成了。

```
class Person {
    private String name ; //表示姓名
    private int age ; //表示年龄
    public Person (String n，int a) { //构造方法
        name = n ;
        age = a ;
    }
    void tell () {
        System. out. println ("姓名：" + getName () + "；年龄：" + getAge ());
    }
    public void setName (String str) {
        name = str ;
    }
    public void setAge (int a) {
        if (a>0&&a<150)
        age = a ;
    }
    public String getName () {
        return name ;
    }
    public int getAge () {
```

```
            return age ;
        }
    };
    public classDemo {
        public static void main (String args []) {
            Person per = null ;
            per = new Person ("张三", 30);
            per. tell ();
        }
    };
```

但是，以上的操作方法中，属性的内容可以直接通过构造进行设置，所以，即使设置了错误的内容，也依然可以为属性赋值，那么此时最好的做法是，在构造方法中同样调用检查的操作。

```
public Person (String n, int a) { //构造方法
    setName (n); //设置 name 属性
    setAge (a); //设置 age 属性
}
```

另外，要提醒的是，如果现在需要明确地表示出一个方法是本类中定义的方法也可以加上 this. 的形式，例如：

```
public Person (String n, int a) { //构造方法
    this. setName (n); // 设置 name 属性
    this. setAge (a); //设置 age 属性
}
```

那么在类中构造方法本身也是可以进行重载的，只要参数的类型或个数不同，那么就可以完成构造方法的重载，部分示例代码如下：

```
public Person (String n)
    {this. setName (n);}
public Person (String n, int a) { //构造方法
    this. setName (n); // 设置 name 属性
    this. setAge (a); // 设置 age 属性
}
```

5. 2. 2　继承与多态

1. 继承

继承是 java 面向对象编程技术的一块基石，因为它允许创建分等级层次的类。继承可以理解为一个对象从另一个对象获取属性的过程。

如果类 A 是类 B 的父类，而类 B 是类 C 的父类，我们也称 C 是 A 的子类，类 C 是从类 A 继承而来的。在 Java 中，类的继承是单一继承，也就是说，一个子类只能拥有一个父类

继承中最常使用的两个关键字是 extends 和 implements。

这两个关键字的使用决定了一个对象和另一个对象是否是 IS-A（是一个）关系。

通过使用这两个关键字，我们能实现一个对象获取另一个对象的属性。

所有 Java 的类均是由 java. lang. Object 类继承而来的，所以 Object 是所有类的祖先类，而除了 Object 外，所有类必须有一个父类。

通过过 extends 关键字可以申明一个类是继承另外一个类而来的，一般形式如下：

```
public class A {
    private int i; protected int j;
    public void func ( ) { }
}
public class B extends A { }
```

以上的代码片段说明，B 由 A 继承而来的，B 是 A 的子类，而 A 是 Object 的子类，这里可以不显示地声明。

作为子类，B 的实例拥有 A 所有的成员变量，但对于 private 的成员变量 B 却没有访问权限，这保障了 A 的封装性。

IS-A 关系：IS-A 就是说：一个对象是另一个对象的一个分类。

下面是使用关键字 extends 实现继承。

```
public class Animal { }
public class Mammal extends Animal {} // Animal 类是 Mammal 类的父类。
public class Reptile extends Animal {} // Animal 类是 Reptile 类的父类。
public class Dog extends Mammal {} //Mammal 类和 Reptile 类是 Animal 类的子类。
//Dog 类既是 Mammal 类的子类又是 Animal 类的子类。
```

分析以上示例中的 IS-A 关系，如下：

Mammal IS-A Animal，Reptile IS-A Animal，Dog IS-A Mammal 因此：Dog IS-A Animal

通过使用关键字 extends，子类可以继承父类所有的方法和属性，但是无法使用 private（私有）的方法和属性．我们通过使用 instanceof 操作符，能够确定 Mammal IS-A Animal，实例如下：

```
public class Dog extends Mammal {
    public static void main (String args []) {
        Animal a = new Animal ();
        Mammal m = new Mammal ();
        Dog d = new Dog ();
        System. out. println (m instanceof Animal);
        System. out. println (d instanceof Mammal);
        System. out. println (d instanceof Animal);
    }
}
```

以上实例编译运行结果如下：

```
true
true
true
```

介绍完 extends 关键字之后，再来看下 implements 关键字是怎样来表示 IS-A 关系。

Implements 关键字使用在类继承接口的情况下，此时不能使用关键字 extends。实例：

```
public interface Animal { }
publicclass Mammal implements Animal { }
```

```
public class Dog extends Mammal { }
//instance of 关键字可以用来检验 Mammal 和 dog 对象是否是 Animal 类的一个实例。
interface Animal {}
class Mammal implements Animal {}
public class Dog extends Mammal {
    public static void main (String args []) {
        Mammal m = new Mammal ();
        Dog d = new Dog ();
        System. out. println (m instanceof Animal);
        System. out. println (d instanceof Mammal);
        System. out. println (d instanceof Animal);
    }
}
```

以上实例编译运行结果如下：

```
true
true
true
```

HAS-A 关系代表类和它的成员之间的从属关系。这有助于代码的重用和减少代码的错误。示例代码如下：

```
public class Vehicle {}
public class Speed {}
public class Van extends Vehicle {
    private Speed sp;
}
```

Van 类和 Speed 类是 HAS-A 关系（Van 有一个 Speed），这样就不用将 Speed 类的全部代码粘贴到 Van 类中了，并且 Speed 类也可以重复利用于多个应用程序。在面向对象特性中，使用者不必担心类的内部怎样实现。

Van 类将实现的细节对用户隐藏起来，因此，只需要知道怎样调用 Van 类来完成某一功能，而不必知道 Van 类是自己来做还是调用其他类来做这些工作。

Java 只支持单继承，也就是说，一个类不能继承多个类。

下面的做法是不合法的：

```
public class extends Animal, Mammal {}
```

Java 只支持单继承（继承基本类和抽象类），但是可以用接口来实现（多继承接口来实现），脚本结构如：

```
public class Apple extends Fruit implements Fruit1, Fruit2 { }
```

一般我们继承基本类和抽象类用 extends 关键字，实现接口类的继承用 implements 关键字。

2. 多态

多态是同一个行为具有多个不同表现形式或形态的能力。

多态性是对象多种表现形式的体现。比如"宠物"这个对象，它就有很多不同的表达或实现，比如有小猫、小狗、蜥蜴等等。那么我到宠物店说"请给我一只宠物"，服务员给我小猫、小狗或者蜥蜴都可以，我们就说"宠物"这个对象就具备多态性。

接下来让我们通过实例来了解 Java 的多态，示例代码如下：

```
public interface Vegetarian { }
public class Animal { }
public class Deer extends Animal implements Vegetarian { }
```

因为 Deer 类具有多重继承，所以它具有多态性。以上实例解析如下：

一个 Deer IS-A（是一个）Animal

一个 Deer IS-A（是一个）Vegetarian

一个 Deer IS-A（是一个）Deer

一个 Deer IS-A（是一个）Object

在 Java 中，所有对象都有多态性，因为任何对象都能通过 IS-A 测试类型和 Object 类。

访问一个对象的唯一方法就是通过引用型变量。引用型变量只能有一种类型，一旦被声明，引用型变量的类型就不能被改变了。引用型变量不仅能够被重置为其他对象，前提是这些对象没有被声明为 final。还可以引用和它类型相同的或者相兼容的对象。它可以声明为类类型或者接口类型。当我们将引用型变量应用于 Deer 对象的引用时，下面的声明是合法的：

```
Deer d = new Deer ();
Animal a = d;
Vegetarian v = d;
Object o = d;
```

所有的引用型变量 d，a，v，o 都指向堆中相同的 Deer 对象。

3. 虚方法

在 Java 中，当设计类时，被重载的方法的行为怎样影响多态性？我们已经讨论了方法的重载，也就是子类能够重载父类的方法。当子类对象调用重载的方法时，调用的是子类的方法，而不是父类中被重载的方法，要想调用父类中被重载的方法，则必须使用关键字 super。

```
/* 文件名：Employee. java */
public class Employee {
    private String name;
    private String address;
    private int number;
    public Employee (String name, String address, int number)
    {
        System. out. println ("Constructing an Employee");
        this. name = name;
        this. address = address;
        this. number = number;
    }
    public void mailCheck ()
        System. out. println ("Mailing a check to" + this. name + " " + this. address);
    public String toString ()
        return name + " " + address + " " + number;
```

```java
    public String getName ( )
       return name;
    public String getAddress ( )
       return address;
    public void setAddress (String newAddress)
       address = newAddress;
    public int getNumber ( )
       return number;
}
```

假设下面的类继承 Employee 类：

```java
/ * 文件名：Salary. java * /
public class Salary extends Employee
{
   private double salary; //Annual salary
   public Salary (String name, String address, int number, double salary) {
       super (name, address, number);
       setSalary (salary);
   }
   public void mailCheck () {
       System. out. println ("Within mailCheck of Salary class ");
       System. out. println ("Mailing check to" + getName ()
       + " with salary" + salary);
   }
   public double getSalary () {return salary;}
   public void setSalary (double newSalary) {
       if (newSalary >= 0. 0)
       salary = newSalary;
   }
   public double computePay () {
       System. out. println ("Computing salary pay for" + getName ());
       return salary/52;
   }
}
```

现在我们仔细阅读下面的代码，尝试给出它的输出结果：

```java
/ * 文件名：VirtualDemo. java * /
public class VirtualDemo
{
   public static void main (String [] args)
   {
    Salary s = new Salary ("Mohd Mohtashim", "Ambehta, UP", 3, 3600. 00);
    Employee e = new Salary ("John Adams", "Boston, MA", 2, 2400. 00);
    System. out. println ("Call mailCheck using Salary reference - -");
    s. mailCheck ();
    System. out. println ("\ n Call mailCheck using Employee reference- -");
    e. mailCheck ();
```

```
            }
    }
```

以上实例编译运行结果如下：

Constructing an Employee

Constructing an Employee

Call mailCheck using Salary reference - -

Within mailCheck of Salary class

Mailing check to Mohd Mohtashim with salary 3600. 0

Call mailCheck using Employee reference- -

Within mailCheck of Salary class

Mailing check to John Adams with salary 2400. 0

上面的示例中，我们实例化了两个 Salary 对象。一个使用 Salary 引用 s，另一个使用 Employee 引用。编译时，编译器检查到 mailCheck（）方法在 Salary 类中的声明。在调用 s. mailCheck（）时，Java 虚拟机（JVM）调用 Salary 类的 mailCheck（）方法。因为 e 是 Employee 的引用，所以调用 e 的 mailCheck（）方法则有完全不同的结果。当编译器检查 e. mailCheck（）方法时，编译器检查到 Employee 类中的 mailCheck（）方法。在编译的时候，编译器使用 Employee 类中的 mailCheck（）方法验证该语句，但是在运行的时候，Java 虚拟机（JVM）调用的是 Salary 类中的 mailCheck（）方法。

该行为被称为虚拟方法调用，该方法被称为虚拟方法。

Java 中所有的方法都能以这种方式表现，借此，重写的方法能在运行时调用，不管编译的时候源代码中引用变量是什么数据类型。

5.2.3 Java 重写（Override）与重载（Overload）

1. 重写（Override）

重写是子类对父类的允许访问的方法的实现过程进行重新编写！返回值和形参都不能改变。即外壳不变，核心重写！重写的好处在于子类可以根据需要，定义特定于自己的行为，也就是说子类能够根据需要实现父类的方法。

在面向对象原则里，重写意味着可以重写任何现有方法。实例如下：

```java
class Animal {
    public void move () {
        System. out. println ("动物可以移动");
}
class Dog extends Animal {
    public void move () {
        System. out. println ("狗可以跑和走");
    }
}
public class TestDog {
    public static void main (String args []) {
        Animal a = new Animal (); // Animal 对象
        Animal b = new Dog (); // Dog 对象
        a. move (); // 执行 Animal 类的方法
        b. move (); //执行 Dog 类的方法
    }
```

}

以上实例编译运行结果如下：

动物可以移动

狗可以跑和走

在上面的例子中可以看到，尽管 b 属于 Animal 类型，但是它运行的是 Dog 类的 move 方法，这是由于在编译阶段，只是检查参数的引用类型，然而在运行时，Java 虚拟机（JVM）指定对象的类型并且运行该对象的方法。因此在上面的例子中，之所以能编译成功，是因为 Animal 类中存在 move 方法，然而运行时，运行的是特定对象的方法。

思考以下例子：

```
class Animal {
    public void move ()
        System. out. println ("动物可以移动");
}
class Dog extends Animal {
    public void move ()
        System. out. println ("狗可以跑和走");
    public void bark ()
        System. out. println ("狗可以吠叫");
}
public class TestDog {
    public static void main (String args []) {
        Animal a = new Animal ();  // Animal 对象
        Animal b = new Dog ();  // Dog 对象
        a. move ();  // 执行 Animal 类的方法
        b. move ();  //执行 Dog 类的方法
        b. bark ();
    }
}
```

以上实例编译运行结果如下：

TestDog. java：30：cannot find symbol

symbol　：method bark ()

location：class Animal

b. bark ();

该程序将抛出一个编译错误，因为 b 的引用类型 Animal 没有 bark 方法。

方法的重写规则：

（1）参数列表必须完全与被重写方法的相同。

（2）返回类型必须完全与被重写方法的返回类型相同。

（3）访问权限不能比父类中被重写的方法的访问权限更高。例如：如果父类的一个方法被声明为 public，那么在子类中重写该方法就不能声明为 protected。

（4）父类的成员方法只能被它的子类重写。

（5）声明为 final 的方法不能被重写。

（6）声明为 static 的方法不能被重写，但是能够被再次声明。

（7）子类和父类在同一个包中，那么子类可以重写父类所有方法，除了声明为 private 和 final 的方法。

（8）子类和父类不在同一个包中，那么子类只能够重写父类的声明为 public 和 protected 的非 final 方法。

（9）重写的方法能够抛出任何非强制异常，无论被重写的方法是否抛出异常。但是，重写的方法不能抛出新的强制性异常，或者比被重写方法声明的更广泛的强制性异常，反之则可以。

（10）构造方法不能被重写。

（11）如果不能继承一个方法，则不能重写这个方法。

Super 关键字的使用

当需要在子类中调用父类的被重写方法时，要使用 super 关键字。

```
class Animal {
  public void move ()
      System. out. println ("动物可以移动");
}
class Dog extends Animal {
    public void move () {
        super. move (); //应用 super 类的方法
        System. out. println ("狗可以跑和走");
    }
}
public class TestDog {
    public static void main (String args []) {
        Animal b = new Dog (); // Dog 对象
        b. move (); //执行 Dog 类的方法
    }
}
```

以上实例编译运行结果如下：

动物可以移动

狗可以跑和走

2. 重载（overloading）

重载（overloading）是在一个类里面，方法名字相同，而参数不同。返回类型呢？可以相同也可以不同。每个重载的方法（或者构造函数）都必须有一个独一无二的参数类型列表，而且只能重载构造函数

重载规则：

（1）被重载的方法必须改变参数列表。

（2）被重载的方法可以改变返回类型。

（3）被重载的方法可以改变访问修饰符。

（4）被重载的方法可以声明新的或更广的检查异常。

（5）方法能够在同一个类中或者在一个子类中被重载。

示例代码如下：public class Overloading {

```java
public int test () {
    System. out. println ("test1");
    return 1;
}
public void test (int a)
    System. out. println ("test2");
//以下两个参数类型顺序不同
public String test (int a, String s) {
    System. out. println ("test3");
    return "returntest3";
}
public String test (String s, int a) {
    System. out. println ("test4");
    return "returntest4";
}
public static void main (String [] args) {
    Overloading o = new Overloading ();
    System. out. println (o. test ());
    o. test (1);
    System. out. println (o. test (1, "test3"));
    System. out. println (o. test ("test4", 1));
}
}
```

重写与重载之间的区别见表 5-6：

重写与重载之间的区别 表 5-6

区别点	重载方法	重写方法
参数列表	必须修改	一定不能修改
返回类型	可以修改	一定不能修改
异常	可以修改	可以减少或删除，一定不能抛出新的或者更广的异常
访问	可以修改	一定不能做更严格的限制（可以降低限制）

5.2.4 接口

接口（英文：Interface），在 JAVA 编程语言中是一个抽象类型，是抽象方法的集合，接口通常以 interface 来声明。一个类通过继承接口的方式，从而来继承接口的抽象方法。接口并不是类，编写接口的方式和类很相似，但是它们属于不同的概念。类描述对象的属性和方法。接口则包含类要实现的方法。除非实现接口的类是抽象类，否则该类要定义接口中的所有方法。接口无法被实例化，但是可以被实现。一个实现接口的类，必须实现接口内所描述的所有方法，否则就必须声明为抽象类。另外，在 Java 中，接口类型可用来声明一个变量，他们可以成为一个空指针，或是被绑定在一个以此接口实现的对象。

1. 接口与类相似点

（1）一个接口可以有多个方法。

（2）接口文件保存在 .java 结尾的文件中，文件名使用接口名。

（3）接口的字节码文件保存在 .class 结尾的文件中。

（4）接口相应的字节码文件必须在与包名称相匹配的目录结构中。

2. 接口与类的区别

（1）接口不能用于实例化对象。

（2）接口没有构造方法。

（3）接口中所有的方法必须是抽象方法。

（4）接口不能包含成员变量，除了 static 和 final 变量。

（5）接口不是被类继承了，而是要被类实现。

（6）接口支持多重继承。

3. 接口的声明

接口的声明语法格式如下：

[可见度] interface 接口名称 [extends 其他的类名] {

  // 声明变量

  // 抽象方法

}

Interface 关键字用来声明一个接口。下面是接口声明的一个简单例子。

import java.lang.*;

//引入包

public interface NameOfInterface

{

  //任何类型 final, static 字段

  //抽象方法

}

接口有以下特性：

（1）接口是隐式抽象的，当声明一个接口的时候，不必使用 abstract 关键字。

（2）接口中每一个方法也是隐式抽象的，声明时同样不需要 abstract 关键子。

（3）接口中的方法都是公有的。

示例：

/* 文件名：Animal.java */

interface Animal {

  public void eat();

  public void travel();

}

4. 接口的实现

当类实现接口的时候，类要实现接口中所有的方法。否则，类必须声明为抽象的类。类使用 implements 关键字实现接口。在类声明中，Implements 关键字放在 class 声明后面。

实现一个接口的语法，可以使用这个公式：

... implements 接口名称 [,其他接口,其他接口...,...]...

示例:

```
/* 文件名:MammalInt.java */
public class MammalInt implements Animal{
  public void eat()
    System.out.println("Mammal eats");
  public void travel()
    System.out.println("Mammal travels");
  public int noOfLegs()
    return 0;
  public static void main(String args[]){
    MammalInt m = new MammalInt();
    m.eat();
    m.travel();
  }
}
```

以上实例编译运行结果如下:

```
Mammal eats
Mammal travels
```

重写接口中声明的方法时,需要注意以下规则:

(1)类在实现接口的方法时,不能抛出强制性异常,只能在接口中,或者继承接口的抽象类中抛出该强制性异常。

(2)类在重写方法时要保持一致的方法名,并且应该保持相同或者相兼容的返回值类型。

(3)如果实现接口的类是抽象类,那么就没必要实现该接口的方法。

在实现接口的时候,也要注意一些规则:

(1)一个类可以同时实现多个接口。

(2)一个类只能继承一个类,但是能实现多个接口。

(3)一个接口能继承另一个接口,这和类之间的继承比较相似。

5. 接口的继承

一个接口能继承另一个接口,和类之间的继承方式比较相似。接口的继承使用 extends 关键字,子接口继承父接口的方法。

下面的 Sports 接口被 Hockey 和 Football 接口继承:

```
public interface Sports// 文件名为:Sports.java
{
  public void setHomeTeam(String name);
  public void setVisitingTeam(String name);
}
// 文件名:Football.java
public interface Football extends Sports
{
  public void homeTeamScored(int points);
```

```
    public void visitingTeamScored(int points);
    public void endOfQuarter(int quarter);
}
// 文件名：Hockey.java
public interface Hockey extends Sports
{
    public void homeGoalScored();
    public void visitingGoalScored();
    public void endOfPeriod(int period);
    public void overtimePeriod(int ot);
}
```

Hockey 接口自己声明了四个方法，从 Sports 接口继承了两个方法，这样，实现 Hockey 接口的类需要实现六个方法。

相似的，实现 Football 接口的类需要实现五个方法，其中两个来自于 Sports 接口。

6. 接口的多重继承

在 Java 中，类的多重继承是不合法，但接口允许多重继承，在接口多重继承中 extends 关键字只需要使用一次，在其后跟着继承接口。如下所示：

public interface Hockey extends Sports，Event

以上的程序片段是合法定义的子接口，与类不同的是，接口允许多重继承，而 Sports 及 Event 可能定义或是继承相同的方法

7. 标识接口

最常用的继承接口是没有包含任何方法的接口也就是标识接口，它是没有任何方法和属性的接口。它仅仅表明它的类属于一个特定的类型，供其他代码来测试允许做一些事情。

标识接口作用：简单形象的说就是给某个对象打个标（盖个戳），使对象拥有某个或某些特权。例如：java.awt.event 包中的 MouseListener 接口继承的 java.util.EventListener 接口定义如下：

```
package java.util;
public interface EventListener{}
```

没有任何方法的接口被称为标记接口。标记接口主要用于以下两种目的：

（1）建立一个公共的父接口：

正如 EventListener 接口，这是由几十个其他接口扩展的 Java API，你可以使用一个标记接口来建立一组接口的父接口。例如：当一个接口继承了 EventListener 接口，Java 虚拟机（JVM）就知道该接口将要被用于一个事件的代理方案。

（2）向一个类添加数据类型：

这种情况是标记接口最初的目的，实现标记接口的类不需要定义任何接口方法（因为标记接口根本就没有方法），但是该类通过多态性变成一个接口类型。

5.3 Eclipse 开发环境

Eclipse 是 Android 应用程序开发的一种集成开发环境（IDE）。就 Android 来说，推

荐使用 Eclipse。它是一个多语言的软件开发环境，有一个可扩展的插件系统。通过它可以用 Java、Ada、C、C++、COBOL、Python 等语言开发各种类型的应用程序。对于 Android 的开发，要下载 Eclipse IDE for Java EE Developers（www. eclipse. org/down-loads/）。目前有 6 个版本可用：Windows（32 位和 64 位）、Mac OS X（Cocoa 32 和 64）以及 Linux（32 位和 64 位）。只要选择与您的操作系统相对应的那个版本进行安装即可。本书所有示例均使用 Windows 平台下的 32 位版本的 Eclipse 进行过测试。

5.3.1　JDK 安装

Eclipse 的运行需要依赖 JDK，因此需要下载使用 JDK 的包，并进行安装，现采用 JDK 6 版本（文件为 jdk-6u38-windows-i586. exe）来进行 JDK 的安装示例。

双击直接进行安装即可，全部选择下一步，如图 5-12 所示：

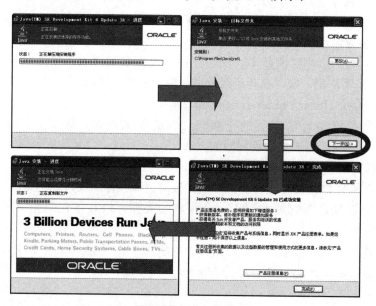

图 5-12　JKD 安装

在 JDK 安装结束后要进行环境变量的配置，针对不同的 windows 操作系统，使用的环境配置方法大同小异，通常要先找到我的电脑，然后打开属性中的高级选项，在环境变量中下的系统变量选项卡中进行环境变量的设置，具体设置为：

新建两个系统变量并分别赋值，如下：

（1）JAVA _ HOME 值为：C：\ ProgramFiles \ Java \ jdk1.6.0 _ 38（安装 JDK 的目录）

（2）CLASSPATH 值为：（特别需要注意的是最前面有个点）

．；%JAVA _ HOME% \ lib \ tools. jar；%JAVA _ HOME% \ lib \ dt. jar；%JAVA _ HOME% \ bin；

新建结束后编辑 path 类，在开始追加 %JAVA _ HOME% \ bin；或者是追加 C：\ Program Files \ Java \ jdk1.6.0 _ 38 \ bin

具体操作示例过程如下：

（1）XP 系统具体环境配置操作如图 5-13 所示：

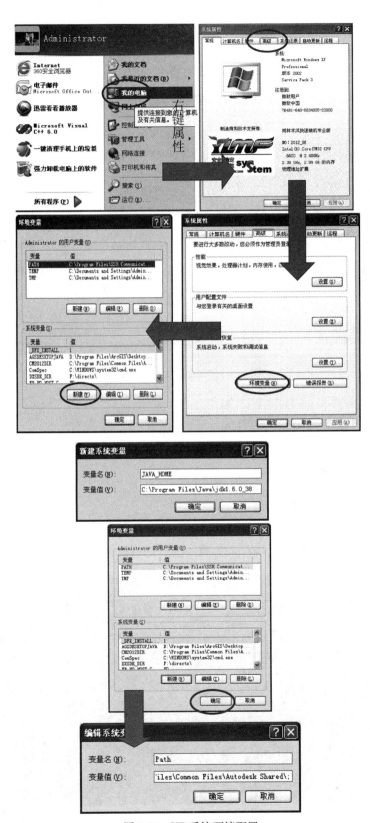

图 5-13　XP 系统环境配置

（2）WIN7 系统具体环境配置操作如图 5-14 所示（进入系统属性后的操作和 XP 一样，此处不再赘述）：

环境配置结束后要进行验证，需要查看是否配置成功。

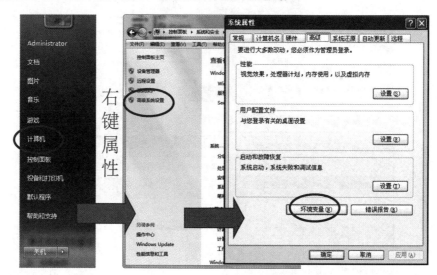

图 5-14　WIN7 系统环境配置

验证的具体步骤 XP 系统和 WIN 系统一样，如下：

开始→运行→cmd→enter→java-version

注意 java 与-之间有空格。

查看验证结果：

环境配置成功会出现如图 5-15 所示的代码。

说明：

WIN8 及更高版本的系统安装与 WIN7 相似，可参考 WIN7 的安装方式。

如果未出现上述代码，则环境配置失败，重新进行配置。

图 5-15　查看验证结果

5.3.2 Eclipse 软件相关

Eclipse 集成开发环境是开放的软件，可以到 Eclipse3 的网站上去下载：http：//www.eclipse.org/downloads/

Eclipse 包含了以下的几个版本：

（1）Eclipse Mars(4.5)；

（2）Eclipse Luna(4.4)；

（3）Eclipse Kepler(4.3)；

（4）Eclipse Juno(4.2)。

下载到软件后进行解压就可以直接使用了。

5.3.3 安装 ADT 插件

ADT 是对 Eclipse IDE 的扩展，用以支持 Android 应用程序的创建和调试。使用 ADT，可以在 Eclipse 中做如下工作：

（1）创建新的 Android 应用程序项目；

（2）访问 Android 模拟器和设备的存取工具；

（3）编译和调试 Android 应用程序；

（4）将 Android 应用程序导出到 Android 包（APK）；

（5）创建数字证书来对 APK 进行代码签名。

具体安装过程如下：

（1）启动 Eclipse 选择 "Help" > "Software Updates..." 来准备安装 Eclipse 的 Android Development Tools（ADT）插件。

（2）点击 window→preference，发现左侧列表上多了一项 android，点击 android 会提示错误，是因为还没有把 SDK 关联到 ADT 插件上，添加 SDK 目标位置，如图 5-16 所示：

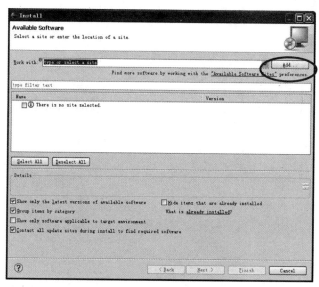

图 5-16　插件安装（一）

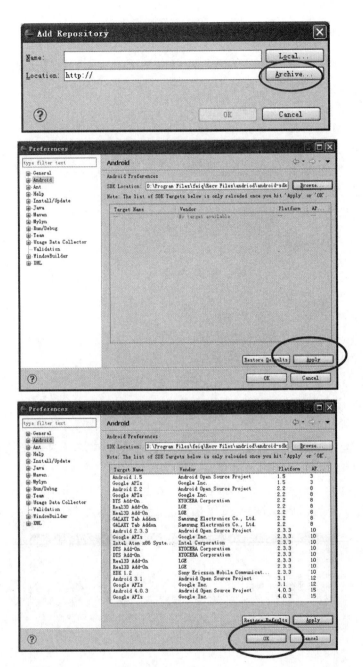

图 5-16　插件安装（二）

　　将 SDK 与 ADT 关联成功后，便可以使用 eclipse 进行 andriod 软件的开发了。

　　注意：每个新版本的 SDK 发布时，安装步骤都稍有变化。如果您发现安装步骤与这里的介绍不同，也不用担心，只要按照屏幕上的提示进行操作即可。

5.3.4　创建 Android 虚拟设备（AVD）

　　下一步是创建用于测试 Android 应用程序的 AVD。AVD 表示 Android 虚拟设备

（Android Virtual Device）。AVD 是一个模拟器实例，可以用来模拟一个真实的设备。每一个 AVD 包含一个硬件配置文件、一个到系统映像的映射，以及模拟存储器（例如安全数字（SD）卡）。您打算测试多少个不同配置的应用程序，就可以创建多少个 AVD。这种测试对于确定应用程序在有着不同功能的不同设备上运行时的行为是很重要的。

为了创建 AVD，先点击 eclipse 栏目上的那部绿色的手机 进入界面，点击 new 进入，填入相关信息如图 5-17 所示：

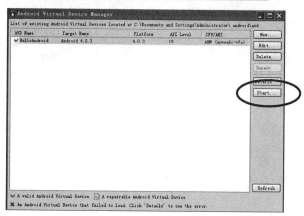

图 5-17　填写相关信息

（1）名字（Name）：这个虚拟设备的名称，由用户自定义；

（2）目标（Target）：选择不同的 SDK 版本（依赖目前 SDK 的 platform 目中包含了

哪些版本的 SDK）

（3）SD 卡：模拟 SD 卡，可以选择大小或者一个 SD 卡映像文件，SD 卡映像文件是使用 mksdcard 工具建立的。

（4）皮肤（Skin）：这里皮肤的含义其实是模拟器运行尺寸的大小，默认的尺寸有HVGA-P（320×480），HVGA-L（480×320）等，也可以通过直接指定尺寸的方式制定屏幕的大小。

（5）属性：可以由用户指定模拟器运行的时候，Android 系统中一些属性选中打绿色小勾的选项，并打击 Start 开始启动模拟器，设置启动模拟器界面属性如图 5-18 所示：

图 5-18　启动模拟器

现在可以试试模拟器的用法。它就像实际的 Android 设备一样。下一节将学习如何编写你的第一个 Android 应用程序。

第 6 章　Android 系统

Android 一词的本义指"机器人"，同时也是 Google 于 2007 年 11 月 5 日宣布的基于 Linux 平台的开源手机操作系统的名称，该平台由操作系统、中间件、用户界面和应用软件组成，号称是首个为移动终端打造的真正开放和完整的移动软件。

2008 年 9 月 22 日，美国运营商 T-Mobile USA 在纽约正式发布第一款 Google 手机——T-Mobile G1。该款手机为中国台湾宏达电代工制造，是世界上第一部使用 Android 操作系统的手机，支持 WCDMA/HSPA 网络，理论下载速率 7.2Mbps，并支持 Wi-Fi。

Android 是一种基于 Linux® V2.6 内核的综合操作环境。最初，Android 的部署目标是移动电话领域，包括智能电话和翻盖手机。但是 Android 全面的计算服务和丰富的功能支持完全有能力扩展到移动电话市场以外。Android 也可以用于其他的平台和应用程序。

6.1　Android 系统简介

6.1.1　Android 系统架构

Android 系统架构如图 6-1 所示。

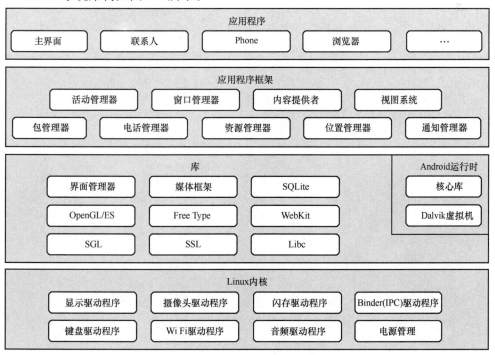

图 6-1　Android 系统架构图

Android 操作系统大致可以在 4 个主要层面上分为以下 5 个部分：

（1）Linux 内核—这是 Android 所基于的核心。这一层包括了一个 Android 设备的各种硬件组件的所有低层设备驱动程序。

（2）库—包括了提供 Android 操作系统的主要功能的全部代码。例如，SQLite 库提供了支持应用程序进行数据存储的数据库。WebKit 库为浏览 Web 提供了众多功能。

（3）Android 运行时—它与库同处一层，提供了一组核心库，可以使开发人员使用 Java 编程语言来写 Android 应用程序。Android 运行时还包括 Dalvik 虚拟机，这使得每个 Android 应用程序都在它自己的进程中运行，都拥有一个自己的 Dalvik 虚拟机实例（Android 应用程序被编译成 Dalvik 可执行文件）。Dalvik 是特别为 Android 设计，并为内存和 CPU 受限的电池供电的移动设备进行过优化的专门的虚拟机。

（4）应用程序框架—对应用程序开发人员公开了 Android 操作系统的各种功能，使他们可以在应用程序中使用这些功能。

（5）应用程序—在这个最顶层中，可以找到 Android 设备自带的应用程序（例如电话、联系人、浏览器等），以及可以从 Android Market 应用程序商店下载和安装的应用程序。您所写的任何应用程序都处于这一层。

6.1.2 Android 已发布的版本

Android 已发布的版本如图 6-2 所示。

Code name	Version	API level
Marshmallow	6.0	API level 23
Lollipop	5.1	API level 22
Lollipop	5.0	API level 21
KitKat	4.4 - 4.4.4	API level 19
Jelly Bean	4.3.x	API level 18
Jelly Bean	4.2.x	API level 17
Jelly Bean	4.1.x	API level 16
Ice Cream Sandwich	4.0.3 - 4.0.4	API level 15, NDK 8
Ice Cream Sandwich	4.0.1 - 4.0.2	API level 14, NDK 7
Honeycomb	3.2.x	API level 13
Honeycomb	3.1	API level 12, NDK 6
Honeycomb	3.0	API level 11
Gingerbread	2.3.3 - 2.3.7	API level 10
Gingerbread	2.3 - 2.3.2	API level 9, NDK 5
Froyo	2.2.x	API level 8, NDK 4
Eclair	2.1	API level 7, NDK 3
Eclair	2.0.1	API level 6
Eclair	2.0	API level 5
Donut	1.6	API level 4, NDK 2
Cupcake	1.5	API level 3, NDK 1
(no code name)	1.1	API level 2
(no code name)	1.0	API level 1

图 6-2　Android 已发布的版本

从图中我们能看到，Android 最新版已经 6.0 了，名叫 Android 6.0 Marshmallow。自从 2008 年 9 月，谷歌正式发布了 Android 1.0 系统，这也是 Android 系统最早的版本，随后的几年，谷歌以惊人的速度不断更新发布 Android 系统，2.1、2.2、2.3 系统推出使 Android 占据了大量的市场。2011 年 2 月，谷歌发布了 Android 3.0 系统，这个系统版本是专门为平板电脑设计的。很快，在同年 10 月，谷歌又发布了 Android 4.0 系统，这个系统版本不再对手机和平板进行差异化区分，既可以应用在手机上也可以应用在平板上，除此之外，还引入了不少特性，使得其得到了很大的推广。

6.1.3 Android 应用特色

Android 主要有什么特色呢，有以下几个方面来体现：

(1) 四大组件；

(2) 丰富的系统控件；

(3) SQLite 数据库等持久化技术；

(4) 地理位置定位；

(5) 强大的多媒体；

(6) 传感器。

1. 四大组件

什么是四大组件？分别是活动（Activity）、服务（Service）、广播接收器（BroadCast Receiver）和内容提供器（Content Provider）。其中活动（Activity）就是 Android 应用程序中看到的东西，也是用户打开一个应用程序的门面，并且是与用户交互的界面，比较高调。服务（Service），则比较低调了，一直在后台默默的付出，即使用户退出了，服务仍然是可以继续运行的。广播接收器（BroadCast Receiver），则允许你的应用接收来自各处的广播消息，比如电话、短信等，可以根据广播名称不同，做相应的操作处理，当然了，除了可以接受别人发来的广播消息，自身也可以向外发出广播消息。内容提供器（Content Provider），则是为应用程序之间共享数据提供了可能，比如你想要读取系统电话本中的联系人，就需要通过内容提供器来实现。

2. 丰富的系统控件

Android 系统为开发者提供了丰富的系统控件，我们可以编写漂亮的界面，也可以通过扩展系统控件，自定义控件来满足自我的需求，常见控件有：TextView、Button、EditText、一些布局控件等。

3. 持久化技术

Android 系统还自带了 SQLite 数据库，SQLite 数据库是一种轻量级、运算速度极快的嵌入式关系型数据库。它不仅支持标准的 SQL 语法，还可以通过 Android 封装好的 API 进行操作，让存储和读取数据变得非常方便。

4. 地理位置定位

移动设备和 PC 相比，地理位置定位是一大亮点，现在基本 Android 手机都内置了 GPS，我们可以通过 GPS，结合我们的创意，打造一款基于 LBS 的产品，是不是很酷的事情啊，再说，目前火热的 LBS 应用也不是空穴来风的，不过在国内，只能使用本土化的地图 API，比如百度地图、高德地图。

5. 强大的多媒体

Android 系统提供了丰富的多媒体服务，比如音乐、视频、录音、拍照、闹铃等，这一切都可以在程序中通过代码来进行控制，让你的应用变得更加丰富多彩。

6. 传感器

Android 手机中内置了多种传感器，比如加速传感器、方向传感器，这是移动设备的一大特点，我们可以灵活地使用这些传感器，可以做出很多在 PC 上无法实现的应用。比如"微信摇一摇"，"搜歌摇一摇"等功能。

6.1.4 Android 开发环境

关于 Andriod 的开发环境，这里只强调重要的几个工具：Android SDK、Eclipse、ADT。

（1）Android SDK 是谷歌提供的 Android 开发工具包，在开发 Android 程序时，我们需要引用该工具包，里面包含了开发 Android 应用程序的 API。

（2）Eclipse 是开发 Java 应用程序的神器，最好用 IDE 工具之一，特点是开源、超强的插件功能、可支持多种语言开发。当然除此之外，谷歌也推出了 Android Studio，专门针对 Android 程序定制的，但因为 Android Studio 才刚推出不久，不太稳定，毕竟新工具问题还是比较多的，Eclipse 被应用已经很成熟了，网上各种关于 Eclipse 疑难杂症的解决方案很多，相比 Android Studio 就比较少了。

（3）ADT 全称叫作"Android Development Tools"，是谷歌提供的一个 Eclipse 插件，用于在 Eclipse 提供一个强大的、集成的 Android 开发环境。

6.1.5 Android 程序结构

Android 程序结构如图 6-3 所示。

1. src

程序文件夹，是放置我们所有 Java 代码的地方，它在这里的含义和普通 Java 项目下的 src 目录是完全一样的。

2. gen

这个目录里的内容都是自动生成的，主要有一个 R.Java 文件，你在项目中添加任何资源都会在其中生成一个相应的资源 ID，这个文件永远不要手动去修改它。

3. R.java 文件

是自动产生 R 类，就像是个资源字典大全。包含了用户界面、图像、字符串等对应各个资源的标识符。

4. assets

这个目录里主要可以存放一些随程序打包的文件，在你的程序运行时可以动态读取到这些文件的内容。另外，如果你的程序中使用到了 WebView 加载本地网页的功能，所有网页相关的文件也都存放在这个目录下。

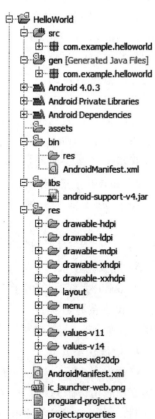

图 6-3　Android 程序结构图

5. bin

这个目录页不需要过多的关注，它主要包含了一些在编译时自动产生的文件。当然，会包括一个编译好的安装包，后缀为 .apk 的文件。

6. res

res 目录中存放所有程序中用到的资源文件。"资源文件"指的是资料文件、图片等。子目录有：

（1）layout：页面布局目录；

（2）values：参数值（Value）目录。

7. libs

如果你的项目中使用到了第三方的 jar 包，就需要把这些 jar 包放在 libs 目录下，放在这个目录下的 jar 包都会被自动添加到构建路径里去。

8. res

这个目录下的内容就有点多了，简单点说，就是你在项目中使用到的所有图片、布局、字符串等资源都要存放在这个目录下，前面提到的 R.Java 中的内容也是根据这个目录下的文件自动生成的。当然这个目录下还有很多子目录，图片放在 drawable 目录下，布局放在 layout 目录下，字符串放在 values 目录下。

9. AndroidManifest. xml

AndroidManifest. xml 是每个 android 程序中必需的文件。它位于 application 的根目录，描述了 package 中的全局数据，包括了 package 中暴露的组件（activities，services，等等），他们各自的实现类，各种能被处理的数据和启动位置。

此文件一个重要的地方就是它所包含的 intent-filters。这些 filters 描述了 activity 启动的位置和时间。每当一个 activity（或者操作系统）要执行一个操作，它能承载一些信息描述了你想做什么，你想处理什么数据，数据的类型，和一些其他信息。

10. proguard-project. txt

在发布你的程序时候，有些 apk 文件容易被人反编译，所以此时这个文件就发挥作用了，用来混淆你的程序代码，让别人不那么容易看到源代码。

11. project. properties

指定了编译程序时候所用的 SDK 版本。

6.1.6　Logcat 工具

日志在任何项目的开发过程中都会起到非常重要的作用，在 Android 项目中如果你想要查看日志则必须要使用 Logcat 工具。

Android 提供了一个日志工具类是 Log，由若干个等级构成，级级递增。

（1）Log. v() 方法用于打印那些最为琐碎的，意义最小的日志信息。对应级别 verbose，是 Android 日志里面级别最低的一种。

（2）Log. d() 方法用于打印一些调试信息，这些信息对你调试程序和分析问题应该是有帮助的。对应级别 debug，比 verbose 高一级。

（3）Log. i() 方法用于打印一些比较重要的数据，这些数据应该是你非常想看到的，可以帮你分析用户行为的那种。对应级别 info，比 debug 高一级。

（4）Log. w（）方法用于打印一些警告信息，提示程序在这个地方可能会有潜在的风险，最好去修复一下这些出现警告的地方。对应级别 warn，比 info 高一级。

（5）Log. e（）方法用于打印程序中的错误信息，比如程序进入到了 catch 语句当中。当有错误信息打印出来的时候，一般都代表你的程序出现严重问题了，必须尽快修复。对应级别 error，比 warn 高一级。

6.2　Android 的 UI 基本外形和控制

Android UI 系统的知识结构如图 6-4 所示：

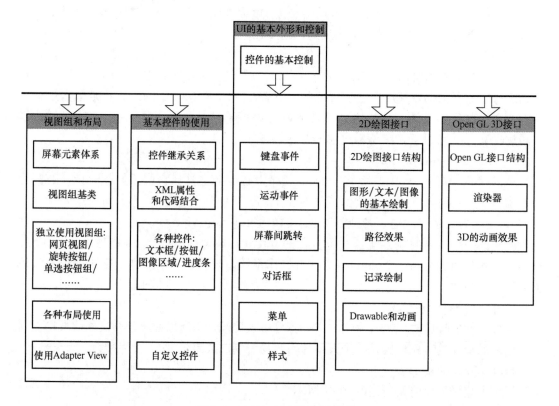

图 6-4　Android UI 的知识结构

对于一个 GUI 系统地使用，首先是由应用程序来控制屏幕上元素的外观和行为，这在各个 GUI 系统中是不相同的，但是也具有相通性。Android 系统包含了基本的控件控制，键盘事件响应，窗口间跳转、对话框、菜单、样式等内容，这是 GUI 系统的通用内容。

6.2.1　控制和基本事件的响应

在任何一个 GUI 系统中，控制界面上的控件（通常称为控件）都是一个基本的内容。对于 Android 应用程序，控件称为 View。

在 Android 中，在处理 UI 中的各种元素的时候，两个程序中的要点为：

（1）得到布局文件（XML）中的控件句柄；

（2）设置控件的行为。

本小节介绍在 Android 中几种基本的程序控制方法，要获得的效果是通过 2 个按钮来控制一个文本框的背景颜色，其运行结果如图 6-5 所示：

1. 事件响应方法

本例构建一个应用程序，其在 AndroidManifest. xml 描述文件中的内容如下所示：

图 6-5　控件事件的响应

```
<activity android: name = "TestEvent1" android: label = "TestEvent1">
<intent-filter>
<action android: name = "android. intent. action. MAIN"/>
<category android: name = "android. intent. category. LAUNCHER"/>
</intent-filter>
</activity>
```

本例定义了一个 Android 中基本的活动。

本例的布局文件（layout）的代码片段如下所示：

```
<LinearLayout xmlns: android = "http: //bucea. android. com/apk/res/android"
android: id = "@ + id/screen"
android: layout _ width = "fill _ parent"
android: layout _ height = "fill _ parent"
android: orientation = "vertical">
<Button android: id = "@ + id/button2"
android: layout _ width = "80sp"
android: layout _ height = "wrap _ content"
android: layout _ gravity = "center"
android: text = "@string/green"/>
</LinearLayout>
```

根据以上的布局文件中定义的按钮等控件，这个布局文件被活动设置为 View 后，显示的内容就如上图所示，只是行为还没有实现。

行为将在源代码文件 TestEvent1. java 中实现，这部分的核心代码如下所示：

```
public class TestEvent1 extends Activity {
private static final String TAG = "TestEvent1";
public TestEvent1 () {}
@Override
public void onCreate (Bundle savedInstanceState) {
super. onCreate (savedInstanceState);
setContentView (R. layout. testevent);
final TextView Text = (TextView) findViewById (R. id. text1); // 获得句柄
final Button Button1 = (Button) findViewById (R. id. button1);
```

```
final Button Button2 = (Button) findViewById (R.id.button2);
Button1.setOnClickListener (new OnClickListener () { // 实现行为功能
public void onClick (View v) {Text.setBackgroundColor (Color.RED);}});
Button2.setOnClickListener (new OnClickListener () {
public void onClick (View v) {Text.setBackgroundColor (Color.GREEN);}
});}}
```

在创建的过程中，通过 findViewById 获得屏幕上面的各个控件的背景，这里使用的 R.id.button1 等和布局文件中各个元素的 id 是对应的。实际上，在布局文件中，各个控件即使不写 android：id 这一项也可以正常显示，但是如果需要在代码中进行控制，则必须设置这一项。

根据 Button 控件的 setOnClickListener() 设置了其中的点击行为，这个方法的参数实际上是一个 View.OnClickListener 类型的接口，这个接口需要被实现才能够使用，因此在本例的设置中，实现了其中的 onClick() 函数。这样可实现点击的时候对应的功能，而且在点击的函数中，可通过 Text 的句柄对其进行控制。

在 Android 的控件使用方面，这两个编程方面要点是：

（1）使用 findViewById() 获取布局文件（XML）中控件的句柄；

（2）使用 setOnXXXListener() 设置事件处理函数。

在获取句柄时需要转换成相应的控件类型，findViewById() 函数的参数是一个整数，返回值是一个 android.view.View 类型。通过 R.id.XXX 找到布局文件中定义的 ID，然后通过将基础类转换成其实际的类获得真正的句柄。注意：所转换类必须和布局文件中描述的控件一致。

SetOnXXXListener() 等函数是 android.view.View 类的函数，各种控件（包括 Button、EditText）都扩展这个类，同族的函数包括：

```
void setOnClickListener(View.OnClickListener l);
void setOnFocusChangeListener(View.OnFocusChangeListener l);
void setOnKeyListener(View.OnKeyListener l);
void setOnLongClickListener(View.OnLongClickListener l);
void setOnTouchListener(View.OnTouchListener l);
```

这些函数用于事件处理，它们由程序实现，通过设置这些内容也就设置了控件的行为。这些函数的参数都是所对应的 android.view.View 类中的方法。

Android 中 UI 基本控制内容：使用 findViewById() 联系布局文件中控件和句柄，并通过 OnClickListener() 等定制句柄的行为。

2. 第二种响应方法

除了上述的使用方法，在使用同样的布局文件和应用程序的情况下，实现同样的功能。本例中使用的是另外的一种方式实现。

本例使用的源代码文件如下所示：

```
public class TestEvent2 extends Activity implements OnClickListener {// 实现相关的接口
private static final String TAG = "TestEvent2"; private TextView mText;
private Button mButton1; private Button mButton2;
public TestEvent2() {}
```

```
@Override
public void onCreate(Bundle savedInstanceState) {
super. onCreate(savedInstanceState);
setContentView(R. layout. testevent);
mText = (TextView) findViewById(R. id. text1);
mButton1 = (Button) findViewById(R. id. button1);
mButton1. setOnClickListener(this); // 设置监听的类
mButton2 = (Button) findViewById(R. id. button2);
mButton2. setOnClickListener(this); // 设置监听的类
}
public void onClick(View v) {
Log. v(TAG, "onClick()");
switch(v. getId()){ // 区分不同的控件
case R. id. button1: mText. setBackgroundColor(Color. RED); break;
case R. id. button2: mText. setBackgroundColor(Color. GREEN); break;
default: Log. v(TAG, "other"); break;}
    }
}
```

这个例子的主要变化是让活动实现（implements）了 OnClickListener() 这个进口，也就是需要实现其中的 onClick() 方法。然后通过 setOnClickListener() 将其设置到按钮中的参数就是 this，表示了当前的活动。

通过这种方式的设置，如果程序中有多个控件需要设置，那么所设置的也都是一个函数。为了保证对不同控件具有不同的处理，可以由 onClick() 函数的参数进行判断，参数是一个 View 类型，通过 getId() 获得它们的 ID，使用 switch…case 分别进行处理。

在本例中，通过将需要将文本框（TextView）句柄保存为类的成员（mText），这样就可以在类的各个函数中都能获得这个句柄进行处理。这和上一种方法是有区别的，因为上一个例子实现的接口和获得的 TextView 在同一个函数中，因此不需要保存 TextView 的句柄。

6.2.2　键盘事件的响应

在应用程序的控制方面，更多使用的是屏幕上的控件，但是有的时候也需要直接对键盘事件来进行响应。键盘是 Android 中主要的输入设备，对按键的响应的处理是响应之间在程序中使用键盘的核心内容。

本例需要实现的内容是通过键盘来控制屏幕上的一个图片的 Alpha 值，使用上键和右键增加图片的 Alpha 值，使用下键和左键减少图片的 Alpha 值。显示内容如图 6-6 所示：

本例包含了一个文本框和一个显示图片的控件，这样可以使文本框用作显示当前的 Alpha 的比例值，显示图片的控件 ImageView 用于显示一个图片。

本例的源核心代码实现如下所示：

```
public class TestKeyEvent extends Activity {
private static final String TAG = "TestKeyEvent";
```

图 6-6　按键事件的响应

```
private ImageView mImage;
private TextView mAlphavalueText;
private int mAlphavalue;
@Override
protected void onCreate(Bundle savedInstanceState) {
super. onCreate(savedInstanceState);
setContentView(R. layout. testkeyevent);
mImage = (ImageView) findViewById(R. id. image);
mAlphavalueText = (TextView) findViewById(R. id. alphavalue);
mAlphavalue = 100;
mImage. setAlpha(mAlphavalue);
mAlphavalueText. setText(" Alpha = " + mAlphavalue * 100/0xff + " %");
}
@Override
public boolean onKeyDown(int keyCode, KeyEvent msg){
Log. v(TAG, " onKeyDown: keyCode = "+ keyCode);
Log. v(TAG, " onKeyDown: String = " + msg. toString());
switch (keyCode) {
case KeyEvent. KEYCODE _ DPAD _ UP:
case KeyEvent. KEYCODE _ DPAD _ RIGHT: mAlphavalue + = 20; break;
case KeyEvent. KEYCODE _ DPAD _ DOWN:
case KeyEvent. KEYCODE _ DPAD _ LEFT: mAlphavalue - = 20; break;
default: break;}
if(mAlphavalue > = 0xFF)mAlphavalue = 0xFF;
if(mAlphavalue < = 0x0)mAlphavalue = 0x0;
mImage. setAlpha(mAlphavalue);
mAlphavalueText. setText(" Alpha = " + mAlphavalue * 100/0xff + " %");
return super. onKeyDown(keyCode, msg);}
}
```

　　本例子使用 onKeyDown() 函数来获得按键的事件，同类的函数还包括 onKeyUp()

函数，其参数 int keyCode 为按键码，KeyEvent msg 表示按键事件的消息（其中包含了更详细的内容）。

基本上通过 keyCode 可以获得是哪一个按键响应，而通过 msg 除了按键码之外，可以获得按键的动作（抬起、按下）、重复信息，扫描码等内容。

KeyEvent 主要包含以下一些接口：

final int getAction() 获得按键的动作   final int getFlags() 获得标志

final int getKeyCode() 获得按键码   final int getRepeatCount() 获得重复的信息

final int getScanCode() 获得扫描码

通过 KeyEvent 接口，可以获得按键相关的详细信息。

6.2.3 运动事件的处理

触摸屏（TouchScreen）和滚动球（TrackBall）是 Android 中除了键盘之外的主要输入设备。如果需要使用触摸屏和滚动球，主要可以通过使用运动事件（MotionEvent）用于接收它们的信息。

触摸屏和滚动球事件主要通过实现以下 2 个函数来接收：

public boolean onTouchEvent(MotionEvent event)

public boolean onTrackballEvent(MotionEvent event)

在以上 2 个函数中，MotionEvent 类作为参数传入，在这个参数中可以获得运动事件的各种信息。本例介绍另外触摸屏事件的程序，这个程序在 UI 的界面中，显示当前的 MotionEvent 的动作和位置（图 6-7）。

图 6-7 触摸屏程序的运行
结果（一）

本例的程序的核心代码如下所示：

```
public class TestMotionEvent extends Activity {
private static final String TAG = "TestMotionEvent";
TextView mAction; TextView mPostion;
@Override
protected void onCreate(Bundle savedInstanceState) {
super.onCreate(savedInstanceState);
setContentView(R.layout.testmotionevent);
mAction = (TextView)findViewById(R.id.action);
mPostion = (TextView)findViewById(R.id.postion);
}
@Override
public boolean onTouchEvent(MotionEvent event) {
int Action = event.getAction();
float X = event.getX(); float Y = event.getY();
Log.v(TAG, "Action = " + Action ); Log.v(TAG, "(" + X + ", " + Y + ")");
mAction.setText("Action = " + Action); mPostion.setText("Postion = (" + X + ", " + Y + ")");
return true;}
}
```

另一个示例程序，当触摸屏按下、移动、抬起的时候，在坐标处绘制不同颜色的点，在标题栏中显示当时的动作和坐标。程序的结果如图 6-8 所示：

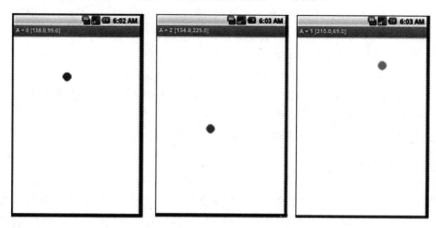

图 6-8　触摸屏程序的运行结果（二）

这里使用的程序如下所示：

```
public class TestMotionEvent2 extends Activity {
private static final String TAG = "TestMotionEvent2";
@Override
protected void onCreate(Bundle savedInstanceState) {
super. onCreate(savedInstanceState);
setContentView(new TestMotionView(this));
}
public class TestMotionView extends View {
private Paint mPaint = new Paint(); private int mAction;
private float mX; private float mY;
public TestMotionView(Context c) { super(c);
mAction = MotionEvent. ACTION_UP;
mX = 0; mY = 0;}
@Override
protected void onDraw(Canvas canvas) {
Paint paint = mPaint;
canvas. drawColor(Color. WHITE);
if(MotionEvent. ACTION_MOVE = = mAction) { // 移动动作
paint. setColor(Color. RED);
}else if(MotionEvent. ACTION_UP = = mAction) { // 抬起动作
paint. setColor(Color. GREEN);
}else if(MotionEvent. ACTION_DOWN = = mAction) { // 按下动作
paint. setColor(Color. BLUE);}
canvas. drawCircle(mX, mY, 10, paint);
setTitle(" A = " + mAction + " [" + mX +", " + mY +"]");
}
```

```
@Override
public boolean onTouchEvent(MotionEvent event) {
mAction = event.getAction(); // 获得动作
mX = event.getX(); // 获得坐标
mY = event.getY();
Log.v(TAG, "Action = " + mAction ); Log.v(TAG, "(" + mX + ", " + mY + ")");
invalidate(); // 重新绘制
return true;}
    }
}
```

在程序中，在触摸屏事件到来之后，接收到它，并且记录发生事件的坐标和动作，然后调用 invalidate() 重新进行绘制。绘制在 onDraw() 中完成，根据不同的事件，绘制不同颜色的点，并设置标题栏。

MotionEvent 是用于处理运动事件的类，这个类中可以获得动作的类型、动作的坐标，在 Android 2.0 版本之后，MotionEvent 中还包含了多点触摸的信息，当有多个触点同时起作用的时候，可以获得触点的数目和每一个触点的坐标。

6.2.4　屏幕间的跳转和事件的传递

在一般情况下，Android 的每一个屏幕基本上就是一个活动（Activity），屏幕之间的切换实际上就是在活动间互相调用的过程，Android 使用 Intent 完成这个动作。

Android 屏幕跳转的关系和方式如图 6-9 所示：

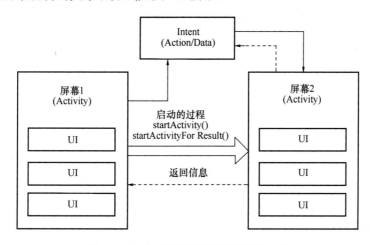

图 6-9　Android 屏幕跳转的关系和方式

事实上，在 Android 中，屏幕使用一个活动来实现，屏幕之间是相互独立的，屏幕之间的跳转关系通过 Intent 来实现。

1. 跳转的方法

本示例是一个简单的屏幕之间的跳转，从一个屏幕跳转到另一个屏幕，在启动第二个屏幕后，前一个屏幕消失。

参考示例程序：Forward（ApiDemo => App=>Activity=>Forward）

源代码：com/example/android/apis/app/Forward.java

com/example/android/apis/app/ForwardTarget.java

布局资源代码：forward_target.xml 和 forwarding.xml

本示例包含了两个活动，在 UI 上它们就是两个屏幕，分别为跳转的源和目的，因此在 AndroidManifest.xml 中分别定义。

```
<activity android：name = ".app.Forwarding"
android：label = "@string/activity_forward ding">
<intent-filter>
<action android：name = "android.intent.action.MAIN" />
<category android：name = "android.intent.category.SAMPLE_CODE" />
</intent-filter>
</activity>
<activity android：name = ".app.ForwardTarget"> </activity>
```

两个活动的名称分别为 Forwarding 和 ForwardTarget，由于第二个活动没有 intent-filter，因此在程序中只能由第一个活动来启动。

Forward 程序的运行结果如图 6-10 所示：

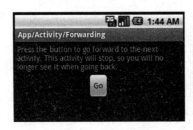 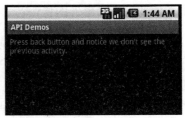

图 6-10　Forward 程序的运行结果

点击 "Go" 按钮从 Forward 跳转到 ForwardTarget，这个内容在 Java 源文件 Forward.java 的以下片段中处理：

```
public void onClick(View v)
{
Intent intent = new Intent(); // 建立 Intent
intent.setClass(Forwarding.this, ForwardTarget.class); // 设置活动
startActivity(intent);
finish(); // 结束当前活动
}
```

启动第二个活动需要使用 Intent，在其 setClass() 函数中设置源和返回的内容，Intent 是 android.content 包中的类，用于启动活动、服务或者消息接收器。

这里使用的 Intent 的 setClass() 的方法的原型如下所示：

```
Intent setClass(Context packageContext, Class<? > cls)
```

第一个参数是当前的上下文类型 Context，因此把当前的活动设置过去即可（Activity 本身继承了 Context），第二个是 Intent 所包含的 JAVA 类，直接设置 ForwardTarget.class 类即可。

本例中使用了 finish() 函数表示当前的活动结束，这样在第二个活动（ForwardTarget）启动时，第一个活动（Forward）已经不存在了。如果没有调用 finish() 函数，第二个活动启动时，第一个活动就处于 OnPause 状态，当第二个活动退出后，第一个活动重新出现，也就是会调用活动的 onResume() 函数。

2. 带有返回值的跳转

在某些时候，从跳转的对象返回时，跳转源头需要得到其返回的结果，这样两个屏幕才可实现一些交互。

布局资源代码：receive_result.xml 和 send_result.xml

```
<activity android：name =".app.ReceiveResult"
android：label ="@string/activity_receive_result">
<intent-filter>
<action android：name ="android.intent.action.MAIN" />
<category android：name ="android.intent.category.SAMPLE_CODE" />
</intent-filter>
</activity>
<activity android：name =".app.SendResult"> </activity>
```

ReceiveResult 程序的运行结果如图 6-11 所示：

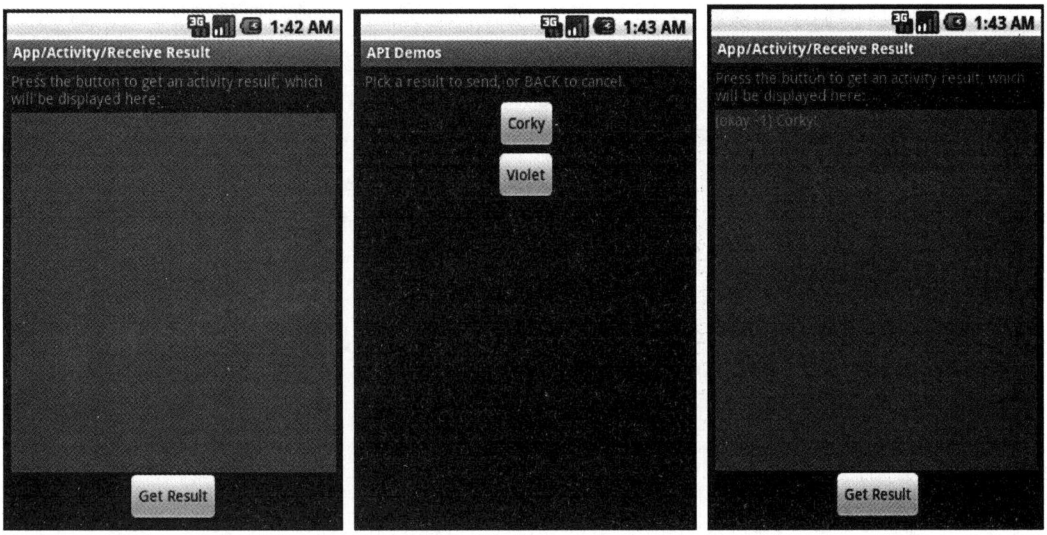

| (a) | (b) | (c) |

图 6-11　ReceiveResult 程序的运行结果

初始化界面如图 6-11（a）所示，点击"Get Result"按钮将跳转到第二个屏幕，如图 6-11（b）所示；在第二个屏幕中点击"Corky"和"Violet"按钮将返回第一个屏幕，并获得对应显示，如图 6-11（c）所示。

Java 源文件 ReceiveResult.java 的代码片段如下所示：

```
static final private int GET_CODE = 0;
private OnClickListener mGetListener = new OnClickListener() {
public void onClick(View v) {
Intent intent = new Intent(ReceiveResult.this, SendResult.class);
```

```
startActivityForResult (intent, GET_CODE);}
};
```

这里调用的是 startActivityForResult() 方法，设置一个 GET_CODE 为请求代码，这样可以获得目标活动的返回信息。这个函数的原型为：

```
public void startActivityForResult (Intent intent, int requestCode)
```

被跳转的目标的 Java 源文件 SendResult. java 的代码片段如下所示：

```
private OnClickListener mCorkyListener = new OnClickListener(){
    public void onClick(View v){
    setResult(RESULT_OK, (new Intent()). setAction("Corky! "));
    finish();}
};
private OnClickListener mVioletListener = new OnClickListener()
{
    public void onClick(View v){
        setResult(RESULT_OK, (new Intent()). setAction("Violet! "));
        finish();}
};
```

被跳转的目标程序将返回值返回，这里使用的依然是 Intent 作为交互的信息，通过 setAction() 设置不同的活动。

由于被跳转的目标程序，是被显示 Intent 调用起来的。因此，返回后继续由 ReceiveResult. java 对返回值进行处理。返回的信息通过扩展 Activity 的 onActivityResult() 函数来实现，两个整数类型的参数 requestCode 和 resultCode 分别代表请求代码和结果代码，第三个参数 Intent （类型 data) 表示活动间交互附加的数据信息。

```
@Override
protected void onActivityResult(int requestCode, int resultCode, Intent data) {
    if (requestCode = = GET_CODE) {
        Editable text = (Editable)mResults. getText();
        if (resultCode = = RESULT_CANCELED) {
            text. append("(cancelled)");
            } else {
            text. append("(okay ");
            text. append(Integer. toString(resultCode)); text. append(") ");
            if (data ! = null)
                text. append(data. getAction());
        }
        text. append(" \ n");}
    }
```

这里 onActivityResult() 是一个被继承的函数，其参数 data 就是这个活动作为返回值接受的，data. getAction() 可以从返回的 Intent 中取回内容，这里的参数 requestCode 也是根据当时在调用 startActivityForResult() 的时候指定的返回值。

Android 中使用 Intent 并使用 startActivity() 和 startActivityForResult() 调用一个新的活动，实现屏幕的跳转功能，调用者可以获得跳转对象的返回信息。

6.2.5 菜单的使用

菜单是屏幕中比较独立的一个元素，它和普通的控件略有不同，很多 GUI 系统都对菜单有单独的接口和运作方式。在 Android 中具有单独接口，用于在活动中使用菜单。

本例使用一个菜单来控制按钮背景颜色，了解如何在应用程序中使用菜单（图 6-12）。

图 6-12　菜单示例程序的运行结果

建立菜单和调用的代码片段如下所示：

```
public class TestMenu extends Activity {
private static final String TAG = "TestMenu";
private Button mButton;
public static final int RED _ MENU _ ID = Menu. FIRST;
public static final int GREEN _ MENU _ ID = Menu. FIRST + 1;
public static final int BLUE _ MENU _ ID = Menu. FIRST + 2;
public TestMenu() { }
@Override
public void onCreate(Bundle savedInstanceState) {
super. onCreate(savedInstanceState);
setContentView(R. layout. testmenu);
mButton = (Button) findViewById(R. id. color _ button);}
@Override
public boolean onCreateOptionsMenu(Menu menu) {
super. onCreateOptionsMenu(menu);
menu. add(0, RED _ MENU _ ID, 0, R. string. red);
menu. add(0, GREEN _ MENU _ ID, 0, R. string. green);
menu. add(0, BLUE _ MENU _ ID, 0, R. string. blue);
return true;}
@Override
public boolean onOptionsItemSelected(MenuItem item) {
switch (item. getItemId()) {
```

```
case RED _ MENU _ ID：mButton. setBackgroundColor(Color. RED)；
mButton. setText(R. string. red)；return true；
case GREEN _ MENU _ ID：mButton. setBackgroundColor(Color. GREEN)；
mButton. setText(R. string. green)；return true；
case BLUE _ MENU _ ID：mButton. setBackgroundColor(Color. BLUE)；
mButton. setText(R. string. blue)；return true；}
return super. onOptionsItemSelected(item)；}
}
```

使用菜单主要通过重载 Activity 中的两个函数来实现：

```
public boolean onCreateOptionsMenu(Menu menu)
public boolean onOptionsItemSelected(MenuItem item)
```

onCreateOptionsMenu() 用于在建立菜单时进行设置，建立时为每一个按钮设置 ID，菜单项被选择时调用 onOptionsItemSelected()，通过 MenuItem 类的 getItemId() 函数获得这个菜单的 ID，继续进行处理。

菜单类在 Android 中表示为 android. view. Menu 类。使用这个类可以进行一些更为细节的设置和操作。

```
abstract MenuItem add(int groupId, int itemId, int order, CharSequence title)
abstract MenuItem add(int groupId, int itemId, int order, int titleRes)
```

add() 的第 1、2 个参数是整数值，分别代表按钮项的组 ID 和选项 ID，第 3 个参数用于设置按钮上的文件。

6.2.6 弹出对话框

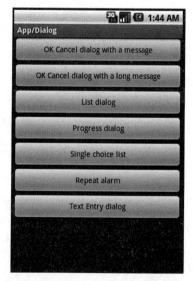

在 GUI 程序中，有时需要弹出对话框来提示一些信息。这些对话框比一个独立的屏幕简单，在 Android 中弹出式对话框不同于表示一个屏幕的活动，它通常用于简单的功能处理。对话框的父类是 android. app. Dialog，通过构建类 android. app. AlertDialog 来实现弹出式对话框，可以使用 AlertDialog. Builder 和不同的参数来构建对话框。参考示例如下：

Dialog 程序的运行结果如图 6-13 所示：

通过点击屏幕上的不同按钮（第 4 个按钮除外）将会启动不同的对话框。

图 6-13 Dialog 程序的运行结果

实现方法是继承 onCreateDialog() 函数，返回一个 Dialog 类型：

```
@Override
protected Dialog onCreateDialog(int id) {}
```

onCreateDialog()函数的参数 id 是区分对话框的标示，当调用对话框的时候需要调用 showDialog()。

```
public final void showDialog (int id)
```

showDialog() 函数也是通过 id 来区分对话框。通过 showDialog() 和 onCreateDialog() 函数可以统一活动中的对话框。

1. 提示信息和两个按钮的对话框

第 1 个按钮（OK Cancel）启动一个提示信息和两个按钮的对话，如图 6-14 所示：

代码实现的片断如下所示：

```
public void onClick(DialogInterface dialog, int whichButton) {/* 左键事件 */}
public void onClick(DialogInterface dialog, int whichButton) {/* 右键事件 */}
```

其中，setPositiveButton 表示设置的是左面的按钮，setNegativeButton 表示设置的是右面的按钮，这两个按钮是确定的，但是可以设置其显示的字符和点击后的行为函数。

2. 提示信息和三个按钮的对话框

第 2 个按钮（OK Cancel dialog with a long message）启动一个提示信息和三个按钮的对话框，如图 6-15 所示：

图 6-14 提示信息和两个按钮的对话框　　图 6-15 提示信息和三个按钮的对话框

代码实现的片断如下所示：

```
. setIcon(R. drawable. alert _ dialog _ icon)
. setTitle(R. string. alert _ dialog _ two _ buttons _ msg)
. setMessage(R. string. alert _ dialog _ two _ buttons2 _ msg)
. setPositiveButton(R. string. alert _ dialog _ ok, new DialogInterface. OnClickListener() {
public void onClick(DialogInterface dialog, int whichButton) {/* 左键事件 */}})
. setNeutralButton(R. string. alert _ dialog _ something, new DialogInterface. OnClickListener() {
public void onClick(DialogInterface dialog, int whichButton) {/* 中键事件 */}})
. setNegativeButton(R. string. alert _ dialog _ cancel, new DialogInterface. OnClickListener() {
public void onClick(DialogInterface dialog, int whichButton) {/* 右键事件 */}})
```

本对话框包含了 3 个按钮，与上一个例子的主要区别在于这里使用了 setNeutralButton() 表示的设置中间的按钮。

3. 列表项对话框

第 3 个按钮（List dialog）启动一个列表项对话框，如图 6-16 所示：

代码实现的片断如下所示：

```
return new AlertDialog. Builder(AlertDialogSamples. this)
```

```
.setTitle(R.string.select_dialog)
.setItems(R.array.select_dialog_items, new DialogInterface.OnClickListener() {
public void onClick(DialogInterface dialog, int which) {
String[] items = getResources().getStringArray(R.array.select_dialog_items);
new AlertDialog.Builder(AlertDialogSamples.this)
.setMessage("You selected: " + which + " , " + items[which])
.show();}
})
```

这里使用了 setItems() 表示设置几个不同的项目，从 res/values/array.xml 文件中取得 select_dialog_items 的内容，这部分内容如下所示：

```
<string-array name="select_dialog_items">
<item>Command one</item>
<item>Command two</item>
<item>Command three</item>
<item>Command four</item>
</string-array>
```

这里的 Item 也设置了点击函数，因此它们被点击后，也会弹出新的对话框。

4. 单选项和按钮对话框

第 5 个按钮（Single choice list）启动一个单选项和按钮对话框（图 6-17）：

图 6-16　列表项对话框　　图 6-17　单选项和按钮对话框

代码实现的片断如下所示：

```
.setIcon(R.drawable.alert_dialog_icon)
.setTitle(R.string.alert_dialog_single_choice)
.setSingleChoiceItems(R.array.select_dialog_items2, 0, new DialogInterface.OnClickListener(){
public void onClick(DialogInterface dialog, int whichButton) {}})
.setPositiveButton(R.string.alert_dialog_ok, new DialogInterface.OnClickListener() {
public void onClick(DialogInterface dialog, int whichButton) {/* 左键事件 */}})
.setNegativeButton(R.string.alert_dialog_cancel, new DialogInterface.OnClickListener() {
public void onClick(DialogInterface dialog, int whichButton) {/* 右键事件 */}})
```

本例是一个包含单选项的对话框，其中的选项使用了更简单的模式，从 res/values/

array. xml 文件中取得 select ＿ dialog ＿ items2 中的内容作为单选项的项目。

这部分的内容如下所示：

```
<string - array name = "select ＿ dialog ＿ items2">
<item>Map</item>
<item>Satellite</item>
<item>Traffic</item>
<item>Street view</item>
</string - array>
```

5. 复选项和按钮对话框

第 6 个按钮 (Repeat alarm) 启动一个复选项和按钮对话框 (图 6-18)：

代码实现的片断如下所示：

图 6-18 复选项和按钮对话框

```
. setIcon(R. drawable. ic ＿ popup ＿ reminder)
. setTitle(R. string. alert ＿ dialog ＿ multi ＿ choice)
. setMultiChoiceItems(R. array. select ＿ dialog ＿ items3,
new boolean[]{false, true, false, true, false, false, false},
new DialogInterface. OnMultiChoiceClickListener() {
public void onClick(DialogInterface dialog, int whichButton,
boolean isChecked) {/ * 点击复选框的响应 * /}})
. setPositiveButton(R. string. alert ＿ dialog ＿ ok, new DialogInterface. OnClickListener() {
public void onClick(DialogInterface dialog, int whichButton) {/ * 左键事件 * /}})
. setNegativeButton(R. string. alert ＿ dialog ＿ cancel, new DialogInterface. OnClickListener() {
public void onClick(DialogInterface dialog, int whichButton) {/ * 右键事件 * /}})
. create();
```

本例是一个包含复选项的对话框，从 res/values/array. xml 文件中取得 select ＿ dialog ＿ i-tems3 中的内容作为单选项的项目：

```
<string-array name = "select ＿ dialog ＿ items3">
<item>Every Monday</item>
<item>Every Tuesday</item>
<item>Every Wednesday</item>
<item>Every Thursday</item>
<item>Every Friday</item>
<item>Every Saturday</item>
<item>Every Sunday</item>
</string-array>
```

6. 文本的按键对话框 (使用布局文件)

第 7 个按钮 (Text Entry dialog) 启动一个包含文本的按键对话框。

Dialog 程序中调用各个对话框的效果如图 6-19 所示：

代码实现的片断如下所示：

```
LayoutInflater factory = LayoutInflater. from(this);
```

图 6-19 文本的按键对话框

```
final View textEntryView = factory. inflate(R. layout. alert _ dialog _ text _ entry, null);
return new AlertDialog. Builder(AlertDialogSamples. this)
. setIcon(R. drawable. alert _ dialog _ icon)
. setTitle(R. string. alert _ dialog _ text _ entry)
. setView(textEntryView)
. setPositiveButton(R. string. alert _ dialog _ ok, new DialogInterface. OnClickListener() {
public void onClick(DialogInterface dialog, int whichButton) {/* 左键事件 */}})
. setNegativeButton(R. string. alert _ dialog _ cancel, new DialogInterface. OnClickListener() {
public void onClick(DialogInterface dialog, int whichButton) {/* 右键事件 */}})
. create();}
```

alert _ dialog _ text _ entry. xml 也是一个布局文件，其中包含了 2 个文本框和 2 个可编辑文本，这就是显示在屏幕上的内容，由此根据这种模式，也可以在弹出的对话框中使用布局文件。

由此，在这个对话框中，包含了这些相应的控件。如上面对话框的效果所示，对话框可以设置标题、图标、提示信息、最多 3 个按钮、单选项、复选项，甚至可以设置一个 View。最后一个对话框是通过设置一个 View 来实现的，设置的内容在布局文件 alert _ dialog _ text _ entry. xml 中。对话框的类为 android. app. Dialog，通过 android. app. AlertDialog. Builder 类来建立，在建立的过程中可以进行多项设置。

setIcon()和 setTitle()：用于设置图标和标题；

setMessage()：用于设置提示信息；

setPositiveButton()、setNeutralButton()和 setNegativeButton()：设置左、中、右按钮；

setSingleChoiceItems()和 setMultiChoiceItems()：用于设置单选项和复选项；

setView()：用于设置一个 View 作为对话框的内容。

以上函数的返回类型均为 android. app. AlertDialog. Builder，也就是这个类本身，因此可以使用如下的方式进行连续调用来设置更多的内容。设置完成后调用 create() 函数返回 android. app. AlertDialog 类，这个类表示一个可以使用的对话框。在 Android 中使用对话框，可以在没有 Activity 的情况下建立一个比较简易的窗体，基本界面可以通过直接设置得到，通过 setView() 可以获得任意内容的界面。

6.2.7　样式的设置

在 Android 中，应用程序所呈现的样子不完全由布局文件和源代码决定。通过在 AndroidManifest. xml 中设置样式，也可以控制活动的外观，所设置的样式可以基于预定的样式，也可以自定义样式。

1. 预定样式对话框

在 Android 中，定义了一些具体的样式，它们可以在应用程序中被使用。本示例介绍如何使用 Android 中的预定义样式。

参考示例程序：DialogActivity（ApiDemo＝＞App＝＞Activity＝＞Dialog）

源代码：com/example/android/apis/app/DialogActivity. java

布局文件：custom _ dialog _ activity. xml

AndroidManifest. xml 中的定义如下所示：

```
<activity android：name ="．app．DialogActivity"
android：label ="@string/activity _ dialog"
android：theme ="@android：style/Theme．Dialog" >
<intent-filter>
<action android：name =" android．intent．action．MAIN" />
<category android：name =" android．intent．category．SAMPLE _ CODE" />
</intent-filter>
</activity>
```

DialogActivity 程序的运行结果如图 6-20 所示：

这个程序本质上是一个活动，但是显示的结果类似于一个小对话框，而且背景是透明的。这个程序的布局文件和源代码都并无特别的地方，效果是通过在 AndroidManifest．xml 中设置其样式（android：theme）为 Theme．Dialog 来实现的，Theme．Dialog 是 Android 中的预定义样式。

2. 自定义样式对话框

除了使用 Android 系统中已有的样式，还可是使用自定义的样式。本示例介绍如何使用自定义样式。

AndroidManifest．xml 中的定义如下所示：

```
<activity android：name =" ．app．CustomDialogActivity"
android：label ="@string/activity _ custom _ dialog"
android：theme ="@style/Theme．CustomDialog" >
<intent-filter>
<action android：name =" android．intent．action．MAIN" />
<category android：name =" android．intent．category．SAMPLE _ CODE" />
</intent-filter>
</activity>
```

CustomDialogActivity 程序的运行结果如图 6-21 所示：

这个程序和上一个程序基本相同，区别在于样式被设置成了 CustomDialog，CustomDialog 是一个自定义样式，在 styles．xml 中进行定义，如下所示：

图 6-20　DialogActivity 程序的运行结果　　图 6-21　CustomDialogActivity 程序的运行结果

```
<style name="Theme.CustomDialog" parent="android: style/Theme.Dialog">
<item name="android: windowBackground">@drawable/filled_box</item>
</style>
```

CustomDialog 本身是"扩展"了预定的 Dialog 样式，重新定义了窗口的背景为 drawable 中的 filled_box，这里引用了 filled_box.xml 文件，这个文件在 res/drawable 中，其中定义了相关内容。

```
<shape xmlns: android="http: //bucea.android.com/apk/res/android">
<solid android: color="#f0600000"/>
<stroke android: width="3dp" color="#ffff8080"/>
<corners android: radius="3dp"/>
<padding android: left="10dp" android: top="10dp"
android: right="10dp" android: bottom="10dp"/>
</shape>
```

在定义的样式中，通过设置更多的值来获得不同的窗口效果。通过定义样式文件可以获得复用效果。

3. 窗口透明样式示例

在 Android 程序中，当某一个活动启动之后可能需要使用背景透明的效果，本例用于描述背景透明的应用。

参考示例程序：TranslucentActivity(ApiDemo=>App=>Activity=>Translucent)

TranslucentBlurActivity(App=>Activity=>TranslucentBlur)

源代码：com/example/android/apis/app/TranslucentActivity.java

com/example/android/apis/app/TranslucentBlurActivity.java

样式文件：values/styles.xml

AndroidManifest.xml 中的定义如下所示：

```
<activity android: name=".app.TranslucentActivity"
android: label="@string/activity_translucent"
android: theme="@style/Theme.Translucent">
<intent-filter>
<action android: name="android.intent.action.MAIN"/>
<category android: name="android.intent.category.SAMPLE_CODE"/>
</intent-filter>
</activity>
<activity android: name=".app.TranslucentBlurActivity"
android: label="@string/activity_translucent_blur"
android: theme="@style/Theme.Transparent">
<intent-filter>
<action android: name="android.intent.action.MAIN"/>
<category android: name="android.intent.category.SAMPLE_CODE"/>
</intent-filter>
</activity>
```

TranslucentActivity 和 TranslucentBlurActivity 程序的运行结果如图 6-22 所示：

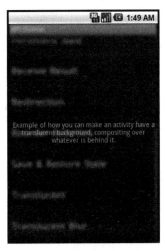

图 6-22　TranslucentActivity 和 TranslucentBlurActivity 程序的运行结果

这两个程序使用的都是窗口透明的效果，TranslucentActivity 获得的效果是背景普通的透明，TranslucentBlurActivity 获得的效果是背景模糊的透明。它们的样式被设置成了 Translucent，这是一个用于描述背景透明的自定义样式，在 styles. xml 中定义。

```
<style name = " Theme. Translucent " parent = " android：style/Theme. Translucent ">
<item name = " android：windowBackground ">
@drawable/translucent _ background
</item>
<item name = " android：windowNoTitle ">true</item>
<item name = " android：colorForeground ">#fff</item>
</style>
```

translucent _ background 值用于设置窗口的背景为透明，同时设置了 windowNoTitle 表示窗口不包含标题栏。

TranslucentBlurActivity 之所以能够获得背景模糊的效果，是因为在源代码中进行了进一步的设置，如下所示：

```
public class TranslucentBlurActivity extends Activity {
protected void onCreate(Bundle icicle) {
super. onCreate(icicle);
getWindow().
setFlags(WindowManager. LayoutParams. FLAG _ BLUR _ BEHIND,
WindowManager. LayoutParams. FLAG _ BLUR _ BEHIND);
setContentView(R. layout. translucent _ background);
}
}
```

设置模糊效果是通过窗口管理器（WindowManager）设置参数来完成的，这种设置只有在背景设置为透明后才能显示效果。

第7章　Android 系统界面设计

7.1　控件

在各个交互式的图形界面（GUI）系统中，控件一般都是占内容最多的部分，使用各种控件也是使用一个 GUI 系统的主要内容。

7.1.1　Android 中控件的层次结构

android. view. View 类（视图类）呈现了 Andriod 系统中最基本的 UI 构造块。一个视图占据屏幕上的一块方形区域，并且负责绘制控件和控件的事件处理。View 类是 widgets 类的基类，常用来创建交互式的图形用户界面（GUI）。

视图类包含有众多的扩展项，包括文本视图（TextView）、图像视图（ImageView）、进度条（ProgressBar）、视图组（ViewGroup）等等。

Android 系统中控件类的扩展结构如图 7-1 所示：

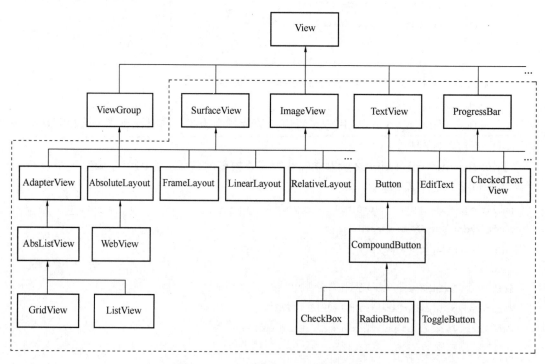

图 7-1　Android 系统中控件的扩展结构

Android 系统中的控件常在布局文件（Layout）中进行描述，在 Java 源代码中通过

findViewById() 函数根据 ID 获得每一个 View 的句柄，并且转换成实际的类型来使用。android. view. View 的扩展项也称作 Widget，通常包含在 android. widget 包中，也就是在 UI 中使用的控件。这些 android. view. View 的扩展项，通常可以在应用程序中直接使用，也可以应用程序再进行扩展使用。

在 Android 系统中各种 UI 类的名称也是它们在布局文件 XML 中使用的标签名称。

android. view. View 的一个重要的扩展项是 android. view. ViewGroup 类，这个类表示一个视图的集合，在这个视图的集合中可以包含众多的子视图。android. view. ViewGroup 类的扩展项既是多个视图的组合，本身也是一个视图。

7.1.2 基本控件的使用

Android 中的基本视图是 GUI 中通常直接使用的一些类，例如：字符区域、按钮、图像区域、图像按钮、进度条等。

1. 普通按钮

最普通的按钮是各种 GUI 系统中都类似的按钮，另外一种 ToggleButton 是具有开关两种状态的按钮。

参考示例程序：Buttons1（ApiDemo=>Views=>Buttons1）

源代码：com/example/android/apis/view/Buttons1. java

布局文件：buttons _ 1. xml

Buttons1 程序的运行结果如图 7-2 所示：

界面比较简单，前两个按钮是 Button 类，表示普通的按钮；第三个按钮是 ToggleButton 类，表示可以进行开关操作的按钮，这个活动的源代码很简单，实际上只有布局文件是比较特殊的，主要引用了 3 个控件，2 个 Button 和 1 个 ToggleButton，它们都是 Android 中预定义的控件。

图 7-2　Buttons1 程序的运行结果

Button 类的扩展关系如下所示：

=> android. view. View

=> android. widget. TextView

=> android. widget. Button

Button 类扩展了 TextView 类，TextView 类是 View 的直接扩展项，表示一个文本区域，Android 中以文本为主要内容的各种控件均扩展自这个类。除了按钮之外，TextView 类的另外一个重要的扩展项是可编辑文本区域（EditText）。

按钮类（Button）作为 TextView 类的扩展项，主要的区别表现在外观和使用的方式上，Button 通常要设置处理点击动作的处理器（View. OnClickListener）；TextView 类虽然也可以设置这个内容，但是通常不需要这样做。

在本例的布局文件中，使用了 android：text 属性来定义在 Button 上面显示的文本，根据帮助，这其实是 TextView 中的一个 XML 属性，在这里被 Button 类继承使用，除了在布局文件中指定，还可以使用 setText（CharSequence）在 JAVA 源代码中进行设置。

ToggleButton 类的扩展关系如下所示：

```
=> android.view.View
=> android.widget.TextView
=> android.widget.Button
=> android.widget.CompoundButton
=> android.widget.ToggleButton
```

Button 类具有一个名为 CompoundButton（组合按钮）的扩展项，CompoundButton 又有了圆形按钮（RadioButton）、选择框（CheckBox）和开关按钮（ToggleButton）3 个扩展项。ToggleButton 比较简单，包含开关两个状态，可以显示不同的文本 textOn（开）和 textOff（关），在使用 ToggleButton 时主要根据 CompoundButton 的 isChecked() 函数获得其是否选择的状态。

根据 ToggleButton 的帮助可以得知，其特定的 XML 属性包括了以下的内容：

android：disabledAlpha：禁止时候的 Alpha 值，使用浮点数

android：textOff：定义开状态下显示的文本

android：textOn：定义开状态下显示的文本

Android 中的控件在使用上涉及的内容包括了：

（1）在 JAVA 源代码中使用的方法；

（2）在布局文件中使用 XML 属性。

每个控件本身涉及的内容包括它直接或者间接扩展的类，以及它自己的独特功能。例如，根据上述的继承关系，TextView 中能使用的所有内容，都可以在 Button 中使用，在 Button 中能使用的内容，都可以在 ToggleButton 中使用。

2. 图像区域

在 UI 界面上显示图片，是一个常常需要使用到的功能。在 Android 中可以使用图像区域是一个可以直接显示图片文件的控件，可以方便显示一个图片。

参考示例程序：ImageView(ApiDemo=> Views=> ImageView)

源代码：com/example/android/apis/view/ImageView1.java

布局文件：image _ view _ 1.xml

程序中的图像都是通过 ImageView 类来实现显示的，ImageView 是 View 的直接扩展项，继承关系如下所示：

```
=> android.view.View
=> android.widget.ImageView
```

这里所使用的布局文件的一个片断如下所示：

```
<ImageView
android：src = "@drawable/sample _ 1"
android：adjustViewBounds = "true"
android：src = "@drawable/sample _ 1"/>
```

根据布局文件，可以得知，这里主要用来显示图片的内容是一个 ImageView 标签。它具有一个 android：src 属性，这个属性实际上就是用来设置所显示的图片的。

ImageView 又被称为图像视图，是 Android 中可以直接显示图形的控件，其中图像

源是其核心。ImageView 有多种不同的设置图像源的方法：

```
void setImageResource（int resId）// 设置图像源的资源 ID
void setImageURI(Uri uri) // 设置图像源的 URI
void setImageBitmap(Bitmap bm) // 设置一个 Bitmap 位图为图像源
```

使用 ID 的方式表示设置包中预置的图像资源，使用 URI 可以设置文件系统中存储在各种地方的图像等，使用 Bitmap 的方式可以设置一个已经表示为 Bitmap 格式的图像。

ImageView 还支持缩放、剪裁等功能，都具有相关的方法进行设置。示例中的第二个图像通过指定最大的宽（android：maxWidth）和高（android：maxHeight）来实现缩小，第三个图像通过指定 android：padding 属性来实现为图像留出一个边缘。

3. 图像按钮

图像按钮是一个带有图片的按钮，从逻辑上可以实现普通按钮功能。图像按钮实际上是结合图像和按钮的双重特性。

参考示例程序：ImageButton(ApiDemo=> Views=> ImageButton)

源代码：com/example/android/apis/view/ImageButton. java

布局文件：image _ button _ 1. xml

ImageButton 程序的运行结果如图 7-3 所示：

示例中使用了 ImageButton 类作为显示一个带有图像的按钮，扩展关系如下所示：

```
=> android. view. View
=> android. widget. ImageView
=> android. widget. ImageButton
```

图像按钮 ImageButton 扩展了 ImageView，它结合了图像和按钮的功能。ImageButton 除了可以当作按钮来使用，其他方面和 ImageView 基本一致。ImageButton 和 ImageView 的区别也仅在于外观和使用方式上，主要的图像设置方法和 ImageButton 中的一样。ImageButton 特定的是具有一个 onSetAl-pha() 函数：

图 7-3　ImageButton 程序的运行结果

boolean onSetAlpha（int alpha）；//onSetAlpha() 函数通过指定 0-255 来指定 Alpha 数值。

事实上，ImageButton 除了在外观上表现成一个按钮的状态，其他方面和 ImageView 基本上是一样的。由于是按钮的功能，所以在 JAVA 源程序中，ImageButton 通常被设定 OnClickListener 来获得点击时的响应函数。

由于 JAVA 语言不支持多重继承，因此，在 Android 中图像按钮 ImageButton 只是扩展了 ImageView 和普通按钮 Button 并没有继承（扩展）关系。

ImageButton 有一个扩展项是 ZoomButton，这是一个带有动态缩放功能的图像按钮。

4. 进度条

进度条可以用图形的方式显示一个百分比的效果。在 Android 中具有预定义的进度条可以使用。

参考示例程序：ProgressBar1（ApiDemo=> Views=> ProgressBar）

布局文件：progressbar_1.xml

ProgressBar1 程序的运行结果如图 7-4 所示：

标签 ProgressBar 是表示了进度条的控件，扩展关系如下：

=> android.view.View

=> android.widget.ProgressBar

ProgressBar 是 android.view.View 类的直接扩展项，在 GUI 界面中实现进度条的功能。ProgressBar 比较特殊的地方是这个类还支持第二个进度条，如示例所示，第二个进度条在第一个进度条的背后显示，两个进度条的最大值是相同的。

ProgressBar 的主要参数是进度条的当前值和最大值。

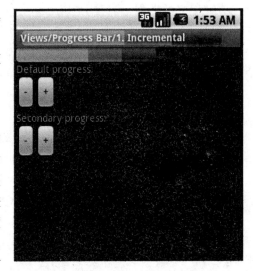

图 7-4　ProgressBar1 程序的运行结果

```
int getMax() // 获得进度条的最大值
void setProgress(int progress) // 设置主进度条的进度
void setSecondaryProgress(int secondaryProgress) // 设置第二个进度条的进度
synchronized int getProgress () // 获得进度值
synchronized int getSecondaryProgress () // 获得第二个进度条的进度
```

ProgressBar 在使用的时候，要注意最大值和当前值的关系，在 UI 上所呈现的状态，其实是当前值和最大值的一个比例。

在本示例程序中，可以通过按钮来控制进度条，这部分内容是在 JAVA 源代码中实现的：

```
protected void onCreate(Bundle savedInstanceState) {
super.onCreate(savedInstanceState);
requestWindowFeature(Window.FEATURE_PROGRESS);
……
}
```

由于这里使用了 requestWindowFeature（Window.FEATURE_PROGRESS）来将进度条设置到标题栏的当中，因此这里调用了几个 Activity 中的函数，用于设置在标题栏中的进度条。

```
final void setProgress(int progress)
final void setSecondaryProgress(int secondaryProgress)
final void setProgressBarVisibility(boolean visible)
```

其中一个按钮的 onClick()调用如下所示：

```
public void onClick(View v) {
```

```
progressHorizontal.incrementProgressBy(-1);
setProgress(100 * progressHorizontal.getProgress());}
```

事实上，这里调用的 progressHorizontal 是 ProgressBar 类的一个实例，而标题栏的进度条，是一个单独的内容，在 Android 中还有一些其他类型的进度条，如下：

参考示例程序：RatingBar1（Views => RatingBar1）

RatingBar1 程序的运行结果如图 7-5 所示：

这里的布局文件 ratingbar_1.xml 的主要内容如下所示：

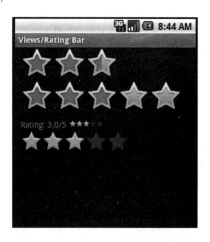

图 7-5　ProgressBar1 程序的运行结果

```
<RatingBar android：id="@+id/ratingbar1"……/>
<RatingBar android：id="@+id/ratingbar2"……/>
<LinearLayout>
<TextView android：id="@+id/rating"……/>
<RatingBar android：id="@+id/small_ratingbar"……/>
</LinearLayout>
<RatingBar android：id="@+id/indicator_ratingbar"
style="? android：attr/ratingBarStyleIndicator"
android：layout_marginLeft="5dip"……/>
```

这里，一共定义了 4 个 RatingBar 标签，RatingBar 的继承关系如下所示：

```
=> android.view.View
=> android.widget.ProgressBar
=> android.widget.AbsSeekBar
=> android.widget.RatingBar
```

AbsSeekBar 是 ProgressBar 的扩展项，这是一个表示绝对进度的类，由于使用的是绝对进度，因此主要区别是：AbsSeekBar 的进度最大值是可以设置的（对应 setMax() 函数）。RatingBar 和 SeekBar 两个类又扩展了 AbsSeekBar，其中 RatingBar 可以直接用星星的方式来表示进度；SeekBar 可以使用可拖拽的小图标。

RatingBar 是 AbsSeekBar 的一个继承者，AbsSeekBar 和 ProgressBar 的一个主要扩展就是其最大值可以设置。在本例的布局文件中，android：numStars 和 android：rating 等几个属性是 RatingBar 自己的属性。

7.2　视图

7.2.1　基本视图

用于设计 Android 应用程序的用户界面的基本视图有：
（1）TextView；
（2）EditText；

（3）Button；

（4）ImageButton；

（5）CheckBox；

（6）ToggleButton；

（7）RadioButton；

（8）RadioGroup。

这些基本视图可以用来显示文本信息以及执行一些基本视图的选择操作。

1. TextView 视图

在有些平台上，TextView 常被称为标签视图，其唯一的目的就是在屏幕上显示文本，在 Andriod 平台上基本上也是用来显示文本。

当创建一个新的 Android 项目时，Eclipse 总会创建一个包含一个<TextView>元素的 main. xml 文件（位于 res/layout 文件夹下）：

```
<? xml version = "1.0" encoding = "utf - 8"? >
<LinearLayout xmlns: android = http: //bucea. android. com/apk/res/android……>
<TextView
android: text = "@string/hello" />
</LinearLayout>
```

TextView 视图用来向用户显示文本。这是最基本的视图，在开发 Android 应用程序时会频繁用到。

2. Button、ImageButton、EditText、CheckBox、ToggleButton、RadioButton 和 Radio-Group 视图

除了最经常用到的 TextView 视图之外，还有其他一些您将频繁使用到的基础视图：

（1）Button——表示一个按钮的小部件。

（2）ImageButton——与 Button 视图类似，不过它还显示一个图像。

（3）EditText——TextView 视图的子类，还允许用户编辑其文本内容。

（4）CheckBox——具有两个状态的特殊按钮类型：选中或未选中。

（5）RadioGroup 和 RadioButton——RadioButton 有两个状态：选中或未选中。RadioGroup 用来把一个或多个 RadioButton 视图组合在一起，从而在该 RadioGroup 中只允许一个 RadioButton 被选中。

（6）ToggleButton——用一个灯光指示器来显示选中/未选中状态。下面的"试一试"揭示了这些视图工作原理的细节。

使用基本视图的步骤：

（1）使用 Eclipse 创建一个 Android 项目，命名为 BasicView。

（2）在位于 res/layout 文件夹下的 main. xml 文件中显示元素：

```
<? xml version = "1.0" encoding = "utf - 8"? >
<LinearLayout xmlns: android = http: //bucea. android. com/apk/res/android……>
<Button android: id = "@ + id/btnSave"……android: text = "save" />
<Button android: id = "@ + id/btnOpen"……android: text = "Open" />
<ImageButton android: id = "@ + id/btnImg1"……android: src = "@drawable/ic _ launcher" />
<EditText android: id = "@ + id/txtName"……/>
```

```
<CheckBox android：id＝"@＋id/chkAutosave"……android：text＝"Autosave" />
<CheckBox android：id＝"@＋id/star" ……style＝"? android：attr/starStyle"……/>
<RadioGroup android：id＝"@＋id/rdbGp1"……>
<RadioButton android：id＝"@＋id/rdb1"……android：text＝"Option 1" />
<RadioButton android：id＝"@＋id/rdb2"……android：text＝"Option 2" />
</RadioGroup>
<ToggleButton android：id＝"@＋id/toggle1"……/>
</LinearLayout>
```

（3）要观察视图的效果，可在 Eclipse 中选择项目名称并按 F11 键进行调试。图 7-6 展示了在 Android 模拟器中显示的不同视图。

（4）单击不同的视图并注意它们在外观上的变化。图 7-7 展示了视图的以下改变：

图 7-6　Android 模拟器中的不同视图　　　图 7-7　视图的变化

① 第 1 个 CheckBox 视图（Autosave）被选中。

② 第 2 个 CheckBox 视图（星形）被选中。

③ 第 2 个 RadioButton（Option 2）被选中。

④ ToggleButton 被打开。

示例说明：

到目前为止，所有的视图都是相对简单的使用<LinearLayout>元素将它们一一列出，因此当在活动中显示时，它们是堆叠在彼此之上。

对于第 1 个 Button，layout＿width 属性被设置为 fill＿parent，因此其宽度将占据整个屏幕的宽度：

　　<Button android：id＝"@＋id/btnSave"……android：text＝"save" />

对于第 2 个 Button，layout＿width 属性被设置为 wrap＿content，因此其宽度将是其

所包含内容的宽度。具体来说，就是显示的文本（也就是"Open"）的宽度：

<Button android：id＝"＠＋id/btnOpen"……android：text＝"Open" />

ImageButton 显示了一个带有图像的按钮。图像通过 src 属性设置。本例中，使用曾用作应用程序图标的图像：

<ImageButton android：id＝"＠＋id/btnImg1"……android：src＝"＠drawable/ic_launcher" />

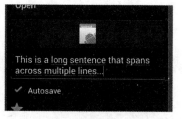

图 7-8　自动调整高度

EditText 视图显示了一个矩形区域，用户可以向其中输入一些文本。layout_height 属性被设置为 wrap_content，这样，如果输入一个长的文本串，EditText 的高度将随着内容自动调整（图 7-8）。

<EditText android：id＝"＠＋id/txtName"……/>

CheckBox 显示了一个用户可以通过轻点鼠标进行选中或取消选中的复选框：

<CheckBox android：id＝"＠＋id/chkAutosave"……android：text＝"Autosave" />

如果您不喜欢 CheckBox 的默认外观，可以对其应用一个样式属性，使其显示为其他图像，如星形：

<CheckBox android：id＝"＠＋id/star"……style＝"? android：attr/starStyle"/>

style 属性的值的格式如下所示：

［package：］［type：］name

RadioGroup 包含了两个 RadioButton，因为单选按钮通常用来表示多个选项以便用户选择。当选择了 RadioGroup 中的一个 RadioButton 时，其他所有 RadioButton 就自动取消选择：

<RadioGroup android：id＝"＠＋id/rdbGp1"……>
<RadioButton android：id＝"＠＋id/rdb1"……android：text＝"Option 1" />
<RadioButton android：id＝"＠＋id/rdb2"……android：text＝"Option 2" />
</RadioGroup>

注意，RadioButton 是垂直排列的，一个位于另一个之上。如果想要水平排列，需要把 orientation 属性改为 horizontal。还需要确保 RadioButton 的 layout_width 属性被设置为

wrap_content：

<RadioGroup android：id＝"＠＋id/rdbGp1"……>
<RadioButton android：id＝"＠＋id/rdb1"……android：text＝"Option 1" />
<RadioButton android：id＝"＠＋id/rdb2"……android：text＝"Option 2" />
</RadioGroup>

图 7-9 显示了水平排列的 RadioButton。

ToggleButton 显示了一个矩形按钮，用户可以通过单击它来实现开和关的切换：

< ToggleButton android：id ＝ " ＠ ＋ id/toggle1 "
……/>

图 7-9　水平排列的 RadioButton

这个例子中，始终保持一致的一件事情是每个视图都有一个设置为特定值的 id 属性，如 Button 视图中所示：

＜Button android：id＝"@ + id/btnSave"……
android：text＝"@string/save" /＞

id 属性是视图的标识符，因此可以使用
View. findViewById() 或 Activity. findView-
ById() 方法来检索它。

刚才所说的各种视图是在模拟 Android
4.0 智能手机的 Android 模拟器上进行测试的。
当运行在较早版本的 Android 智能手机或者平
板电脑上时，它们的样子如下所示。图 7-10 显
示了将 AndroidManifest. xml 文件的 android：
minSdkVersion 属性改为 10，并在运行 An-
droid2.3.6 的 Google Nexus S 上运行时，活动
的外观：＜uses-sdk android：minSdkVersion
＝"10" /＞，图 7-11 显示了将 AndroidMani-
fest. xml 文件中的 android：minSdkVersion 属
性改为 13，并在运行 Android 3.2.1 的 Asus
Eee Pad Transformer 上运行时，活动的外观：

如果将 android：minSdkVersion 属性设为
8 或更小，然后在运行 Android 3.2.1 的 Asus

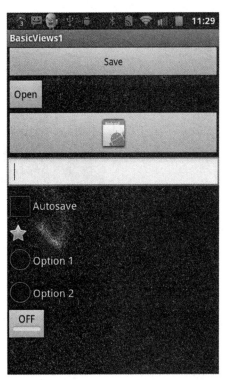

图 7-10　活动外观

Eee Pad Transformer 上运行，会出现额外的按钮，如图7-12所示。

点击该按钮会出现两个选项，它们分别可以将"窗口"拉伸到填充整个屏幕（默认选
项），或将"窗口"缩放到填充整个屏幕，如图 7-13 所示。

简言之，将最低 SDK 版本设为 8 或更低的应用程序可以在最初设计的屏幕尺寸上显
示，也可以自动拉伸以填充屏幕（默认行为）。在了解了一个活动的多种视图的外观，下
面的将具体的讲述如何以编程方式控制它们。

图 7-11　平板活动外观

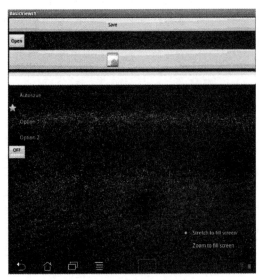

图 7-12　平板电脑上显示

图 7-13 填充整个屏幕后显示

（1）使用前面的所创建的 BasicViews 项目，修改 BasicViewsActivity. java 文件，具体语句如下：

```
package net. bucea. BasicViews; ……
public class BasicViewsActivity extends Activity {
@Override
public void onCreate(Bundle savedInstanceState) {
super. onCreate(savedInstanceState);
setContentView(R. layout. main);
Button btnOpen = (Button) findViewById(R. id. btnOpen);
btnOpen. setOnClickListener(new View. OnClickListener() {
public void onClick(View v) {DisplayToast("You have clicked the Open button");}});
Button btnSave = (Button) findViewById(R. id. btnSave);
btnSave. setOnClickListener(new View. OnClickListener(){
public void onClick(View v) {
DisplayToast("Youhave clicked the Save button");}});
CheckBox checkBox = (CheckBox) findViewById(R. id. chkAutosave);
checkBox. setOnClickListener(new View. OnClickListener(){
public void onClick(View v) {
if (((CheckBox)v). isChecked())
DisplayToast("CheckBox is checked");
else
DisplayToast("CheckBox is unchecked");}});
RadioGroup radioGroup = (RadioGroup) findViewById(R. id. rdbGp1);
radioGroup. setOnCheckedChangeListener(new OnCheckedChangeListener(){
public void onCheckedChanged(RadioGroup group, int checkedId) {
RadioButton rb1 = (RadioButton) findViewById(R. id. rdb1);
if (rb1. isChecked()) {
DisplayToast("Option 1 checked! ");}
else {DisplayToast("Option 2 checked! ");}}});
ToggleButton toggleButton = (ToggleButton) findViewById(R. id. toggle1);
toggleButton. setOnClickListener(new View. OnClickListener(){
```

144

```
public void onClick(View v) {
if (((ToggleButton)v). isChecked())
DisplayToast("Toggle button is On");
else
DisplayToast("Toggle button is Off");}});}
private void DisplayToast(String msg){
Toast. makeText(getBaseContext(), msg,
Toast. LENGTH _ SHORT). show();}}
```

（2）按 F11 键在 Android 模拟器中调试项目。

（3）单击不同的视图，观察在 Toast 窗口中显示的消息。

示例说明：

为了处理每一个视图所触发的事件，首先需要以编程方式定位在 onCreate（）事件中所创建的视图。做法是使用 Acitivity 基类的 findViewById（）方法，传入该视图的 ID。

```
Button btnOpen = (Button) findViewById(R. id. btnOpen);
setOnClickListener()//方法注册了一个在视图被单击时调用的回调函数：
btnOpen. setOnClickListener(new View. OnClickListener() {
public void onClick(View v) {
DisplayToast("Youhave clicked the Open button");}});
```

当单击视图时，将调用 onClick（）方法。对于 CheckBox，为了确定其状态，必须把 onClick（）方法的参数类型转换成一个 CheckBox，然后检查它的 isChecked（）方法来确定其是否被选中：

```
CheckBox checkBox = (CheckBox) findViewById(R. id. chkAutosave);
checkBox. setOnClickListener(new View. OnClickListener(){
public void onClick(View v) {
if (((CheckBox)v). isChecked())
DisplayToast("CheckBox is checked");
else
DisplayToast("CheckBox is unchecked");}});
```

对于 RadioButton，需要使用 RadioGroup 的 setOnCheckedChangeListener（）方法注册一个回调函数，以便在该组中被选中的 RadioButton 发生变化时调用：

```
RadioGroup radioGroup = (RadioGroup) findViewById(R. id. rdbGp1);
radioGroup. setOnCheckedChangeListener(new OnCheckedChangeListener(){
public void onCheckedChanged(RadioGroup group, int checkedId) {
RadioButton rb1 = (RadioButton) findViewById(R. id. rdb1);
if (rb1. isChecked()) {
DisplayToast("Option 1 checked! ");
} else {DisplayToast("Option 2 checked! ");}
}});
```

当选中一个 RadioButton 时，将触发 onCheckedChanged（）方法。在这一过程中，找到那些单个的 RadioButton，然后调用它们的 isChecked（）方法来确定是哪个 RadioButton 被选中。或者，onCheckedChanged（）方法包含第 2 个参数，其中包含被选定 RadioButton

的唯一标识符。

ToggleButton 的工作方式与 CheckBox 类似。

为了处理视图上的事件，首先需要获得视图的一个引用，然后需要注册一个回调函数来处理事件，还有另外一种处理视图事件的方法。以 Button 为例，可以向其添加一个名为 onClick 的属性：

<Button android：id="@+id/btnSave"……android：text="@string/save"

android：onClick="btnSaved_clicked"/>

onClick 属性指定了按钮的单击事件，该属性的值就是事件处理程序的名称。因此，为处理按钮的单击事件，只需要创建一个名为 btnSaved_clicked 的方法，如下面的示例所示(注意该方法必须有一个 View 类型的参数)：

```
public class BasicViews1Activity extends Activity {
public void btnSaved_clicked (View view) {
DisplayToast("You have clicked the Save button1");}
@Override
public void onCreate(Bundle savedInstanceState) {
super.onCreate(savedInstanceState);
setContentView(R.layout.main);}
private void DisplayToast(String msg){
Toast.makeText(getBaseContext(), msg,
Toast.LENGTH_SHORT).show();}}
```

如果与前面使用的方法进行比较，会发现这种方法更加简单。使用哪种方法取决于您自己，在本书中主要使用后面这种方法。

3. ProgressBar 视图

ProgressBar 视图提供了一些正在进行的任务的视觉反馈，如当您在后台执行一个任务时(例如您可能正从 Web 上下载一些数据并需要更新用户的下载状态)，在这种情况下，使用 ProgressBar 视图来完成这一任务是一个不错的选择。下面的活动演示了如何使用这个视图。

使用 ProgressBar 视图的步骤：

(1) 打开 Eclipse，重新创建一个名为 BasicViews 的 Android 项目。

(2) 修改位于 res/layout 文件夹下的 main.xml 文件，添加下列代码：

```
<? xml version="1.0" encoding="utf-8"? >
<LinearLayout xmlns：android=http：//bucea.android.com/apk/res/android……>
<ProgressBar android：id="@+id/progressbar"……/>
</LinearLayout>
```

(3) 在 BasicViewsActivity.java 文件中添加下列语句：

```
package net.bucea.BasicViews;
public class BasicViewsActivity extends Activity {static int progress;
ProgressBar progressBar; int progressStatus = 0;
Handler handler = new Handler();
@Override
public void onCreate(Bundle savedInstanceState) {
```

```
super. onCreate(savedInstanceState);
setContentView(R. layout. main); progress = 0;
progressBar = (ProgressBar) findViewById(R. id. progressbar);
new Thread(new Runnable(){
public void run(){
while (progressStatus < 10){progressStatus = doSomeWork();}
handler. post(new Runnable(){
public void run(){
//---0 - VISIBLE; 4 - INVISIBLE; 8 - GONE---
progressBar. setVisibility(View. GONE);}});
}
private int doSomeWork(){
try {
Thread. sleep(500);
} catch (InterruptedException e){e. printStackTrace();}
return ++progress;}
}). start();
```

（4）按 F11 键在 Android 模拟器中调试项目，设备界面上会出现如图 7-14 显示的 ProgressBar 动画，大约 5s 钟后，它将消失。

示例说明：

ProgressBar 视图的默认模式是不确定的，其实它显示的是一个循环的动画。这种模式对于完成时间没有明确指示的任务是非常有用的，例如当您向一个

图 7-14　ProgressBar 动画

Web 服务发送一些数据并等待服务器的响应时。如果只是把＜ProgressBar＞元素放入 main. xml 文件中，它会不断地显示一个旋转的图标，当后台任务已经完成时，需要人为的来使它停止旋转。

在 Java 文件中添加的代码显示了如何分配一个后台线程来模拟执行一些长时间运行的任务，要做到这一点，需要配合使用 Thread 类和一个 Runnable 对象。run()方法启动线程的执行，在这种情况下调用 doSomeWork()方法来模拟做一些工作。当模拟工作完成后(大约 5s 之后)，使用 Handler 对象给线程发送一条消息来取消 ProgressBar：

```
//---do some work in background thread---
new Thread(new Runnable(){
public void run(){
//---do some work here---
while (progressStatus < 10)
{progressStatus = doSomeWork();}
//---hides the progress bar---
handler. post(new Runnable(){
public void run(){
//---0 - VISIBLE; 4 - INVISIBLE; 8 - GONE---
```

```
progressBar. setVisibility(View. GONE);}});
}
//－－－do some long running work here－－－
private int doSomeWork(){
try {
//－－－simulate doing some work－－－
Thread. sleep(500);
} catch (InterruptedException e){
e. printStackTrace();}
return ＋＋progress;}
}). start();
```

当任务完成时，通过设置 ProgressBar 的 Visibility 属性为 View. GONE（值 8）来隐藏它。INVISIBLE 和 GONE 常量的区别在于 INVISIBLE 常量只是隐藏 ProgressBar（ProgressBar 仍旧在活动中占据空间）。GONE 常量则从活动中移除 ProgressBar 视图，它不再占据任何空间。

下面的示例展示了如何改变 ProgressBar 的外观，定制 ProgressBar 视图的具体步骤：

（1）使用前面所创建的 BasicViews 项目，按如下所示修改 main. xml 文件：

```
＜? xml version ="1. 0" encoding ="utf－8"? ＞
＜LinearLayout xmlns：android = http：//bucea. android. com/apk/res/android……＞
＜ProgressBar android：id ="@＋id/progressbar"……
style ="@android：style/Widget. ProgressBar. Horizontal" /＞
＜/LinearLayout＞
```

（2）修改 BasicViewsActivity. java 文件，具体核心代码语句如下：

```
package net. bucea. BasicViews;
public class BasicViewsActivity extends Activity {
static int progress;
ProgressBarprogressBar; int progressStatus = 0; Handler handler = new Handler();
@Override
public void onCreate(Bundle savedInstanceState) {
super. onCreate(savedInstanceState);
setContentView(R. layout. main); progress = 0;
progressBar = (ProgressBar) findViewById(R. id. progressbar);
progressBar. setMax(200);
//－－－do some work in background thread－－－
new Thread(new Runnable(){
public void run(){
//－－－do some work here－－－
while (progressStatus ＜ 100)
{progressStatus = doSomeWork();
handler. post(new Runnable(){
public void run() {
```

```
progressBar.setProgress(progressStatus);}});
}
handler.post(new Runnable(){
public void run(){
//－－－0 － VISIBLE；4 － INVISIBLE；8 － GONE－－－
progressBar.setVisibility(View.GONE);}});
}
//－－－do some long running work here－－－
private int doSomeWork(){
try {
Thread.sleep(500);
} catch (InterruptedException e){
e.printStackTrace();}
return ＋＋progress;}
}).start();}
}
```

（3）按 F11 键在 Android 模拟器中调试项目。

（4）图 7-15 展示了正显示进度的 ProgressBar，当进度达到 50％时，ProgressBar 消失。

图 7-15

示例说明：

要想使 ProgressBar 水平显示，只要设置其 style 属性为@android：style/Widget.Progress

```
Bar.Horizontal：
<ProgressBar android：id="@＋id/progressbar"……/>
```

为了显示进度，调用 setProgress()方法，传入一个表示进度的整数：

```
handler.post(new Runnable(){
public void run() {progressBar.setProgress(progressStatus);}
});
```

在本例中，设置了 ProgressBar 的范围为 0～200（通过 setMax()方法）。因此，ProgressBar 将在中途停止并消失（由于仅仅在 progressStatus 小于 100 时才持续调用 doSomeWork()方法）。为了确保 ProgressBar 只有当进度达到 100％时才消失，可以设置最大值为 100 或者修改 while 循环为当 progressStatus 达到 200 时停止，如下所示：

```
//－－－do some work here－－－
while (progressStatus ＜ 200)
```

除了本例中为 ProgressBar 使用的水平样式，还可以使用以下常量：

① Widget.ProgressBar.Horizontal

② Widget.ProgressBar.Small

③ Widget.ProgressBar.Large

④ Widget.ProgressBar.Inverse

⑤ Widget.ProgressBar.Small.Inverse

⑥ Widget.ProgressBar.Large.Inverse

4. AutoCompleteTextView 视图

AutoCompleteTextView 是一种与 EditText 类似的视图（实际上，它是 EditText 的子类），只不过它还在用户输入时自动显示完成的建议的列表。

下面将展示如何利用 AutoCompleteTextView 来自动协助用户完成文本输入。

使用 AutoCompleteTextView 步骤：

（1）打开 Eclipse，重新创建一个名为 BasicViews 的 Android 项目。

（2）按如下代码修改位于 res/layout 文件夹下的 main. xml 文件：

```
<? xml version = "1. 0" encoding = "utf - 8"? >
<LinearLayout xmlns：android = http：//bucea. android. com/apk/res/android……>
<TextView……android：text = "Name of President" />
<AutoCompleteTextView android：id = "@ + id/txtCountries"……/>
</LinearLayout>
```

（3）在 BasicViewsActivity. java 文件中的代码语句：

```
package net. bucea. BasicViews3;
public class BasicViewsActivity extends Activity {
String[] presidents = {"Dwight D. Eisenhower", "John F. Kennedy", "Lyndon B. Johnson", "
Richard Nixon", "Gerald Ford", "Jimmy Carter", "Ronald Reagan", "George H. W. Bush", "Bill Clin-
ton", "George W. Bush", "Barack Obama"};
@Override
public void onCreate(Bundle savedInstanceState) {
super. onCreate(savedInstanceState);
setContentView(R. layout. main);
ArrayAdapter<String> adapter = new ArrayAdapter<String>(this,
android. R. layout. simple _ dropdown _ item _ 1line, presidents);
AutoCompleteTextView textView = (AutoCompleteTextView)
findViewById(R. id. txtCountries);
textView. setThreshold(3);
textView. setAdapter(adapter);}
}
```

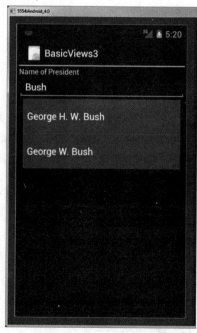

（4）按 F11 键在 Android 模拟器中调试应用程序。

如图 7-16 所示，在向 AutoCompleteTextView 中输入时，会随之显示一个匹配名字的列表。

示例说明：

在 BasicViews3Activity 类中，首先创建了一个包含一组总统名字的 String 数组：

```
String[] presidents = {"Dwight D. Eisenhower", "John
F. Kennedy", "Lyndon B. Johnson", "Richard Nixon", "Ger-
ald Ford", "Jimmy Carter", "Ronald Reagan", "George H. W.
Bush", "Bill Clinton", "George W. Bush", "Barack Obama
"};
```

图 7-16　匹配名字列表

ArrayAdapter 对象管理将由 AutoCompleteTextView 显示的字符串数组。在先前的例子中，将 AutoCompleteTextView 设置为以 simple_dropdown_item_1line 模式显示：

```
ArrayAdapter<String> adapter = new ArrayAdapter<String>(this,
android. R. layout. simple_dropdown_item_1line, presidents);
```

setThreshold()方法设置建议以下拉菜单形式出现前用户必须输入的最少字符个数：

```
textView. setThreshold(3);
```

setAdapter()为 AutoCompleteTextView 显示的建议列表从 ArrayAdapter 对象获得：

```
textView. setAdapter(adapter);
```

7.2.2 选取器视图

选择日期和时间是在一个移动应用程序中需要执行的常见任务之一。Android 通过 TimePicker 和 DatePicker 视图来支持这一功能。下面将阐述如何在活动中使用这些视图。

1. TimePicker 视图

TimePicker 视图可以使用户按 24 小时或 AM/PM 模式选择一天中的某个时间。下面介绍如何使用这一视图。

使用 TimePicker 视图步骤：

(1) 打开 Eclipse，重新创建一个名为 BasicViews 的 Android 项目。

(2) 修改位于 res/layout 文件夹下的 main. xml 文件，添加下列粗体显示的行：

```
<? xml version = "1.0" encoding = "utf-8"? >
<LinearLayout xmlns: android = http: //bucea. android. com/apk/res/android······>
<TimePicker android: id = "@ + id/timePicker"······/>
<Button android: id = "@ + id/btnSet"······android: text = "I am all set! "
android: onClick = "onClick" />
</LinearLayout>
```

(3) 在 Eclipse 中选择该项目的名称并按 F11 键在 Android 模拟器中调试应用程序。图 7-17 显示了运用中的 TimePicker。除了单击加（＋）和减（－）按钮外，还可以使用设备上的数字键盘来修改小时和分钟，单击 AM 按钮在 AM 和 PM 之间切换。

(4) 返回 Eclipse，在 BasicViewsActivity. java 文件中核心代码语句：

```
package net. bucea. BasicViews;
public class BasicViewsActivity extends Activity {TimePicker timePicker;
@Override
public void onCreate(Bundle savedInstanceState) {
super. onCreate(savedInstanceState); setContentView(R. layout. main);
timePicker = (TimePicker) findViewById(R. id. timePicker);
timePicker. setIs24HourView(true);
}
public void onClick(View view) {
Toast. makeText(getBaseContext(), "Time selected: " + timePicker. getCurrentHour() +
": " + timePicker. getCurrentMinute(), Toast. LENGTH_SHORT). show();}
}
```

(5) 按 F11 键在 Android 模拟器上调试应用程序，然后 TimePicker 将以 24 小时格式显示，单击 Button 将显示您在 TimePicker 中设置好的时间。

示例说明:

TimePicker 显示了一个可以让用户自行设置时间的标准用户界面。默认情况下,它以 AM/PM 格式显示时间。如果想改为以 24 小时格式来显示,可以使用 setIs24HourView() 方法。

为了以编程方式获得用户设置时间,使用 getCurrentHour() 和 getCurrentMinute() 方法:

```
Toast.makeText(getBaseContext(),
"Time selected: " +
timePicker.getCurrentHour() +
": " + timePicker.getCurrent
Minute(),
Toast.LENGTH_SHORT).show();
```

虽然可以在一个活动中显示 TimePicker,但更好的方法是在一个对话框窗口中显示它。这样一旦设置好时间,TimePicker 就会消失,不再占据活动中的任何空间。下面的将展示了如何使用对话框显示 TimePicker 视图,具体步骤如下:

图 7-17　运用中的 TimePicker

(1) 使用先前所创建的 BasicViews 项目,按如下所示修改 BasicViews4Activity.java 文件:

```
package net.bucea.BasicViews;
public class BasicViewsActivity extends Activity {
TimePicker timePicker; int hour, minute;
static final int TIME_DIALOG_ID = 0;
@Override
public void onCreate(Bundle savedInstanceState) {
super.onCreate(savedInstanceState);
setContentView(R.layout.main);
timePicker = (TimePicker) findViewById(R.id.timePicker);
timePicker.setIs24HourView(true);
showDialog(TIME_DIALOG_ID);}
@Override
protected Dialog onCreateDialog(int id){
switch (id) {
case TIME_DIALOG_ID:
return new TimePickerDialog(this, mTimeSetListener, hour, minute, false);}
return null;}
private TimePickerDialog.OnTimeSetListener mTimeSetListener =
new TimePickerDialog.OnTimeSetListener(){
public void onTimeSet(
TimePicker view, int hourOfDay, int minuteOfHour){
```

```
hour = hourOfDay;
minute = minuteOfHour;
SimpleDateFormat timeFormat = new SimpleDateFormat("hh: mm aa");
Date date = new Date(0, 0, 0, hour, minute);
String strDate = timeFormat.format(date);
Toast.makeText(getBaseContext(),
"You have selected" + strDate,
Toast.LENGTH _ SHORT).show();}};
public void onClick(View view) {
Toast.makeText(getBaseContext(), "Time selected: " + timePicker.getCurrentHour() +
": " + timePicker.getCurrentMinute(), Toast.LENGTH _ SHORT).show();}
}
```

（2）按 F11 键在 Android 模拟器中调试应用程
序。当活动被加载时，可以看到 TimePicker 显示在
一个对话框窗口内（图 7-18）。设置一个时间，然后
单击 Set 按钮，将看到 Toast 窗口显示了您刚刚设置
好的时间。

示例说明：

为了显示一个对话框窗口，可以使用 showDia-
log（）方法，传入一个 ID 来标识对话框的源：

showDialog（TIME _ DIALOG _ ID）；

//当调用 showDialog（）方法时，onCreateDia-
log（）方法将被调用：

```
@Override
protected Dialog onCreateDialog(int id){
switch (id) {
case TIME _ DIALOG _ ID:
return new TimePickerDialog(
this, mTimeSetListener, hour, minute, false);}
return null;
}
```

图 7-18　TimePicker 对话框

这里，创建了一个 TimePickerDialog 类的新实例，给它传递了当前上下文、回调函
数、初始的小时和分钟，以及 TimePicker 是否以 24 小时格式显示。

当用户单击 TimePicker 对话框窗口中的 Set 按钮时，将调用 onTimeSet（）方法：

```
private TimePickerDialog.OnTimeSetListener mTimeSetListener =
new TimePickerDialog.OnTimeSetListener(){
public void onTimeSet(
TimePicker view, int hourOfDay, int minuteOfHour){
hour = hourOfDay;
minute = minuteOfHour;
SimpleDateFormat timeFormat = new SimpleDateFormat("hh: mm aa");
```

```
Date date = new Date(0, 0, 0, hour, minute);
String strDate = timeFormat.format(date);
Toast.makeText(getBaseContext(),
"You have selected" + strDate,
Toast.LENGTH _ SHORT).show();}
};
```

这里，onTimeSet（）方法将包含用户分别通过 hourOfDay 和 minuteOfHour 参数设置的小时和分钟。

2. DatePicker 视图

与 TimePicker 类似的另外一种视图就是 DatePicker。利用 DatePicker，可以使用户在活动中选择一个特定的日期。下面展示如何使用 DatePicker。

使用 DatePicker 视图步骤：

（1）使用前述创建的 BasicViews 项目，按如下所示修改 main.xml 文件：

```
<? xml version ="1.0" encoding ="utf - 8"? >
<LinearLayout xmlns：android = http：//bucea.android.com/apk/res/android……>
<Button android：id ="@ + id/btnSet"……android：text ="I am all set!"
android：onClick ="onClick" />
<DatePicker android：id ="@ + id/datePicker"……/>
<TimePicker android：id ="@ + id/timePicker"……/>
</LinearLayout>
```

（2）按 F11 键在 Android 模拟器上调试应用程序。图 7-19 显示了 DatePicker 视图（需要按 Ctrl＋F11 组合键将模拟器的方向改为横向；纵向太窄，不能很好地显示DatePicker）。

图 7-19　DatePicker 视图

（3）返回 Eclipse，在 BasicViewsActivity.java 文件中修改语句：

```
package net. bucea. BasicViews;
public class BasicViewsActivity extends Activity {
TimePicker timePicker; DatePicker datePicker;
int hour, minute;
static final int TIME _ DIALOG _ ID = 0;
@Override
public void onCreate(Bundle savedInstanceState) {
super. onCreate( savedInstanceState);
setContentView(R. layout. main);
timePicker = (TimePicker) findViewById(R. id. timePicker);
timePicker. setIs24HourView(true);
datePicker = (DatePicker) findViewById(R. id. datePicker);}
@Override
protected Dialog onCreateDialog( int id){
switch ( id) {
case TIME _ DIALOG _ ID:
return new TimePickerDialog(this, mTimeSetListener, hour, minute, false);}
return null;}
private TimePickerDialog. OnTimeSetListener mTimeSetListener =
new TimePickerDialog. OnTimeSetListener(){
public void onTimeSet(TimePicker view, int hourOfDay, int minuteOfHour){
hour = hourOfDay; minute = minuteOfHour;
SimpleDateFormat timeFormat = new SimpleDateFormat(" hh: mm aa ");
Date date = new Date(0, 0, 0, hour, minute); String strDate = timeFormat. format(date);
Toast. makeText(getBaseContext(), " You have selected " + strDate,
Toast. LENGTH _ SHORT). show();}
};
public void onClick(View view) {
Toast. makeText(getBaseContext(),
" Date selected: "+ (datePicker. getMonth() + 1) +"/" + datePicker. getDayOfMonth() +
"/" + datePicker. getYear() + "\ n" +" Time selected: " + timePicker. getCurrentHour() +
": " + timePicker. getCurrentMinute(), Toast. LENGTH _ SHORT). show();}
}
```

（4）按 F11 键在 Android 模拟器上调试应用程序。一旦设置了日期，单击 Button 将显示设置的日期，如图 7-20 所示。

示例说明：

与 TimePicker 类似，通过调用 getMonth（）、getDayOfMonth（）和 getYear（）方法来分别获取月份、日子和年份：

" Date selected: " + （datePicker. getMonth（）＋ 1）＋ "/" ＋ datePicker. getDayOfMonth（）＋

"/" ＋ datePicker. getYear（）＋ "\ n" ……

图 7-20　显示设置的日期

注意：getMonth（）方法返回 0 代表一月、返回 1 代表二月，依次类推。因此，需要将此方法返回的结果加 1 来获得对应的月份数。像 TimePicker 一样，也可以在对话框窗口中显示 DatePicker。下面的将教您如何使用对话框显示 DatePicker 视图。

（1）使用前述创建的 BasicViews 项目，在 BasicViewsActivity.java 文件中修改代码：

```
package net.bucea.BasicViews;
public class BasicViewsActivity extends Activity {
TimePicker timePicker; DatePicker datePicker;
int hour, minute; int yr, month, day;
static final int TIME_DIALOG_ID = 0; static final int DATE_DIALOG_ID = 1;
@Override
public void onCreate(Bundle savedInstanceState) {
super.onCreate(savedInstanceState);
setContentView(R.layout.main);
timePicker = (TimePicker) findViewById(R.id.timePicker);
timePicker.setIs24HourView(true);
datePicker = (DatePicker) findViewById(R.id.datePicker);
Calendar today = Calendar.getInstance();
yr = today.get(Calendar.YEAR);
month = today.get(Calendar.MONTH);
day = today.get(Calendar.DAY_OF_MONTH);
showDialog(DATE_DIALOG_ID);}
@Override
protected Dialog onCreateDialog(int id){
switch (id) {
```

```
case TIME _ DIALOG _ ID:
return new TimePickerDialog(this, mTimeSetListener, hour, minute, false);
case DATE _ DIALOG _ ID:
return new DatePickerDialog(this, mDateSetListener, yr, month, day);}
return null;}
private DatePickerDialog. OnDateSetListener mDateSetListener =
new DatePickerDialog. OnDateSetListener(){
public void onDateSet(DatePicker view, int year, int monthOfYear, int dayOfMonth){
yr = year; month = monthOfYear; day = dayOfMonth;
Toast. makeText(getBaseContext(), "You have selected : " + (month + 1) +"/" + day + "/" +
year, Toast. LENGTH _ SHORT). show();}
};
private TimePickerDialog. OnTimeSetListener mTimeSetListener =
new TimePickerDialog. OnTimeSetListener(){
public void onTimeSet(
TimePicker view, int hourOfDay, int minuteOfHour){
hour = hourOfDay; minute = minuteOfHour;
SimpleDateFormat timeFormat = new SimpleDateFormat("hh: mm aa");
Date date = new Date(0, 0, 0, hour, minute); String strDate = timeFormat. format(date);
Toast. makeText(getBaseContext(), "You have selected " + strDate, Toast. LENGTH _ SHORT). show
();}
};
public void onClick(View view) {
Toast. makeText(getBaseContext(), "Date selected: " + (datePicker. getMonth() + 1) +
"/" + datePicker. getDayOfMonth() +"/" + datePicker. getYear() + "\ n" +
"Time selected: "+ timePicker. getCurrentHour() +": " + timePicker. getCurrentMinute(),
Toast. LENGTH _ SHORT). show();}
}
```

（2）按 F11 键在 Android 模拟器上调试应用程序。当活动加载时，可以看到 DatePicker 显示在一个对话框窗口中（图 7-21）。设定好一个日期并单击 Set 按钮。Toast 窗口将显示出您刚刚设置好的日期。

示例说明：

DatePicker 和 TimePicker 的工作原理是一致的。当设置日期时，它将触发 onDateSet（）方法，从中可以获取由用户设定的日期：

图 7-21　DatePicker 对话框

```
public void onDateSet(
DatePicker view, int year, int monthOfYear, int dayOfMonth)
{
```

```
yr = year; month = monthOfYear; day = dayOfMonth;
Toast. makeText(getBaseContext(), "You have selected :" + (month + 1) +"/" + day + "/" +
year, Toast. LENGTH _ SHORT). show();}
```

注意，在显示对话框之前，需要初始化 3 个变量—yr、month 和 day：

```
//－－－get the current date－－－
Calendar today = Calendar. getInstance();
yr = today. get(Calendar. YEAR);
month = today. get(Calendar. MONTH);
day = today. get(Calendar. DAY _ OF _ MONTH);
showDialog(DATE _ DIALOG _ ID);
```

如果不这样做，当在运行时创建一个 DatePickerDialog 类的实例时，将发生非法参数异常（current should be $>=$ start and $<=$ end）。

7.2.3 列表视图

列表视图是一种可以用来显示长的项列表的视图。在 Android 中，有两种列表视图：ListView 和 SpinnerView，两者都用于显示长的项列表。下面将展示了这种视图的使用。

1. ListView 视图

ListView 在一个垂直滚动列表中显示项列表。下面演示如何使用 ListView 显示一个项列表。

使用 ListView 显示一个长的项列表步骤：

（1）打开 Eclipse，重新创建一个名为 BasicViews 的 Android 项目。

（2）修改 BasicViewsActivity. java 文件中的代码语句：

```
package net. bucea. BasicViews;
public class BasicViewsActivity extends ListActivity {
String[] presidents = {
"Dwight D. Eisenhower", "John F. Kennedy", "Lyndon B. Johnson", "Richard Nixon", "Gerald Ford
", "Jimmy Carter", "Ronald Reagan", "George H. W. Bush", "Bill Clinton", "George W. Bush", "
Barack Obama"};
@Override
public void onCreate(Bundle savedInstanceState) {
super. onCreate(savedInstanceState);
setListAdapter(new ArrayAdapter<String>(this,
android. R. layout. simple _ list _ item _ 1, presidents));}
public void onListItemClick(
ListView parent, View v, int position, long id){
Toast. makeText(this,
"You have selected" + presidents[position], Toast. LENGTH _ SHORT). show();}
}
```

（3）按 F11 键在 Android 模拟器上调试应用程序。图 7-22 展示了显示总统名字列表的活动。

（4）单击一个列表项，将显示一个包含所选择项的消息。

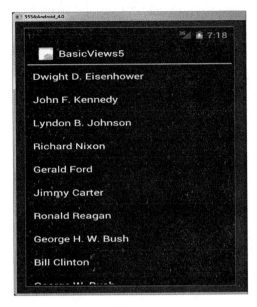

图 7-22　总统名字列表

示例说明：

在本例中，首先要注意的是 Basic-Views5Activity 类扩展了 ListActivity 类。ListActivity 类扩展了 Activity 类并且通过绑定到一个数据源来显示一个项列表。还要注意，无须修改 main. xml 文件来包含 List-View；ListActivity 类本身已经包含了一个 ListView。因此，在 onCreate（）方法中，不需要调用 setContentView（）方法来从 main. xml 文件中加载用户界面：

```
//－－－no need to call this－－－
//setContentView(R. layout. main);
```

在 onCreate（）方法中，使用 setListAdapter（）方法来用一个 ListView 以编程方式填充活动的整个屏幕。ArrayAdapter 对象管理将由 ListView 显示的字符串数组。在前面的例子中，将 ListView 设置为在 simple _ list _ item _ 1 模式下显示：

```
setListAdapter(new ArrayAdapter<String>(this,
android. R. layout. simple _ list _ item _ 1, presidents));
```

当单击 ListView 中的一个列表项时，将触发 onListItemClick（）方法：

```
public void onListItemClick(
ListView parent, View v, int position, long id){
Toast. makeText(this, "You have selected" + presidents[position],
Toast. LENGTH _ SHORT). show();}
```

这里，只是使用 Toast 类来显示所选择的总统名字。

定制 ListView：

ListView 是一个可以进一步定制的通用视图。下面将展示如何允许在 ListView 中选择多个项以及如何使之支持筛选功能。

在 ListView 中启用对筛选和多列表项的支持：

（1）打开前一节中创建的 BasicViews 项目，在 BasicViewsActivity. java 文件中修改代码语句：

```
@Override
public void onCreate(Bundle savedInstanceState) {
super. onCreate(savedInstanceState);
ListView lstView = getListView();
lstView. setChoiceMode(ListView. CHOICE _ MODE _ MULTIPLE);
lstView. setTextFilterEnabled(true);
setListAdapter(new ArrayAdapter < String > (this, android. R. layout. simple _ list _ item _
checked, presidents));}
```

（2）按 F11 键在 Android 模拟器上调试应用程序。现在，可以单击每个项以显示其旁边的勾号图标（图 7-23）。

示例说明：

为了以编程方式获得对 ListView 对象的引用，可以使用能获取 ListActivity 的列表视图的 getListView（）方法。如果想要以编程方式修改 ListView 的行为，就需要这么做。在此情况下，使用 setChoiceMode（）方法来告诉 ListView 如何处理一个用户的单击。在本例中，将其设置为 ListView. CHOICE ＿ MODE ＿ MULTIPLE，这意味着用户可以选择多个项：

```
ListView lstView = getListView();
//lstView.setChoiceMode(ListView.CHOICE_MODE_NONE);
//lstView.setChoiceMode(ListView.CHOICE_MODE_SINGLE);
lstView.setChoiceMode(ListView.CHOICE_MODE_MULTIPLE);
```

ListView 的一个非常酷的功能是支持筛选。如果通过 setTextFilterEnabled（）方法启用了筛选功能，用户将可以在键盘上输入并且 ListView 将自动筛选来匹配已经输入的内容：lstView. setTextFilterEnabled（true）；

图 7-24 显示了起作用的列表筛选功能。这里，列表中所有包含单词 john 的项将在结果列表中显示出来。

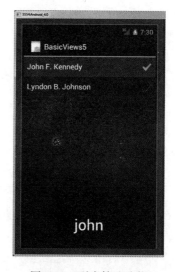

图 7-23　项目勾选　　　　　　　图 7-24　列表筛选功能

虽然本例中显示了总统名字列表存储在一个数组中，但在实际的应用中，建议从数据库中检索它们或至少将它们存储在 strings. xml 文件中。下面将展示展示如何将列表项存储在 strings. xml 文件中，步骤如下：

（1）使用前一节创建的 BasicViews 项目，在位于 res/values 文件夹下的 strings. xml 文件中更改代码：

```
<? xml version = "1.0" encoding = "utf-8"? >
<resources>
<string name = "hello">Hello World, BasicViews5Activity! </string>
```

160

```
<string name = " app _ name">BasicViews5</string><string - array name = " presidents _ array">
<item>Dwight D. Eisenhower</item><item>John F. Kennedy</item>
<item>Lyndon B. Johnson</item><item>Richard Nixon</item>
<item>Gerald Ford</item><item>Jimmy Carter</item>
<item>Ronald Reagan</item><item>George H. W. Bush</item>
<item>Bill Clinton</item><item>George W. Bush</item>
<item>Barack Obama</item></string - array>
</resources>
```

（2）按下列粗体显示内容修改 BasicViewsActivity. java 文件：

```
public class BasicViewsActivity extends ListActivity {String[] presidents;
@Override
public void onCreate(Bundle savedInstanceState) {
super. onCreate(savedInstanceState);
ListView lstView = getListView();
lstView. setChoiceMode(ListView. CHOICE _ MODE _ MULTIPLE);
lstView. setTextFilterEnabled(true);
presidents = getResources(). getStringArray(R. array. presidents _ array);
setListAdapter(new ArrayAdapter < String > (this, android. R. layout. simple _ list _ item _
checked, presidents));}
    public void onListItemClick(ListView parent, View v, int position, long id){
Toast. makeText(this, " You have selected " + presidents[position], Toast. LENGTH _ SHORT). show();}
}
```

（3）按 F11 键在 Android 模拟器上调试应用程序。您将会看到同前面一样的名字列表。

示例说明：

由于现在名字存储在 strings. xml 文件中，所以可以在这个 BasicViewsActivity. java 文件中使用 getResources（）方法以编程方式来检索它：

```
presidents = getResources(). getStringArray(R. array. presidents _ array);
```

一般地，可以使用 getResources（）方法以编程方式来检索与应用程序捆绑的资源。

这个示例演示了如何使 ListView 中的列表项可被选择。在选择过程结束后，要想知道哪个项或哪些项被选中，就需要进行检查，步骤如下：

（1）再次使用 BasicView 项目，在 main. xml 文件中修改代码：

```
<? xml version = " 1. 0 " encoding = " utf - 8 " ? >
<LinearLayout xmlns: android = http: //bucea. android. com/apk/res/android……>
<Button
android: id = "@ + id/btn"……android: text = " Show selected items"
android: onClick = " onClick "/>
<ListView android: id = "@ + id/android: list"……/>
</LinearLayout>
```

（2）在 BasicViewsActivity. java 文件中修改代码：

```
package net. bucea. BasicViews;
public class BasicViewsActivity extends ListActivity {String[] presidents;
```

```
@Override
public void onCreate(Bundle savedInstanceState) {
super. onCreate(savedInstanceState); setContentView(R. layout. main);
ListView lstView = getListView();
lstView. setChoiceMode(ListView. CHOICE_MODE_MULTIPLE);
lstView. setTextFilterEnabled(true);
presidents =
getResources(). getStringArray(R. array. presidents_array);
setListAdapter(new ArrayAdapter<String>(this,
android. R. layout. simple_list_item_checked, presidents));}
public void onListItemClick(
ListView parent, View v, int position, long id){
Toast. makeText(this, "You have selected" + presidents[position],
Toast. LENGTH_SHORT). show();}
public void onClick(View view) {
ListView lstView = getListView();
String itemsSelected = "Selected items: \ n";
for (int i = 0; i<lstView. getCount(); i++) {
if (lstView. isItemChecked(i)) {
itemsSelected += lstView. getItemAtPosition(i) + "\ n";}}
Toast. makeText(this, itemsSelected, Toast. LENGTH_LONG). show();}
}
```

（3）按 F11 键在 Android 模拟器上调试应用程序。单击一些列表项，然后单击 Showselected items 按钮，如图 7-25 所示。所选名字的列表将会显示出来。

示例说明：

在前一节的练习中，看到了如何填充一个占据整个活动的 ListVie；，在该例中，并不需要向 main. xml 文件添加一个<ListView>元素，ListView 可以部分填充一个活动。为此，需要添加一个<ListView>元素，并将其 id 属性设为@+id/an-droid：list：

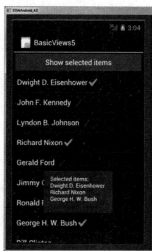

图 7-25　所选名字列表

```
<ListView
android: id="@ + id/android: list"
android: layout_width="wrap_content"
android: layout_height="wrap_content" />
```

然后需要使用 setContentView()方法加载活动的内容（之前注释掉了）：

```
setContentView(R. layout. main);
```

为了找出 ListView 中哪些项被选中，使用了 isItemChecked()方法：

```
ListView lstView = getListView();
String itemsSelected = "Selected items: \ n";
for (int i = 0; i<lstView. getCount(); i++) {
if (lstView. isItemChecked(i)) {
```

```
itemsSelected + = lstView. getItemAtPosition(i) + "\n";}
}
Toast. makeText(this, itemsSelected, Toast. LENGTH _ LONG). show();
```

getItemAtPosition（）方法返回了指定位置的列表项的名称。

注意：到目前为止，所有的例子都显示了如何在一个 ListActivity 内使用 ListView。这不是绝对必要的，也可以在 Activity 内使用 ListView。在本例中，为了以编程方式引用 ListView，使用了 findViewByID（）方法而不是 getListView（）方法。其实＜ListView＞元素的 id 属性可以使用这种格式：@＋id/＜view _ name＞。

2. 使用 Spinner 视图

ListView 在一个活动中显示一个长的项列表，但有时需要在用户界面上显示其他视图，因此没有额外的空间来显示像 ListView 这样的全屏视图。在这种情况下，应该使用 SpinnerView。SpinnerView 一次显示列表中的一项，并可以使用户在其中进行选择，下面将展示了如何在活动中使用 SpinnerView。

使用 SpinnerView 一次显示一个项：

（1）打开 Eclipse，重新创建一个名为 BasicViews 的 Android 项目。

（2）按如下所示修改位于 res/layout 文件夹下的 main. xml 文件：

```
<? xml version = "1. 0" encoding = "utf - 8"? >
<LinearLayout xmlns: android = http: //bucea. android. com/apk/res/android……>
<Spinnerandroid: id = "@ + id/spinner1"……android: drawSelectorOnTop = "true" />
</LinearLayout>
```

（3）修改位于 res/values 文件夹下的 strings. xml 文件中：

```
<? xml version = "1. 0" encoding = "utf - 8"? >
<resources>
<string name = "hello">Hello World, BasicViews6Activity! </string>
<string name = "app _ name">BasicViews6</string>
<string - array name = "presidents _ array"><item>Dwight D. Eisenhower</item>
<item>John F. Kennedy</item><item>Lyndon B. Johnson</item>
<item>Richard Nixon</item><item>Gerald Ford</item>
<item>Jimmy Carter</item><item>Ronald Reagan</item>
<item>George H. W. Bush</item><item>Bill Clinton</item>
<item>George W. Bush</item><item>Barack Obama</item></string - array>
</resources>
```

（4）在 BasicViewsActivity. java 文件中添加下列粗体显示的语句：

```
package net. bucea. BasicViews;
public class BasicViewsActivity extends Activity {String[] presidents;
@Override
public void onCreate(Bundle savedInstanceState) {
super. onCreate(savedInstanceState); setContentView(R. layout. main);
presidents = getResources(). getStringArray(R. array. presidents _ array);
Spinner s1 = (Spinner) findViewById(R. id. spinner1);
ArrayAdapter<String> adapter = new ArrayAdapter<String>(this,
android. R. layout. simple _ spinner _ item, presidents);
```

```
s1. setAdapter(adapter);
s1. setOnItemSelectedListener(new OnItemSelectedListener(){
@Override
public void onItemSelected(AdapterView<? > arg0, View arg1, int arg2, long arg3){
int index = arg0. getSelectedItemPosition();
Toast. makeText(getBaseContext(), "You have selected item :" + presidents[index],
Toast. LENGTH _ SHORT). show();}
@Override
public void onNothingSelected(AdapterView<? > arg0) { }});}
}
```

（5）按 F11 键在 Android 模拟器上调试应用程序。单击 SpinnerView，可以看到弹出一个显示总统名字的列表（图 7-26）。单击一个列表项将显示一个消息，表明这个列表项被选择了。

示例说明：

上面的例子与 ListView 的工作原理很相像，需要实现的一个额外方法是 onNothing-Selected（）方法。当用户按下 Back 按钮时触发这一方法，撤销所显示的项列表。在这种情况下，没有任何项被选择，也不需要作任何处理。除了在 ArrayAdapter 中以普通列表形式显示列表项之外，还可以使用单选按钮来显示它们。要做到这一点，需要修改 ArrayAdapter 类的构造函数中的第二个参数：

```
ArrayAdapter<String> adapter = new ArrayAdapter<String>(this, android. R. layout. simple _
list _ item _ single _ choice, presidents);
```

这样将使列表项以单选按钮列表形式显示（图 7-27）。

图 7-26　总统名字列表

图 7-27　单选按钮列表

7.2.4　了解特殊碎片

使用碎片的时候，可以自行定制 Android 应用程序的用户界面，通过动态地重新排列碎片使其适应活动。这样就允许建立的应用程序在拥有不同的屏幕尺寸的设备上运行。

正如前面介绍过的，碎片是拥有自己的生命周期的"微活动"。为创建一个碎片，需要一个扩展 Fragment 基类的类。除了 Fragment 基类外，还可以扩展 Fragment 基类的其他一些子类，以创建更加特殊的碎片。下面将介绍 Fragment 的 3 个子类：ListFragment、

DialogFragment 以及 PreferenceFragment。

1. 使用 ListFragment

一个列表碎片其实就是一个包含 ListView 的碎片，它显示的是来自某个数据源（如一个数组或一个 Cursor）的项目列表。列表碎片十分有用，因为经常需要用一个碎片包含一个项列表（例如一个 RSS 帖子的列表），用另一个碎片显示所选帖子的详细信息。为了创建一个碎片列表，必须扩展 ListFragment 基类。

下面展示创建并使用一个列表碎片的步骤：

（1）利用 Eclipse 创建一个 Android 项目，并将其命名为 ListFragmentExample。

（2）按照下列粗体显示的代码修改 main. xml 文件。

```
<? xml version = "1.0" encoding = "utf - 8"? >
<LinearLayout xmlns: android = http: //bucea. android. com/apk/res/android……>
<fragment
android: name = "net. bucea. ListFragmentExample. Fragment1"
android: id = "@ + id/fragment1"……/>
<fragmentandroid: name = "net. bucea. ListFragmentExample. Fragment1"
android: id = "@ + id/fragment2"……/>
</LinearLayout>
```

（3）将一个 XML 文件添加到 res/layout 文件夹中并将其命名为 fragment1. xml。

（4）使用如下代码填充 fragment1. xml 文件：

```
<? xml version = "1.0" encoding = "utf - 8"? >
<LinearLayout xmlns: android = "http: //bucea. android. com/apk/res/android">
<ListViewandroid: id = "@id/android: list"……/>
</LinearLayout>
```

（5）将一个 Java Class 文件添加到包里并把它命名为 Fragment1。

（6）使用如下代码填充 Fragment1. java 文件：

```
package net. bucea. ListFragmentExample;
public class Fragment1 extends ListFragment {
String[] presidents = {
"Dwight D. Eisenhower", "John F. Kennedy", "Lyndon B. Johnson", "Richard Nixon",
"Gerald Ford", "Jimmy Carter", "Ronald Reagan", "George H. W. Bush", "Bill Clinton",
"George W. Bush", "Barack Obama"};
@Override
public View onCreateView(LayoutInflater inflater, ViewGroup container, BundlesavedInstanceS-
tate) {return inflater. inflate(R. layout. fragment1, container, false);}
@Override
public void onCreate(Bundle savedInstanceState) {
super. onCreate(savedInstanceState);
setListAdapter(new ArrayAdapter<String>(getActivity(), android. R. layout. simple _ list _ i-
tem _ 1, presidents));}
public void onListItemClick(ListView parent, View v, int position, long id){
Toast. makeText(getActivity(), "You have selected" + presidents[position],
```

Toast. LENGTH _ SHORT). show();}

   }

（7）按 F11 键在 Android 模拟器上调试应用程序，图 7-28 显示两个列表碎片，它们显示了两个总统名字列表。

（8）单击两个 ListView 视图中的任意一个选项，会显示相应的消息（图 7-29）。

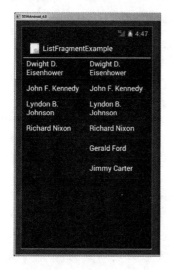
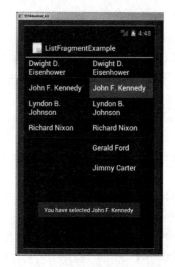

图 7-28　两个列表碎片　　　　　图 7-29　选项信息

示例说明：

通过将一个 ListView 元素添加给碎片，首先要做的就是为该碎片创建了一个 XML 文件：

```
＜? xml version = "1.0" encoding = "utf－8"? ＞
＜LinearLayout xmlns：android = http：//bucea. android. com/apk/res/android······＞
＜ListView android：id = "@id/android：list"······/＞
＜/LinearLayout＞
```

为了创建一个列表碎片，碎片所用的 Java 类必须扩展 ListFragement 基类：

```
Pubic classFragment1 extends ListFragment{}
```

接下来声明一个数组，用于包含活动中的总统名字列表：

```
String[] presidents = {"Dwight D. Eisenhower", "John F. Kennedy", "Lyndon B. Johnson", "Richard Nixon", "Gerald Ford", "Jimmy Carter", "Ronald Reagan", "George H. W. Bush", "Bill Clinton", "George W. Bush", "Barack Obama"};
```

在 onCreate（）事件中，利用 setListAdapter（）方法以编程方式将数组的内容填充 ListView 中。ArrayAdapter 对象管理将被 ListView 显示的字符串数组。在本例中 ListView 设为在 simple _ list _ item _ 1 模式下显示。

```
@Override
public void onCreate(Bundle savedInstanceState) {
super. onCreate(savedInstanceState);
setListAdapter(new ArrayAdapter＜String＞(getActivity(),
android. R. layout. simple _ list _ item _ 1, presidents));}
```

每当单击 ListView 的一个列表项时，就会触发 onListItemClick () 方法：

```
public void onListItemClick(ListView parent, View v,
int position, long id){
Toast.makeText(getActivity(),
"You have selected" + presidents[position], Toast.LENGTH _ SHORT).show();}
```

最后，将两个碎片添加到活动中，注意每个碎片的高度：

```
<? xml version = "1.0" encoding = "utf - 8"? >
<LinearLayout xmlns：android = http：//bucea.android.com/apk/res/android……>
<fragment android：name = "net.bucea.ListFragmentExample.Fragment1"
android：id = "@ + id/fragment1"……/>
<fragment android：name = "net.bucea.ListFragmentExample.Fragment1"
android：id = "@ + id/fragment2"……/>
</LinearLayout>
```

2. 使用 DialogFragment

另一种碎片类型是对话框碎片，一个对话框碎片浮动在活动上方，并且以模态方式显示。当需要获得用户的响应，才能继续执行操作的时候，对话框碎片十分有用。为了创建一个对话框碎片，需要扩展 DialogFragment 基类。

下面展示创建并使用一个对话框碎片的步骤：

（1）使用 Eclipse 创建一个 Android 项目，并把它命名为 DialogFragmentExample。

（2）向包里添加一个 Java 类文件并将其命名为 Fragment1。

（3）使用 Fragment1.java 文件部分代码如下：

```
package net.bucea.DialogFragmentExample;
public class Fragment1 extends DialogFragment {
static Fragment1 newInstance(String title) {
Fragment1 fragment = new Fragment1(); Bundle args = new Bundle();
args.putString("title", title); fragment.setArguments(args); return fragment;}
@Override
public Dialog onCreateDialog(Bundle savedInstanceState) {
String title = getArguments().getString("title"); return new AlertDialog.Builder(getActivi-
ty()).setIcon(R.drawable.ic _ launcher).setTitle(title).setPositiveButton("OK", new DialogInter-
face.OnClickListener() {
public void onClick(DialogInterface dialog, int whichButton) {
((DialogFragmentExampleActivity)getActivity()).doPositiveClick();}}).setNegativeButton("
Cancel", new DialogInterface.OnClickListener() {
public voidonClick(DialogInterface dialog, int whichButton) {
((DialogFragmentExampleActivity)getActivity()).doNegativeClick();}}).create();}
}
```

（4）使用 DialogFragmentExampleActivity.java 文件核心代码如下：

```
package net.bucea.DialogFragmentExample;
public class DialogFragmentExampleActivity extends Activity {
@Override
public void onCreate(Bundle savedInstanceState) {
```

```
super. onCreate(savedInstanceState); setContentView(R. layout. main);
Fragment1 dialogFragment = Fragment1. newInstance(" Are you sure you want to do this? ");
dialogFragment. show(getFragmentManager(), " dialog ");}
public void doPositiveClick() {Log. d(" DialogFragmentExample ", " User clicks on OK ");}
public void doNegativeClick() {Log. d(" DialogFragmentExample ", " User clicks on Cancel ");}}
```

（5）按 F11 键在 Android 模拟器上调试应用程序。图 7-26 所示的碎片在一个警告对话框中显示。单击 OK 按钮或 Cancel 按钮，观察显示的消息。

示例说明：

为创建一个对话碎片，首先 Java 类要扩展 DialogFragment 基类：

```
public class Fragment1 extends DialogFragment{}
```

在本例中，创建了一个警告对话框，这是一个显示一条消息及可选按钮的对话框窗口，在 Fragment1 类中，定义了 newInstance（）方法：

```
static Fragment1 newInstance(String title) {Fragment1 fragment = new Fragment1();
Bundle args = new Bundle(); args. putString(" title ", title); fragment. setArguments(args);
return fragment;}
```

newInstance（）方法允许创建碎片的一个新实例，同时它接受一个指定警告对话框中要显示的字符串（title）的参数。title 随后存储在一个 Bundle 对象里供之后使用。接下来定义了 onCreateDialog（）方法，该方法在 onCreate（）之后、onCreateView（）之前调用：

```
@Override
public Dialog onCreateDialog(Bundle savedInstanceState) {
String title = getArguments(). getString(" title "); return new AlertDialog. Builder(getActivi-
ty())
. setIcon(R. drawable. ic _ launcher). setTitle(title). setPositiveButton(" OK ", new DialogInter-
face. OnClickListener() {
public voidonClick(DialogInterface dialog, int whichButton) {
((DialogFragmentExampleActivity) getActivity()). doPositiveClick();}}). setNegativeButton("
Cancel ", new DialogInterface. OnClickListener() {
public void onClick(DialogInterface dialog,
int whichButton) {((DialogFragmentExampleActivity)getActivity()). doNegativeClick();}
}). create();}
```

在这里，创建的警告对话框有两个按钮：OK 和 Cancel。要在该对话框中显示的字符串从保存在 Bundle 对象中的 title 参数中获取。

为了显示对话框碎片，创建它的一个实例并调用它的 show（）方法：

```
Fragment1 dialogFragment = Fragment1. newInstance(" Are you sure you want to do this? ");
dialogFragment. show(getFragmentManager(), " dialog ");
```

还需要实现两种处理用户单击 OK 按钮或 Cancel 按钮情况的方法：doPostiveClick（）和 doNegativeClick（）。

```
public void doPositiveClick() {
Log. d(" DialogFragmentExample ", " User clicks on OK ");}
public void doNegativeClick() {
```

```
Log. d("DialogFragmentExample", "User clicks on Cancel");}
```

3. 使用 PreferenceFragment

Android 应用程序通常要提供首选项，以方便用户定制应用程序。例如，可以允许用户保存那些用于访问 Web 资源的登录凭据（账号，密码等）或者保存源刷新频率的信息（比如在一个 RSS 阅读器应用程序中）等等。在 Android 中，可以使用 PreferenceActivity 基类为用户显示一个用于编辑首选项的活动。在 Android 3.0 以及更高版本中，可以使 Preference-Fragment 类实现相同的功能。

下面将展示在 Android 3 和 Android 4 版本中创建并使用一个首选项碎片的方法。

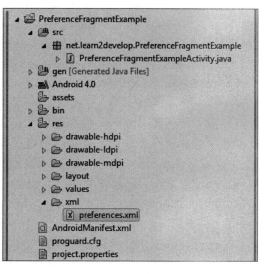

图 7-30 文件命名

创建并使用一个首选项碎片：

（1）使用 Eclipse 创建一个 Android 项目并把它命名为 PreferenceFragmentExample。

（2）在 res 文件夹下创建一个新的 xml 文件夹，然后将一个新的 Android XML 文件添加到该 xml 文件夹里。将该 XML 文件命名为 preferences.xml（图 7-30）。

（3）preferences.xml 文件核心代码如下：

```
<? xml version = "1.0" encoding = "utf - 8"? >
<PreferenceScreenxmlns：android = "http：//bucea.android.com/apk/res/android">
<PreferenceCategory android：title = "Category 1">
<CheckBoxPreference……/>
</PreferenceCategory>
<EditTextPreference/>
……
</PreferenceScreen>
```

（4）将一个 Java 类文件添加到包里，并将其命名为 Fragment1。

（5）使用如下代码来填充 Fragment1.java 文件。

```
package net.bucea.PreferenceFragmentExample;
public class Fragment1 extends PreferenceFragment {
@Override
public void onCreate(Bundle savedInstanceState) {super.onCreate(savedInstanceState);
addPreferencesFromResource(R.xml.preferences);}
}
```

（6）按照下列代码修改 PreferenceFragmentExampleActivity.java 文件。

```
package net.bucea.PreferenceFragmentExample;
public class PreferenceFragmentExampleActivity extends Activity {
@Override
public void onCreate(Bundle savedInstanceState) {super.onCreate(savedInstanceState);
```

```
setContentView(R. layout. main);
FragmentManager fragmentManager = getFragmentManager();
FragmentTransaction fragmentTransaction = fragmentManager. beginTransaction();
Fragment1 fragment1 = new Fragment1();
fragmentTransaction. replace(android. R. id. content, fragment1);
fragmentTransaction. addToBackStack(null); fragmentTransaction. commit();}
}
```

（7）按 F11 键在 Android 模拟器上调试应用程序，图 7-31 展示了首选项碎片，它显示了用户可以修改的首选项列表。

（8）当单击 Edit Text 首选项时，会显示一个弹出窗口（图 7-32）。

（9）单击 Second Preference Screen 选项会使第二个首选项屏幕项显示出来（图 7-33）。

（10）要想让首选项碎片消失，在模拟器上单击 Back 按钮。

（11）如果查看 File Explore（在 DDMS 透视图中可用），将可以定位到/data/data/net. bucea. preference Fragment Example/sh Ared _ prefs/文件夹中的首选项文件（图 7-34），用户所做的所有修改都保存在这个文件中。

图 7-31　首选项列表

示例说明：

为了在 Android 应用程序中创建一个首选项的列表，首先需要创建 preferences. xml 文件并将不同的 XML 元素填充到该文件中。这个 XML 文件定义了各种想保存在应用程序中的项。

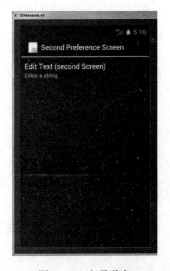

图 7-32　选项弹窗

图 7-33　输入信息窗口

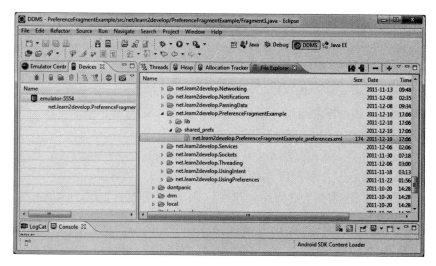

图 7-34　文件定位

为了创建首选项碎片，首先需要扩展 PreferenceFragment 基类：

```
public class Fragment1 extends preferenceFragment{}
```

为了在首选项碎片中加载首选项文件，可以使用 addPreferencesFromResource（）方法：

```
@Override
public void onCreate(Bundle savedInstanceState) {
super. onCreate(savedInstanceState);
addPreferencesFromResource(R. xml. preferences);}
```

为了在活动中显示首选项碎片，使用 FragmentManger 类和 FragmentTransaction 类：

```
FragmentManager fragmentManager = getFragmentManager();
FragmentTransaction fragmentTransaction = fragmentManager. beginTransaction();
Fragment1 fragment1 = new Fragment1();
fragmentTransaction. replace(android. R. id. content, fragment1);
fragmentTransaction. addToBackStack(null); fragmentTransaction. commit();
```

需要使用 addToBackStack（）方法将首选项碎片添加到 back stack，从而用户可以通过单击 Back 按钮关闭碎片。

7.3　界面布局

布局（Layout）表示的是各个控件在屏幕上的位置关系。在 Android 中布局通常有以下几种不同的情况：

（1）FrameLayout（框架布局）：系统默认的在屏幕上就有空白区显示它；

（2）LinearLayout（线性布局）：让所有子视图都成为单一的方向，即垂直的或者水平的；

（3）AbsoluteLayout（绝对布局）：让子视图使用 x/y 坐标确定在屏幕上的位置；

（4）RelativeLayout（相对布局）：让子视图的位置和其他的视图相关；

（5）TableLayout（表单布局）：位置是它的子视图的行或列。

FrameLayout、LinearLayout、RelativeLayout、AbsoluteLayout、TableLayout 都是扩展了 ViewGroup 的类，因此这些视图可以用于包含其他控件，并且可以控制其他控件的位置关系。

布局的内容一般在布局文件中进行控制的。在控制布局时 android：layout＿width 和 android：layout＿height 等表示尺寸属性，除了使用实际的尺寸值外，还有两个常用的选项：

（1）"fill＿parent"：表示能填满父视图的最大尺寸；

（2）"wrap＿content"：表示仅包裹子内容的最小尺寸。

这两个值既可以在视图组中使用，也可以在普通视图中使用，如果在视图中使用"wrap＿content"，表示包裹其中的内容，例如按钮需要包裹上面的文字。

7.3.1 基本的布局内容

基本的布局内容用于控制每个元素的位置。示例程序位于 Views＝＞Layout＝＞Baseline 中：布局文件：baseline＿X. xml

其中的一些显示效果如图 7-35 所示：

（a）   （b）   （c）

图 7-35　基本布局程序的运行结果

图 7-35 中，7-35（a）程序使用了默认的布局参数，因此是上对齐和左对齐的效果，图 7-35（b）的程序使用了 android：layout＿gravity 为底部对齐，图 7-35（c）中使用了两个布局嵌套的方式：

```
<LinearLayout xmlns：android＝http：//bucea. android. com/apk/res/android……＞
<TextView android：text＝"@string/baseline＿3＿explanation"……/＞
<LinearLayout＞
<TextView android：text＝"@string/baseline＿3＿label"……/＞
<Button android：text＝"@string/baseline＿3＿button"……/＞
<TextView android：text＝"@string/baseline＿3＿bigger"……/＞
</LinearLayout＞
```

```
</LinearLayout>
```

以上的几个程序实际上使用的是线性布局（LinearLayout），以上不同元素位置的控制通过定义 android：layout_gravity 属性来完成，android：layout_gravity 可以在各个 View 中使用：top、bottom、left、right、center_vertical、fill_vertical、center_horizontal、fill_horizontal、center、fill、clip_vertical、clip_horizontal，这些选项用来处理竖直方向和水平方向两种对齐方式。

7.3.2　线性布局（LinearLayout）

线性布局是 Android 中最常使用的布局，示例程序位于 Views=＞Layout=＞Linear-Layout 中。线性布局程序的运行结果如图 7-36 所示：

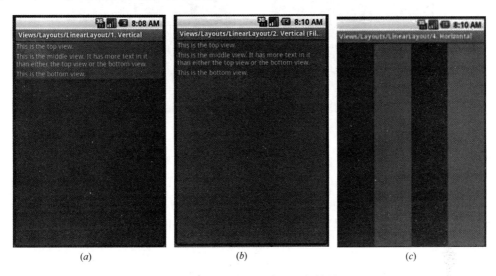

(a)　　　　　　　　　(b)　　　　　　　　　(c)

图 7-36　线性布局程序的运行结果

这几个示例程序的布局文件分别为 linear_layout_1.xml、linear_layout_2.xml 和 linear_layout_4.xml。linear_layout_4.xml 的内容如下所示：

```
<LinearLayout xmlns：android=http：//bucea.android.com/apk/res/android……>
<TextView
<!--……省略部分内容-->
</LinearLayout>
```

图 7-36（a）和图 7-36（b）的差别在于图 7-36（a）的竖直方向使用了"wrap_content"，中图使用了"fill_parent"；图 7-36（c）使用了 android：orientation="horizontal"定义屏幕中的方向为水平，并设置竖直方向为"fill_parent"，因此其中的内容以竖直方向显示。

7.3.3　相对布局（RelativeLayout）

相对布局的特点就是可以让控件之间互相确定关系，这样可以保证在屏幕局部范围内的几个控件之间的关系不受外部影响。

相对布局的示例程序位于 Views=＞Layou=＞RelativeLayout 中，其中的两个程序的运行结果如图 7-37 所示：

这两个示例程序的布局文件分别为 relative ＿ layout ＿ 1. xml 和 relative ＿ layout
＿ 2. xml。

图 7-37　相对布局的运行结果

图 7-37（a）通过设置 android：layout ＿ alignParentTop 和 android：layout ＿ align-
ParentBottom 两个属性为 "true"，让控件对齐到父 UI 的上端和下端。相关的属性还有
android：layout ＿ alignParentRight 和 android：layout ＿ alignParentLeft。

<RelativeLayout xmlns：android = " http：//bucea. android. com/apk/res/android ">

<TextView　android：id = "@ + id/view1 "……/>

<TextView　android：text = "@string/relative ＿ layout ＿ 1 ＿ bottom "……/>

<TextView　android：text = "@string/relative ＿ layout ＿ 1 ＿ center "……/>

</RelativeLayout>

图 7-37（b）中的两个按钮使用了相对对齐的方式，它们之间的关系如下所示：

<Button android：id = "@ + id/ok "

android：layout ＿ width = " wrap ＿ content " android：layout ＿ height = " wrap ＿ content "

android：layout ＿ below = "@ id/entry " android：layout ＿ alignParentRight = " true "

android：layout ＿ marginLeft = " 10dip " android：text = "@string/relative ＿ layout ＿ 2 ＿ ok " />

<Button

android：layout ＿ width = " wrap ＿ content " android：layout ＿ height = " wrap ＿ content "

android：layout ＿ toLeftOf = "@ id/ok " android：layout ＿ alignTop = "@ id/ok "

android：text = "@string/relative ＿ layout ＿ 2 ＿ cancel " />

"Cancel" 按钮的位置是相对 "Ok" 按钮来确定的，toLeftOf 属性表示在 "Ok" 按钮
的左侧，layout ＿ alignTop 属性表示和 "Ok" 按钮上对齐。

7.3.4　表单布局（Table Layout）

一个表单布局（TableLayout）包含有若干个 TableRow 对象，而每一个 TableRow

对象只定义了其中一行。TableLayout 中也包含了不显示的行和列的边沿。

参考示例程序：TableLayout1（Views＝＞Layout＝＞TabLayout＝＞01. basic）

源 代 码： com/example/android/apis/view/Table-Layout1. java

布局文件：table＿layout＿1. xml

表单布局程序的运行结果如图 7-38 所示：

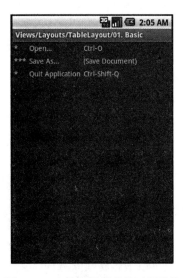

图 7-38 表单布局程序的运行结果

这个示例程序的布局文件 table＿layout＿1. xml 的内容如下所示：

```
<TableLayout xmlns: android = " http: //bucea. android. com/apk/res/android"
android: layout_width = "fill_parent" android: layout_height = "fill_parent">
<TableRow>
<TextView android: text = "@string/table_layout_1_star"
android: padding = "3dip" />
<TextView android: text = "@string/table_layout_1_open"
android: padding = "3dip" />
<TextView android: text = "@string/table_layout_1_open_shortcut"
android: padding = "3dip" />
</TableRow>
<TableRow>
<TextView android: text = "@string/table_layout_1_triple_star" android: padding = "3dip" />
<TextView android: text = "@string/table_layout_1_save"
android: padding = "3dip" />
<TextView android: text = "@string/table_layout_1_save_shortcut"
android: padding = "3dip" />
</TableRow>
<! --……省略部分内容 -->
</TableLayout>
```

TableLayout 中包含了若干个 g，每个 TableRow 中又包含了若干个 TextView，这样在 UI 中实际上就形成了一个隐性的表格，表格中的每一个单元格的内容就是一个 View。这种表单布局，其实是用了类似 HTML 中表格的方式，这样可以准确地完成复杂的对齐问题。

第 8 章 Android 系统传感器与控制技术

自从手机普及之后，以前看似和手机挨不着边的传感器也逐渐成为手机硬件的重要组成部分之一。使用过华为、小米、魅族、VIVO 以及其他的 Android 手机的人，都会发现一个共同点，就是通过将手机横向或纵向放置，屏幕会随着手机位置的不同而改变方向，这种功能是通过重力传感器来实现的，除了重力传感器，还有很多其他类型的传感器被应用到手机中，例如磁阻传感器就是最重要的一种传感器，虽然手机可以通过 GPS 来判断方向，但是在 GPS 信号不好或者在根本没有 GPS 信号的情况下，GPS 就形同虚设，这时通过磁阻传感器就可以很容易判断方向（东、南、西、北）。有了磁阻传感器，也使罗盘（俗称指向针）的电子化成为可能。传感器还可以应用在很多方面，如游戏可跟踪设备重力传感器的数据，来推断复杂的用户手势和动作，例如倾斜、震动、旋转，或者振幅。同样的，天气应用可以使用设备的温度传感器和湿度传感器的数据来计算和报告结露点。

8.1 传感器简介

8.1.1 传感器基本信息

1. 传感器分类

Android 平台支持三大类的传感器：

（1）位移传感器

这些传感器沿三个轴线测量加速度和旋转。这类传感器包括有加速度传感器、重力传感器、陀螺仪和矢量传感器。

（2）环境传感器

这些传感器测量各种环境参数，例如周围的空气温度和压力，光线和湿度信息。这类传感器包括有气压传感器、光线传感器和温度传感器。

（3）位置传感器

这些传感器是用来测量设备的物理位置的，它包括有方向传感器和磁力传感器。

在 Android2.3 gingerbread 系统中，google 提供了 11 种传感器供应用层使用。

```
#define SENSOR_TYPE_ACCELEROMETER        1 //加速度
#define SENSOR_TYPE_MAGNETIC_FIELD       2 //磁力
#define SENSOR_TYPE_ORIENTATION          3 //方向
#define SENSOR_TYPE_GYROSCOPE            4 //陀螺仪
#define SENSOR_TYPE_LIGHT                5 //光线感应
#define SENSOR_TYPE_PRESSURE             6 //压力
#define SENSOR_TYPE_TEMPERATURE          7 //温度
```

#define SENSOR _ TYPE _ PROXIMITY	8 //接近
#define SENSOR _ TYPE _ GRAVITY	9 //重力
#define SENSOR _ TYPE _ LINEAR _ ACCELERATION	10//线性加速度
#define SENSOR _ TYPE _ ROTATION _ VECTOR	11//旋转矢量

2. 传感器坐标系

通常，传感器框架使用一个标准的三维坐标系来表达数据值。对于大多数传感器，当设备放置默认方向（图 8-1）的时候，坐标系被定义和设备的屏幕相关。当设备放置为它默认的方向，X轴是水平并指向右边，Y轴是竖直并指向上方，并且 Z 轴指向屏幕面的外侧。在这个系统，坐标系统有负的 Z 值。这个坐标系被用于下面的传感器：加速度传感器、重力传感器、陀螺仪传感器、线性加速度传感器、磁场传感器。

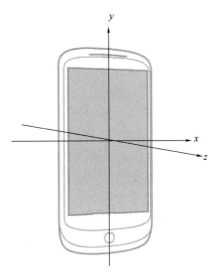

图 8-1 传感器 API 使用的坐标系统（相对于一个设备）

注意：当设备屏幕的方向改变的时候，轴不改变，也就是说，传感器的坐标系当设备移动的时候从来都不会改变，和 OpenGL 坐标系是相同的。另外，应用程序不能假定设备的自然（默认）方向是竖屏。对于许多平板设备的自然方向是横屏，并且传感器的坐标系总是基于设备的自然方向。

最终，从应用程序匹配传感器数据到屏幕显示，需要使用 getRotation（）方法来确定屏幕的旋转，然后使用 remapCoordinateSystem（）方法来将传感器坐标系映射到屏幕坐标系，即使你的清单文件指定了仅竖屏幕显示，也需要这样做。

注意：一些传感器和方法使用的坐标系是相对于真实世界的参照（相对于设备的参考框架）。这些传感器和方法返回数据代表设备的运动或者设备相对于地球的位置。更多关于传感器的信息，查阅 One Screen Turn Deserves Another。

8.1.2　传感器开发基础

1. 传感器框架及接口

要想访问设备上可用的传感器，并通过使用 Android 传感器框架获取原始传感器数据，就需要传感器框架提供一些类和接口，来帮助你执行各种传感器相关的任务。例如，你可以使用传感器框架做如下事情：

（1）测试手机中有哪些传感器；

（2）确定当个传感器的功能，例如它的最大射程、厂商、电力需求、分辨率；

（3）获取原始数据，并定义你获取传感器数据的最小速率；

（4）注册和注销传感器事件监听，来监听传感器改变。

Android 传感器框架可以提供访问许多类型的传感器的功能。这些传感器的使用一部分是基于硬件的，一部分是基于软件的。基于硬件的传感器是内嵌到手机或者平板中的物理元件，它们通过直接测量指定的环境属性来得到它们的数据，例如加速度、磁场强度或者角度变化。基于软件的传感器不是物理设备，尽管它们模仿基于硬件的传感器。基于软件的传感器从一个或者多个基于硬件的传感器中获取数据，有时候也被称为虚拟传感器或者合成传感器。线性加速度传感器和重力传感器就是基于软件的传感器的例子。很少有 Android 设备会具有全部类型的传感器。例如，大部分手机和平板有一个加速计和磁场计，但是也有少部分的设备拥有气压或者温度传感器，而且一个设备可以拥有一个或者多个类型相同或者不同的传感器。例如，设备能有两个重力传感器，每个有不同的范围。

要通过 Android 传感器框架获取原始数据，android. hardware 包是不可或缺的，因为 Andriod 传感器框架就是 android. hardware 包的一部分，hardware 包包含下面的类和接口：

（1）SensorManager：可以使用这个类来创建一个传感器服务的实例。这个类提供了各种方法类访问和列举传感器，注册和注销传感器事件监听，并获取相应的信息。这个类也提供了几个传感器的常量，用来报告传感器的精确度，设置数据获取速率和校准传感器。

（2）Sensor：你能使用这个类创建一个指定传感器的实例。这个类提供的各种方法让你能够确定传感器的功能。

（3）SensorEvent：系统使用这个类来创建一个传感器对象，它提供了关于传感器事件的信息。一个传感器事件包含以下信息：原始传感器数据、这类传感器产生的事件、数据的准确性和事件的时间戳。

SensorEventListener：在 Android 应用程序中使用传感器要依赖于 android. hardware. SensorEventListener 接口，通过该接口可以监听传感器的各种事件。你能使用这个接口来创建两个回调方法，当传感器的值改变或者当传感器精度改变的时候，它接收通知（传感器事件）。SensorEventListener 接口的代码如下：

```
package android. hardware;
public interface SensorEventListener
{
public void onSensorChanged(SensorEvent event);
public void onAccuracyChanged(Sensor sensor, int accuracy);
}
```

在 SensorEventListener 接口中定义了两个方法：onSensorChanged 和 onAccuracyChanged。当传感器的值发生变化时，例如磁阻传感器的方向改变时会调用 onSensorChanged 方法。当传感器的精度变化时会调用 onAccuracyChanged 方法。

onSensorChanged 方法只有一个 SensorEvent 类型的参数 event，其中 SensorEvent 类有一个 values 变量非常重要，该变量的类型是 float []。但该变量最多只有 3 个元素，而且根据传感器的不同，values 变量中元素所代表的含义也不同。

在一个典型的应用程序中，你使用这些传感器相关的 API 来执行两个基本任务：

（1）识别传感器和传感器的性能；

（2）检测传感器事件。

2. 识别传感器和传感器的性能

如果你的应用程序有功能依赖于指定类型的传感器和功能，在运行时识别传感器类型和传感器功能方面是非常有用的。例如，你可能想识别设备上可用的所有传感器和禁用所有依赖不存在传感器的应用程序功能。同样，你可能想识别一个指定类型的所有传感器，所以你能选择这个传感器来为你的应用程序实现最佳的性能。

Android 传感器框架提供了许多方法，使得设备运行的时候在确定设备上有哪些传感器方面变得更加容易。这个 API 也提供了方法，让你确定传感器的性能，例如它的大小范围，它的分辨率和它要求的电力。

为了识别在设备上的传感器，首先需要获取传感器服务的索引。为此，需要通过调用 getSystemService（）方法并传递 SENSOR ＿ SERVICE 参数，创建 SensorManager 类的一个实例。例如：

```
private SensorManager mSensorManager;
...
mSensorManager = (SensorManager) getSystemService(Context.SENSOR＿SERVICE);
```

下一步，通过调用 getSensorList（）方法，并使用 TYPE＿ALL 常量获取设备上所有传感器列表。例如：

```
List<Sensor> deviceSensors = mSensorManager.getSensorList(Sensor.TYPE＿ALL);
```

如果你想列出一个指定类型的所有传感器，则应该使用其他常量替代 TYPE＿ALL，例如 TYPE＿GYROSCOPE，TYPE＿LINEAR＿ACCELERATION，或者 TYPE＿GRAVITY。

你也可以通过调用 getDefaultSensor（）方法并传递指定传感器的类型常量，来确定在设备上一个指定类型的传感器是否存在。如果设备上有超过一个指定类型的传感器，其中的一个传感器必须被指定为默认的传感器。如果一个指定类型的传感器默认不存在，这个方法返回 null，这意味着设备没有这个类型的传感器。例如，下面的代码用来检测在设备上是否有一个磁场计：

```
private SensorManager mSensorManager;
...
mSensorManager = (SensorManager) getSystemService(Context.SENSOR＿SERVICE);
if (mSensorManager.getDefaultSensor(Sensor.TYPE＿MAGNETIC＿FIELD) ！= null){
    // Success! There's a magnetometer.}
else { // Failure! No magnetometer. }
```

注意：Android 没有要求设备制造商向它们的 Android 设备内嵌所有类型的传感器，所以设备会有一个广泛的传感器配置。

除了列出设备上的传感器之外，使用 Sensor 类的公共方法还可以用来检测传感器的性能和属性，尤其是需要设备上可用的不同的传感器或者不同的传感器性能，有不同的行为时，非常有用。例如，你可以使用 getResolution（）和 getMaximumRange（）方法类获取传感器的测量的分辨率和大小范围，也可以使用 getPower（）方法类获取传感器的电力需求。

如果想针对不同厂商的传感器或者不同版本的传感器，优化应用程序，这两个公共方法非常有用。例如，如果应用程序需要检测用户的手势，例如震动和倾斜，那么就应该创建一个数据过滤规则集合，针对最新的有指定厂商的重力传感器的设备优化；其他的数据过滤规则，针对没有重力传感器和仅有一个加速度计的设备优化。下面的代码示例展示了如何使用 getVendor（）和 getVersion（）方法来实现。在这个示例中，现查找了一个 Google Inc 为厂商的 3 个版本的重力传感器。如果指定的传感器在设备上不存在，尝试使用加速度计。

```
private SensorManager mSensorManager;
private Sensor mSensor;
……
mSensorManager = (SensorManager) getSystemService(Context.SENSOR_SERVICE);
if (mSensorManager.getDefaultSensor(Sensor.TYPE_GRAVITY) != null){
  List<Sensor> gravSensors = mSensorManager.getSensorList(Sensor.TYPE_GRAVITY);
  for(int i=0; i<gravSensors.size(); i++) {
    if ((gravSensors.get(i).getVendor().contains("Google Inc.")) &&
      (gravSensors.get(i).getVersion() == 3)){ // Use the version 3 gravity sensor.
      mSensor = gravSensors.get(i);
    }
  }
}
else{ // Use the accelerometer.
if (mSensorManager.getDefaultSensor(Sensor.TYPE_ACCELEROMETER) != null)
{
    mSensor = mSensorManager.getDefaultSensor(Sensor.TYPE_ACCELEROMETER);
}
else{    // Sorry, there are no accelerometers on your device.
  // You cant play this game.
  }
}
```

另一个有用的方法是 getMinDelay（）方法，它返回传感器用来检测数据的最小时间戳（以微秒）。任何 getMinDelay（）方法返回非零数值的传感器都是一个流式传感器。流式传感器定期检测数据，并在 Andriod2.3（API Level 9）中被介绍。如果当你调用 getMinDelay（）方法时传感器返回 0，它意味着传感器不是一个流式传感器，因为它仅仅当感应的参数改变的时候报告数据。

getMinDelay（）方法是非常有用的，因为它让你确定了传感器获取数据的最小速率。如果在应用程序中的某一个功能需要高数据的获取率或者一个流式传感器，便可以使用这个方法来确定是否这个传感器满足这些要求，然后相应地启动或禁止应用程序的相关功能。

注意：传感器的最大数据获取率并不一定是这个传感器框架给应用程序发送传感器数据的速率。传感器框架通过传感器事件报告数据，并且多个因素影响你的应用程序获取传感器事件的速率。

示例，获取手机传感器清单：

1）创建一个项目 HelloSensor，主 Activity 名字叫 mainActivity.java。

2）UI 布局文件 main.xml 的内容如下：

XML/HTML 代码

```
<? xml version="1.0" encoding="utf-8"? >
<linearlayout xmlns: android="http: //bucea.android.com/apk/res/android">
```

```
<textview android：text="" android：id="@+id/TextView01">
</textview></linearlayout>
```

3）mainActivity.java 的内容如下：

Java 核心代码：

```java
public class MainActivity extends Activity {
@Override
public void onCreate(Bundle savedInstanceState) {
super.onCreate(savedInstanceState);
setContentView(R.layout.main);        //准备显示信息的 UI 组件
final TextView tx1 = (TextView) findViewById(R.id.TextView01);
//从系统服务中获得传感器管理器
SensorManager sm = (SensorManager)getSystemService(Context.SENSOR_SERVICE);
//从传感器管理器中获得全部的传感器列表
List<sensor> allSensors = sm.getSensorList(Sensor.TYPE_ALL);        //显示有多少个传感器
tx1.setText("经检测该手机有" + allSensors.size() + "个传感器，他们分别是：\n");
//显示每个传感器的具体信息
for (Sensor s : allSensors) {   String tempString = "\n" + "设备名称：" + s.getName() + "\n" + " 设备版本：" + s.getVersion() + "\n" + " 供应商：" + s.getVendor() + "\n";
switch (s.getType()) {
    case Sensor.TYPE_ACCELEROMETER：    tx1.setText(tx1.getText().toString() + s.getType() + "加速度传感器 accelerometer" + tempString);
break;
……
    default：
    tx1.setText(tx1.getText().toString() + s.getType() + "未知传感器" + tempString);
    break;   }
      }
   }
}</sensor>
```

4）连接真机，编译并运行程序，显示结果如图 8-2 所示：

图 8-2　Android 手机传感器列表

5）结合上面的程序我们做一些解释。

（1）Android 所有的传感器都归传感器管理器 SensorManager 管理，获取传感器管理器的方法很简单：

```
String service_name = Context.SENSOR_SERVICE;
SensorManager sensorManager = (SensorManager)getSystemService(service_name);
```

（2）现阶段 Android 支持的传感器有 8 种，见表 8-1：

现阶段 Andriod 支持的类型　　　　　　　　　　表 8-1

传感器类型常量	内部整数值	中文名称
Sensor. TYPE_ACCELEROMETER	1	加速度传感器
Sensor. TYPE_MAGNETIC_FIELD	2	磁力传感器
Sensor. TYPE_ORIENTATION	3	方向传感器
Sensor. TYPE_GYROSCOPE	4	陀螺仪传感器
Sensor. TYPE_LIGHT	5	环境光照传感器
Sensor. TYPE_PRESSURE	6	压力传感器
Sensor. TYPE_TEMPERATURE	7	温度传感器
Sensor. TYPE_PROXIMITY	8	距离传感器

（3）从传感器管理器中获取其中某个或者某些传感器的方法有如下三种：

第一种：获取某种传感器的默认传感器

```
Sensor defaultGyroscope = sensorManager.getDefaultSensor(Sensor.TYPE_GYROSCOPE);
```

第二种：获取某种传感器的列表

```
List<Sensor> pressureSensors = sensorManager.getSensorList(Sensor.TYPE_PRESSURE);
```

第三种：获取所有传感器的列表，我们这个例子就用的第三种

```
List<Sensor> allSensors = sensorManager.getSensorList(Sensor.TYPE_ALL);
```

（4）对于某一个传感器，它的一些具体信息的获取方法可以见表 8-2：

获取某个传感器具体信息的方法　　　　　　　　表 8-2

方　　法	描　　述
getMaximumRange()	最大取值范围
getName()	设备名称
getPower()	功率
getResolution()	精度
getType()	传感器类型
getVentor()	设备供应商
getVersion()	设备版本号

3. 监测传感器事件

检测传感器事件是用来告诉用户如何获取原始传感器数据。传感器事件每次发生的时候，传感器便可以检测到它测量参数的改变。传感器事件会提供四个方面的信息：触发这个事件的传感器的名称、事件的时间戳、事件的精准度和触发事件的原始传感器数据。

为了监测原始数据，需要实现两个通过 SensorEventListener 接口定义的回调方法：

传感器精度的变化：在这种情况下系统调用 onAccuracyChanged()方法，会提供改变了的新传感器精度的 Sensor 对象引用。精度通过四个状态常量代表：SENSOR_STA-TUS_ACCURACY_LOW、SENSOR_STATUS_ACCURACY_MEDIUM、SEN-SOR_STATUS_ACCURACY_HIGH，或者 SENSOR_STATUS_UNRELIABLE。

传感器报告一个新的值：在这种情况下系统调用 onSensorChanged()方法，向你提供了一个 SensorEvent 对象，一个 SensorEvent 对象包含关于新的传感器数据的信息，包括：数据的精度、传感器产生的数据、数据产生的时间戳和传感器记录的新的数据。

下面的代码展示了如何使用 onSensorChanged()方法来从一个光线传感器监测数据。这个例子在一个在 main. xml 文件中以 sensor_data 被定义的 TextView 中，显示了原始的数据。

```
public class SensorActivity extends Activity implements SensorEventListener {
private SensorManager mSensorManager;        private Sensor mLight;
@Override
public final void onCreate(Bundle savedInstanceState) {
  super. onCreate(savedInstanceState);        setContentView(R. layout. main);
  mSensorManager = (SensorManager) getSystemService(Context. SENSOR_SERVICE);
  mLight = mSensorManager. getDefaultSensor(Sensor. TYPE_LIGHT); }
@Override
public final void onAccuracyChanged(Sensor sensor, int accuracy) {}
@Override
public final void onSensorChanged(SensorEvent event) { float lux = event. values[0];    }
@Override
protected void onResume() {    super. onResume();
mSensorManager. registerListener(this, mLight, SensorManager. SENSOR_DELAY_NORMAL);}
@Override
protected void onPause() { super. onPause();
  mSensorManager. unregisterListener(this); }
}
```

在这个例子中，当 registerListener () 方法被调用的时候，默认的数据延迟（SEN-SOR_DELAY_NORMAL）会被指定。数据延迟（或者取样率）控制着通过 onSensor-Changed () 回调方法向应用程序发送传感器事件的时间间隔。默认的数据延迟为 2000000μs（微秒），适合检测标准的屏幕方向变化，当然可以自定义其他的数据延迟，例如 SENSOR_DELAY_GAME（20000μs 延迟）、SENSOR_DELAY_UI（60000μs 延迟），或者 SENSOR_DELAY_FASTEST（0μs 延迟）。在 Android3. 0（API Level 11）中还可以指定以一个绝对的数值（以微秒）来表示延迟。

上述指定的延迟仅仅是一个建议延迟，Android 系统以及其他应用系统可以改变这个延迟。最好的方法是指定可以指定的最大延迟，因为系统通常会使用一个比所指定的小的延迟（即，你应该选择最慢的采样率，但是仍然满足你的应用程序的需求），使用更大的延迟在处理器上强加更小的负载，因此耗能更低。

因为并没有公共的方法来测定传感器框架向应用程序发送传感器事件的速率，故而需要使用时间戳，它和每个传感器事件在若干个事件基础上计算的采样速率相关。一旦设置了它，便不能改变采样速率（延迟）。如果由于一些原因，必须改变延迟，则需要注销并重新注册传感器监听器。

注意：使用 onResume() 和 onPause() 回调方法来注册和注销传感器事件监听器，最好是在不需要的时候禁用传感器，否则可能在短短几个小时之内耗尽电池，因为一些传感器有很大的功率要求，会很快用完电池。一般来说，当屏幕关闭的时候系统将会自动禁用传感器。

4. 处理不同的传感器配置

Android 没有为设备指定一个标准的传感器配置，这意味着设备厂商可以将任何它们想要的传感器配置安装到他们的 Android 设备，这就会造成一个结果：设备包含了在大范围配置的各种传感器。例如，Motorola Xoom 有一个压力传感器，但是 Samsung Nexus S 没有。同样，Xoom 和 Nexus S 有陀螺仪，但是 HTC Nexus One 没有。如果应用程序依赖于一个指定类型的传感器，必须确保这个传感器在设备上存在，以保证应用程序能成功运行。你有两个选择来确保一个给定的传感器在设备上存在：在运行时检测传感器，并酌情启动或禁用应用程序的功能，使用 Google Play 过滤器来规定指定传感器配置的设备。

1）在运行时检测传感器

如果应用程序使用一个指定的传感器，但并不依赖它，便能使用传感器框架在运行时检测传感器，然后酌情禁用和启动应用程序功能。例如，一个导航应用程序可能使用温度传感器、压力传感器、GPS 传感器和磁场传感器来显示温度、气压、位置和罗盘方位。如果设备没有一个压力传感器，你能使用传感器框架在运行时检测压力传感器的存在，然后应用程序显示压力的 UI 的部分会无法显示。如下代码显示检查设备上是否有一个压力传感器：

```java
[java] view plain copy
private SensorManager mSensorManager;
    …
    mSensorManager = (SensorManager) getSystemService(Context. SENSOR _ SERVICE);
    if (mSensorManager. getDefaultSensor(Sensor. TYPE _ PRESSURE) ! = null)
    {    // Success! There's a pressure sensor.    }
    else {    // Failure! No pressure sensor. }
```

2）使用 Google Play 过滤器来指定特定的传感器配置：

如果在 Google Play 中发布应用程序，需要在清单文件中使用＜uses－feature＞元素来过滤没有应用程序相应的传感器配置的设备。＜uses－feature＞元素有多个硬件描述符，让你基于是否存在指定的传感器来过滤应用程序。传感器包括：加速度、气压、罗盘（磁场）、陀螺仪、光线。下面是一个示例清单实例，来过滤没有加速度传感器的应用程序。

```html
[html] view plain copy
<uses - feature android: name = " android. hardware. sensor. accelerometer"
                android: required = " true" />
```

如果向清单文件中添加这个元素和描述符，仅仅他们的设备有加速度传感器的用户能在 Google Play 中看见你的应用程序。仅仅当应用程序彻底依赖一个特定的传感器的时候，应该设置这个描述符为 android：required＝"true"。如果应用程序的一些功能使用一个传感器，没有传感器仍然可以运行，应该在＜uses－feature＞元素中列出这个传感器，但是要设置这个描述符为 android：required＝"false"。即使硬件没有这个特定的传感器，进行这个更改后可以确保设备能安装应用。这也是一个项目管理的最佳实践，帮助应用程序使用相关的特性。

注意：如果应用程序使用一个特定的传感器，但是没有它仍然可以运行，那么应该在运行时检测这个传感器，并且酌情启动或禁用应用程序的功能。

5. 注意事项

当设计传感器实现的时候，确保遵守这个章节下面讨论的准则，这些准则是为任何使用传感器框架访问并获取传感器数据的读者推荐的最佳实践。

1）注销传感器监听器

当完成使用传感器的事情或者当传感器 activity pause 的时候，确保注销传感器监听器。如果一个传感器的监听器被注册并且它的 activity 被 pause，这个传感器将继续获取数据并且使用电池资源，除非你注销这个传感器。下面的代码展示了如何使用 onPause（）方法来注销和注册一个监听器：

```
private SensorManager mSensorManager;
  ...
@Override
protected void onPause() {
  super.onPause();
  mSensorManager.unregisterListener(this);
}
```

2）测试你的代码

使用传感器模拟器来模拟传感器输出，但是传感器模拟器和真实的物理设备不完全相同，因此有必要在物理设备上测试传感器代码。

3）不要阻塞 onSensorChanged()方法

传感器数据可以高速地变化，故而系统可能会频繁地调用 onSensorChanged（SensorEvent）方法。实际设计时，应该尽可能少的在 onSensorChanged（SensorEvent）方法中做事情，以防止阻塞它。如果应用程序要求做任何数据过滤或者减少传感器数据，你应该在 onSensorChanged（SensorEvent）方法外执行这个工作。

4）避免使用过时的方法或者传感器类型

很多方法和常量已经被弃用，尤其，TYPE＿ORIENTATION 传感器类型已经被弃用。为了获取方向数据应该使用 getOrientation()方法替代。同样，应该在运行 Andorid4.0 的设备上使用 TYPE＿AMBIENT＿TEMPERATURE 类型来替代已经被弃用的 TYPE＿TEMPERATURE 传感器类型。

5）在使用传感器之前验证传感器

在尝试从传感器获取数据之前，总是验证一个传感器在设备上是否存在。不要因为它是一个常用的传感器而简单假设传感器存在。设备厂商没有被要求在它们的设备上提供任何指定的传感器。

6）细选择传感器延迟

当你使用 registerListener()方法中注册一个传感器的时候，确保选择一个适合应用程序的分发率，这样传感器能非常高速提供数据并且允许系统发送额外的不需要浪费系统资源并使用电池的数据以便控制电量。

8.2 传感器控制技术

8.2.1 加速度传感器

加速度传感器又叫 G—sensor，返回 x、y、z 三轴的加速度数值。该数值包含地心引力的影响，单位是 m/s^2。

将手机平放在桌面上，x 轴默认为 0，y 轴默认 0，z 轴默认 9.81；将手机朝下放在桌面上，z 轴为 -9.81；将手机向左倾斜，x 轴为正值；将手机向右倾斜，x 轴为负值；将手机向上倾斜，y 轴为负值；将手机向下倾斜，y 轴为正值。

加速度传感器可能是最为成熟的一种 mems 产品，市场上的加速度传感器种类很多。手机中常用的加速度传感器有 BOSCH（博世）的 BMA 系列、AMK 的 897X 系列、ST 的 LIS3X 系列等。这些传感器一般提供 $\pm$2G 至 $\pm$16G 的加速度测量范围，采用 I2C 或 SPI 接口和 MCU 相连，数据精度小于 16bit。

加速传感器在 SensorEvent 类中的 values 变量的 3 个元素值分别表示 x、y、z 轴的加速值。例如，水平放在桌面上的手机从左侧向右侧移动，values［0］为负值；从右向左移动，values［0］为正值。要想使用相应的传感器，仅实现 SensorEventListener 接口是不够的，还需要使用下面的代码来注册相应的传感器。

```
//获得传感器管理器
SensorManager sm = (SensorManager) getSystemService(SENSOR_SERVICE);
//注册方向传感器
sm.registerListener (this, sm.getDefaultSensor (Sensor.TYPE_ORIENTATION), SensorManager.SENSOR_DELAY_FASTEST);
```

如果想注册其他的传感器，可以改变 getDefaultSensor 方法的第 1 个参数值，例如，注册加速传感器可以使用 Sensor.TYPE_ACCELEROMETER。在 Sensor 类中还定义了很多传感器常量，但要根据手机中实际的硬件配置来注册传感器。如果手机中没有相应的传感器硬件，就算注册了相应的传感器也不起任何作用。getDefaultSensor 方法的第 2 个参数表示获得传感器数据的速度。SensorManager.SENSOR_DELAY_FASTEST 表示尽可能快地获得传感器数据。除了该值以外，还可以设置 3 个获得传感器数据的速度值，这些值如下：

```
SensorManager.SENSOR_DELAY_NORMAL：//默认的获得传感器数据的速度。
SensorManager.SENSOR_DELAY_GAME：//如果利用传感器开发游戏，建议使用该值。
SensorManager.SENSOR_DELAY_UI：//如果使用传感器更新 UI 中的数据，建议使用该值。
```

8.2.2 陀螺仪传感器

陀螺仪传感器叫作 Gyro-sensor，返回 x、y、z 三轴的角加速度数据，角加速度的单位是 radians/second，根据 Nexus S 手机实测：

水平逆时针旋转，z 轴为正；

水平逆时针旋转，z 轴为负；

向左旋转，y 轴为负；

向右旋转，y 轴为正；

向上旋转，x 轴为负；

向下旋转，x 轴为正。

ST 的 L3G 系列的陀螺仪传感器是目前比较流行的传感器，iphone4 和 google 的 nexus s 中都是用的是该种传感器。

陀螺仪传感器的类型常量是 Sensor. TYPE＿GYROSCOPE。陀螺仪传感器在 SensorEvent 类中的 values 数组的三个元素表示的含义如下：

values[0]：沿 x 轴旋转的角速度。

values[1]：沿 y 轴旋转的角速度。

values[2]：沿 z 轴旋转的角速度。

当手机逆时针旋转时，角速度为正值，顺时针旋转时，角速度为负值。陀螺仪传感器经常被用来计算手机已转动的角度，代码如下：

```
private static final float NS2S = 1.0f / 1000000000.0f;
private float timestamp;
public void onSensorChanged(SensorEvent event)
{
if (timestamp! = 0)
{
// event. timesamp 表示当前的时间，单位是纳秒(一百万分之一毫秒)
final float dT = (event. timestamp - timestamp) * NS2S;
angle[0] + = event. values[0] * dT;
angle[1] + = event. values[1] * dT;
angle[2] + = event. values[2] * dT;
}
timestamp = event. timestamp;
}
```

上面代码中通过陀螺仪传感器相邻两次获得数据的时间差（dT）来分别计算在这段时间内手机延 x、y、z 轴旋转的角度，并将值分别累加到 angle 数组的不同元素上。

8.2.3　重力感应传感器

重力感应传感器简称 GV-sensor，可以输出重力数据。在地球上，重力数值为 9.8，单位是 m/s^2。坐标系统与加速度传感器的坐标系统相同。当设备复位时，重力传感器的输出与加速度传感器的输出是相同的。

1. 接口相关定义

重力感应传感器的类型常量是 Sensor. TYPE＿GRAVITY。重力传感器与加速度传感器使用同一套坐标系。在 SensorEvent 类中 values 变量中三个元素分别表示了 x、y、z 轴的重力大小。Android SDK 定义了一些常量，用于表示星系中行星、卫星和太阳表面的重力。

```
public static final float GRAVITY _ SUN = 275.0f;
public static final float GRAVITY _ MERCURY = 3.70f;
public static final float GRAVITY _ VENUS = 8.87f;
public static final float GRAVITY _ EARTH = 9.80665f;
public static final float GRAVITY _ MOON = 1.6f;
…  …
public static final float GRAVITY _ DEATH _ STAR _ I = 0.000000353036145f;
public static final float GRAVITY _ THE _ ISLAND = 4.815162342f;
```

2. 手机翻转静音

与手机来电一样,手机翻转状态(重力感应)也由系统服务提供。重力感应服务(android. hardware. SensorManager 对象)可以通过如下代码获得:

```
SensorManager sensorManager
= (SensorManager)getSystemService(Context. SENSOR _ SERVICE);
```

本例需要在模拟器上模拟重力感应,因此,在本例中使用 SensorSimulator 中的一个类(SensorManagerSimulator)来获得重力感应服务,这个类封装了 SensorManager 对象,并负责与服务端进行通信,监听重力感应事件需要一个实现 SensorListener 接口的监听器,并通过该接口的 onSensorChanged 事件方法获得重力感应数据。

本例核心的代码如下:

```
public class Main extends Activity implements SensorListener
{
private TextView tvSensorState;
private SensorManagerSimulator sensorManager;
@Override
public void onAccuracyChanged(int sensor, int accuracy)
{
}
@Override
public void onSensorChanged(int sensor, float[] values)
{
switch (sensor)
{
case SensorManager. SENSOR _ ORIENTATION:
//获得声音服务
AudioManager audioManager = (AudioManager)
getSystemService(Context. AUDIO _ SERVICE);
//在这里规定翻转角度小于-120度时静音,values[2]表示翻转角度,也可以设置其他角度
if (values[2] < -120)
{
audioManager. setRingerMode(AudioManager. RINGER _ MODE _ SILENT);
}
else
```

```
{
audioManager. setRingerMode(AudioManager. RINGER _ MODE _ NORMAL);
}
tvSensorState. setText("角度: " + String. valueOf(values[2]));
break;
}
}
@Override
protected void onResume()
{
//注册重力感应监听事件
sensorManager. registerListener(this, SensorManager. SENSOR _ ORIENTATION);
super. onResume();
}
@Override
protected void onStop()
{
//取消对重力感应的监听
sensorManager. unregisterListener(this);
super. onStop();
}
@Override
public void onCreate(Bundle savedInstanceState)
{
super. onCreate(savedInstanceState);
setContentView(R. layout. main);
//通过 SensorManagerSimulator 对象获得重力感应服务
sensorManager = (SensorManagerSimulator) SensorManagerSimulator
. getSystemService(this, Context. SENSOR _ SERVICE);
//连接到服务端程序(必须执行下面的代码)
sensorManager. connectSimulator();
}
}
```

8.2.4 方向传感器

方向传感器简称为 O-sensor，返回三轴的角度数据、方向数据的单位是角度。为了得到精确的角度数据，E-compass 需要获取 G-sensor 的数据，经过计算生产 O-sensor 数据，否则只能获取水平方向的角度。

方向传感器提供三个数据，分别为 azimuth、pitch 和 roll。

azimuth：方位，返回水平时磁北极和 y 轴的夹角，范围为 0°至 360°。0°＝北，90°＝东，180°＝南，270°＝西。

pitch：x 轴和水平面的夹角，范围为 −180°至 180°。

当 z 轴向 y 轴转动时，角度为正值。

roll：y 轴和水平面的夹角，由于历史原因，范围为 $-90°$ 至 $90°$。

当 x 轴向 z 轴移动时，角度为正值。

电子罗盘在获取高精度的准确数据之前需要进行校准工作，通常可用 8 字校准法。8 字校准法要求用户使用需要校准的设备在空中或者是地面做 8 字晃动，原则上尽量多地让设备法线方向指向空间的所有 8 个象限。

手机中使用的电子罗盘芯片有 AKM 公司的 897X 系列，ST 公司的 LSM 系列以及雅马哈公司等等。由于需要读取 G-sensor 数据并计算出 M-sensor 和 O-sensor 数据，因此厂商一般会提供一个后台 daemon 来完成工作，电子罗盘算法一般是公司私有产权。

方向传感器在 SensorEvent 类中 values 变量的 3 个值都表示度数，它们的含义如下：

values[0]：该值表示方位，也就是手机绕着 z 轴旋转的角度。0 表示北（North）；90 表示东（East）；180 表示南（South）；270 表示西（West）。如果 values[0] 的值正好是这 4 个值，并且手机是水平放置，表示手机的正前方就是这 4 个方向。可以利用这个特性来实现电子罗盘。

values[1]：该值表示倾斜度，或手机翘起的程度。当手机绕着 x 轴倾斜时该值发生变化，values[1] 的取值范围是 $-180 \leqslant$ values[1] $\leqslant 180$。假设将手机屏幕朝上水平放在桌子上，这时如果桌子是完全水平的，values[1] 的值应该是 0（由于很少有桌子是绝对水平的，因此，该值很少为 0，但一般都是 -5 和 5 之间的某个值）。这时从手机顶部开始抬起，直到将手机沿 x 轴旋转 180 度（屏幕向下水平放在桌面上）。在这个旋转过程中，values[1] 会在 0 到 -180 之间变化，也就是说，从手机顶部抬起时，values[1] 的值会逐渐变小，直到等于 -180。如果从手机底部开始抬起，直到将手机沿 x 轴旋转 180 度，这时 values[1] 会在 0 到 180 之间变化。也就是 values[1] 的值会逐渐增大，直到等于 180。可以利用 values[1] 和下面要介绍的 values[2] 来测量桌子等物体的倾斜度。

values[2]：表示手机沿着 y 轴的滚动角度。取值范围是 $-90 \leqslant$ values[2] $\leqslant 90$。假设将手机屏幕朝上水平放在桌面上，这时如果桌面是平的，values[2] 的值应为 0。将手机左侧逐渐抬起时，values[2] 的值逐渐变小，直到手机垂直于桌面放置，这时 values[2] 的值是 -90。将手机右侧逐渐抬起时，values[2] 的值逐渐增大，直到手机垂直于桌面放置，这时 values[2] 的值是 90。在垂直位置时继续向右或向左滚动，values[2] 的值会继续在 -90 至 90 之间变化。

8.2.5 指南针传感器

指南针传感器也称为磁力传感器，简称为 M-sensor，返回 x、y、z 三轴的环境磁场数据。该数值的单位是微特斯拉（micro-Tesla），用 μT 表示。单位也可以是高斯（Gauss），1Tesla＝10000Gauss。硬件上一般没有独立的磁力传感器，磁力数据由电子罗盘传感器提供（E－compass）。电子罗盘传感器同时提供下文的方向传感器数据。

开发指南针的思路比较简单：程序先准备一张指南针图片，该图片向上方向的指针指向北方，接下来开发一个检测方向的传感器，程序检测到手机顶部绕 z 轴转过多少度，让指南针图片反向转过多少度即可。

核心示例代码如下：

```java
public class Compass extends Activity implements SensorEventListener
{
        ImageView znzImage;  // 定义显示指南针的图片
        float currentDegree = 0f;  //记录指南针图片转过的角度
        PrivateSensorManager mSensorManager;  // 定义真机的 Sensor 管理器
    @Override
    public void onCreate(Bundle savedInstanceState)
    {
        super.onCreate(savedInstanceState);
        setContentView(R.layout.main);  //获取界面中显示指南针的图片
        znzImage = (ImageView)findViewById(R.id.znzImage);
        //获取真机的传感器管理服务
        mSensorManager = (SensorManager)getSystemService(SENSOR_SERVICE);
    }
    @Override
    protected void onResume()
    {super.onResume();  //为系统的方向传感器注册监听器
        mSensorManager.registerListener(this,
            mSensorManager.getDefaultSensor(Sensor.TYPE_ORIENTATION),
            SensorManager.SENSOR_DELAY_GAME);
    }
    @Override
    public void onSensorChanged(SensorEvent event)
    {
        //真机上获取触发 event 的传感器类型
        int sensorType = event.sensor.getType();
        switch (sensorType)
        {
            case Sensor.TYPE_ORIENTATION:
            float degree = event.values[0];  // 获取绕 Z 轴转过的角度。
        RotateAnimation ra = new RotateAnimation(currentDegree,
            -degree, Animation.RELATIVE_TO_SELF, 0.5f,
        Animation.RELATIVE_TO_SELF, 0.5f);  // 创建旋转动画(反向转过 degree 度)
        ra.setDuration(200);  //设置动画的持续时间
        znzImage.startAnimation(ra);  // 运行动画
        currentDegree = -degree;
            break;
        }
    }
}
```

8.2.6 水平仪传感器

开发水平仪相对来说也是比较简单的，就是按照坐标设置一个范围，气泡在中间位置时为水平状态，当气泡发生移动的时候，按照角度来计算偏移值，将移动后的值显示出来。

示例核心代码如下：

```
public class Gradienter extends Activity implements SensorEventListener
{
    MyView show; //定义水平仪的仪表盘
    //定义水平仪能处理的最大倾斜角，超过该角度，气泡将直接在位于边界。
    int MAX_ANGLE = 30;
    //定义模拟器的 Sensor 管理器
    SensorManagerSimulator mSensorManager;
    @Override
    public void onCreate(Bundle savedInstanceState)
    {
        super.onCreate(savedInstanceState);
        setContentView(R.layout.main);
        //获取水平仪的主组件
        show = (MyView) findViewById(R.id.show);
        //获取真机的传感器管理服务
        // mSensorManager = (SensorManager)getSystemService(SENSOR_SERVICE);
        //获取传感器模拟器的传感器管理服务
        mSensorManager = SensorManagerSimulator.getSystemService(this,
            SENSOR_SERVICE);
        //连接传感器模拟器
        mSensorManager.connectSimulator();
    }
    @Override
    public void onResume()
    {
        super.onResume();
        //为系统的方向传感器注册监听器
        mSensorManager.registerListener(this,
            mSensorManager.getDefaultSensor(Sensor.TYPE_ORIENTATION),
            SensorManager.SENSOR_DELAY_GAME);
    }
    @Override
    public void onSensorChanged(SensorEvent event)
    {
        float[] values = event.values;
        // //真机上获取触发 event 的传感器类型
        // int sensorType = event.sensor.getType();
        //模拟器上获取触发 event 的传感器类型
        int sensorType = event.type;
```

```
switch (sensorType)
{
    case Sensor.TYPE_ORIENTATION:
        //获取与 y 轴的夹角
        float yAngle = values[1];
        //获取与 z 轴的夹角
        float zAngle = values[2];
        //气泡位于中间时(水平仪完全水平),气泡的 x、y 坐标
        int x = (show.back.getWidth() - show.bubble.getWidth()) / 2;
        int y = (show.back.getHeight() - show.bubble.getHeight()) / 2;
        //如果与 z 轴的倾斜角还在最大角度之内
        if (Math.abs(zAngle) <= MAX_ANGLE)
        {
        // 根据与 z 轴的倾斜角度计算 x 坐标的变化值(倾斜角度越大,x 坐标变化越大)
        int deltax = (int)((show.back.getWidth() - show.bubble
                .getWidth()) / 2 * zAngle / MAX_ANGLE);
            x += deltax;
        }
        //如果与 z 轴的倾斜角已经大于 MAX_ANGLE,气泡应到最左边
        else if (zAngle > MAX_ANGLE){x = 0;}
        //如果与 z 轴的倾斜角已经小于负的 MAX_ANGLE,气泡到最右边
        else{
        x = show.back.getWidth() - show.bubble.getWidth();}
        //如果与 y 轴的倾斜角还在最大角度之内
        if (Math.abs(yAngle) <= MAX_ANGLE)
        {//根据与 y 轴的倾斜角度计算 y 坐标的变化值(倾斜角度越大,y 坐标变化越大)
        int deltay = (int)((show.back.getHeight() - show.bubble
                .getHeight()) / 2 * yAngle / MAX_ANGLE);
            y += deltay;
        }
        //如果与 y 轴的倾斜角已经大于 MAX_ANGLE,气泡应到最下边
        else if (yAngle > MAX_ANGLE)
        {y = show.back.getHeight() - show.bubble.getHeight();}
        //如果与 y 轴的倾斜角已经小于负的 MAX_ANGLE,气泡到最右边
        else
        {y = 0;}
        // 如果计算出来的 x、y 坐标位于水平仪的仪表盘内,更新气泡坐标
        if (isContain(x, y))
        {
            show.bubblex = x;
            show.bubbley = y;
        }
        //通知系统重回 MyView 组件
```

```java
                show. postInvalidate();
                break;
            }
    }
    //计算 x、y 点的气泡是否处于水平仪的仪表盘内
    private boolean isContain(int x, int y)
    {
        //计算气泡的圆心坐标 x、y
        int bubbleCx = x + show. bubble. getWidth() / 2;
        int bubbleCy = y + show. bubble. getWidth() / 2;
        //计算水平仪仪表盘的圆心坐标 x、y
        int backCx = show. back. getWidth() / 2;
        int backCy = show. back. getWidth() / 2;
        //计算气泡的圆心与水平仪仪表盘的圆心之间的距离。
        double distance = Math. sqrt((bubbleCx - backCx) * (bubbleCx - backCx)
            + (bubbleCy - backCy) * (bubbleCy - backCy));
        //若两个圆心的距离小于它们的半径差，即可认为处于该点的气泡依然位于仪表盘内
        if (distance < (show. back. getWidth() - show. bubble. getWidth()) / 2)
        {
            return true;
        }
        else
        {
            return false;
        }
    }
}
```

MyView. java

```java
public class MyView extends View
{
    //定义水平仪仪表盘图片
    Bitmap back;
    //定义水平仪中的气泡图标
    Bitmap bubble;
    //定义水平仪中气泡 的 x、y 坐标
    int bubblex, bubbley;
    public MyView(Context context, AttributeSet attrs)
    {
        super(context, attrs);
        //加载水平仪图片和气泡图片
        back = BitmapFactory. decodeResource(getResources()
            , R. drawable. back);
        bubble = BitmapFactory
```

```
            . decodeResource(getResources(), R. drawable. bubble);
    }
    @Override
    protected void onDraw(Canvas canvas)
    {
        super. onDraw(canvas);
        //绘制水平仪表盘图片
        canvas. drawBitmap(back, 0, 0, null);
        //根据气泡坐标绘制气泡
        canvas. drawBitmap(bubble, bubbleX, bubbleY, null);
    }
}
```

8.2.7 其他传感器

1. 线性加速度传感器

线性加速度传感器简称 LA-sensor。线性加速度传感器是加速度传感器减去重力影响获取的数据。单位是 m/s^2，坐标系统与加速度传感器相同。

加速度传感器、重力传感器和线性加速度传感器的计算公式如下：

$$加速度 = 重力 + 线性加速度$$

2. 压力传感器

压力传感器的功能是返回当前的压强，单位是百帕斯卡 hectopascal（hPa）。

3. 温度传感器

温度传感器是用来返回当前温度数据的。

4. 接近传感器

接近传感器用来检测物体与手机的距离，单位是厘米。一般的接近传感器就只能返回远和近两种状态，因此，接近传感器将最大距离返回远状态，小于最大距离返回近状态。接近传感器可用于接听电话时自动关闭 LCD 屏幕以节省电量。有些芯片还集成了接近传感器和光线传感器两者功能。

5. 旋转矢量传感器

旋转矢量传感器简称 RV-sensor，旋转矢量代表的是设备的方向，是一个将坐标轴和角度混合计算所得到的数据。

RV-sensor 会输出三个数据：x * sin（theta/2）、y * sin（theta/2）、z * sin（theta/2）；sin（theta/2）是 RV 的数量级，RV 的方向与轴旋转的方向相同，RV 的三个数值，与 cos（theta/2）组成一个四元组，RV 的数据没有单位，使用的坐标系与加速度相同。

举例：

```
sensors _ event _ t. data[0] = x * sin(theta/2)
sensors _ event _ t. data[1] = y * sin(theta/2)
sensors _ event _ t. data[2] = z * sin(theta/2)
sensors _ event _ t. data[3] = cos(theta/2)
```

GV、LA 和 RV 的数值没有物理传感器可以直接给出，需要 G-sensor、O-sensor 和 Gyro-sensor 经过算法计算后得出，算法一般是传感器公司的私有产权，不予透露。

虽然 AndroidSDK 定义了十多种传感器，但并不是每一部手机都完全支持这些传感器。例如，Google Nexus S 支持其中的 9 种传感器（不支持压力和温度传感器），而 HTC G7 只支持其中的 5 种传感器。如果在使用了不支持的某些传感器的手机，一般不会抛出异常，但也无法获得传感器传回的数据，在使用传感器时最好先判断当前的手机是否支持所使用的传感器。

8.3 Android 网络通信

Android 的应用层采用的是 Java 语言，所以 JAVA 支持的网络编程方式 Android 都支持；同时，Android 还引入了 Apache 的 HTTP 扩展包。另外，针对 WIFI、NFC 分别提供单独开发的 API。表 8-3 列出了 Android SDK 中的一些与网络通信相关的 API 包。

展示了 Android SDK 中的一些与网络有关的 API 包		表 8-3
包	描 述	API Level
Java. net	提供与联网有关的类，包括流和数据包（datagram）sockets、Internet 协议和常见 HTTP 处理。该包是一个多功能网络资源。有经验的 Java 开发人员可以立即使用这个熟悉的包创建应用程序	1
java. io	虽然没有提供显式的联网功能，但是仍然非常重要。该包中的类由其他 Java 包中提供的 socket 和连接使用。它们还用于与本地文件（在与网络进行交互时会经常出现）的交互	1
java. nio	包含表示特定数据类型的缓冲区的类。适合用于两个基于 Java 语言的端点之间的通信	1
org. apache. *	表示许多为 HTTP 通信提供精确控制和功能的包。可以将 Apache 视为流行的开源 Web 服务器	1
android. net	除核心 java. net. * 类以外，包含额外的网络访问 socket。该包包括 URI 类，后者频繁用于 Android 应用程序开发，而不仅仅是传统的联网方面	1
android. net. http	包含处理 SSL 证书的类	1
android. net. wifi	包含在 Android 平台上管理有关 WiFi（802. 11 无线 Ethernet）所有方面的类	1
android. telephony. gsm	包含用于管理和发送 SMS（文本）消息的类。一段时间后，可能会引入额外的包来为非 GSM 网络提供类似的功能，比如 CDMA 或 android. telephony. cdma 等网络	1
Android. net. sip	包含 Android 平台上管理有关 SIP 协议，如建立和回应 Voip 的类	9
Android. nfc	包含所有用来管理近场通信相关的功能类	9

在 Android 中几种网络编程的方式，包括：
（1）针对 TCP/IP 的 Socket、ServerSocket；
（2）针对 UDP 的 DatagramSocket、DatagramPackage。这里需要注意的是，考虑到

Android 设备通常是手持终端，IP 都是随着上网进行分配的，不是固定的。因此开发也与普通互联网应用有所差异；

（3）针对直接 URL 的 HttpURLConnection；

（4）Android 集成了 Apache HTTP 客户端，可使用 HTTP 进行网络编程。针对HTTP，Android 集成了 Appache Http core 和 httpclient 4 版本；因此，特别注意 Android 不支持 httpclient 3. x 系列，而且目前并不支持 Multipart （MIME），需要自行添加 httpmime. jar；

（5）使用 Web Service；Android 可以通过开源包如 jackson 去支持 Xmlrpc 和 Jsonrpc，也可以用 Ksoap2 去实现 Webservice；

（6）直接使用 WebView 视图组件显示网页。基于 WebView 进行开发，Android 已经提供了一个基于 chrome-lite 的 Web 浏览器，直接就可以进行上网浏览网页。

基于 TCP/IP，采用 Socket 和 ServerSocket 是最基础的网络通信方式，其是其他类型通信方式的基础。本书仅以该方式为例，构建通络通信案例。

java. net. * 提供与联网有关的类，包括流、数据包套接字（socket）、Internet 协议、常见 Http 处理等。比如：创建 URL 以及 URLConnection/HttpURLConnection 对象、设置链接参数、链接到服务器、向服务器写数据、从服务器读取数据等通信。这些在 Java 网络编程中均有涉及，下述为一个简单的 socket 编程，实现服务器回发客户端信息。

服务器端为简单的 Socket 服务器，其代码如下：

```java
1.  public class Server implements Runnable{
2.      @Override
3.      public void run() {
4.          Socket socket = null;
5.          try {
6.              ServerSocket server = new ServerSocket(10000);
7.              while(true){
8.                  System.out.println("启动服务器...");
9.                  //阻塞等待接收请求
10.                 socket = server.accept();
11.                 System.out.println("接收到客户端请求...");
12.                 //接收客户端消息
13.                 BufferedReader in = new BufferedReader(new InputStreamReader
    (socket.getInputStream()));
14.                 String message = in.readLine();
15.                 //将接收到的客户端消息，加入 "Server： " 后反馈给客户端
16.                 PrintWriter out = new PrintWriter(new BufferedWriter(new Out
    putStreamWriter(socket.getOutputStream())),true);
17.                 out.println("Server:" + message);
18.                 //关闭流
```

```
19.              in.close();
20.              out.close();
21.          }
22.      } catch (IOException e) {
23.          e.printStackTrace();
24.      }finally {
25.          if (null != socket){
26.              try {
27.                  socket.close();
28.              } catch (IOException e) {
29.                  e.printStackTrace();
30.              }
31.          }
32.      }
33.
34.  }
35.  //服务器 main 函数
36.  public static void main(String[] args){
37.      Thread server = new Thread(new Server());
38.      server.start();
39.  }
40. }
```

客户端为简单的 Socket 客户端，其代码如下：

```
1.  ublic class MainActivity extends Activity {
2.      private EditText editText;
3.      private Button button;
4.      @Override
5.      public void onCreate(Bundle savedInstanceState) {
6.          super.onCreate(savedInstanceState);
7.          setContentView(R.layout.main);
8.
9.          editText = (EditText)findViewById(R.id.editText1);
10.         button = (Button)findViewById(R.id.button1);
11.
12.         button.setOnClickListener(new OnClickListener() {
13.             @Override
14.             public void onClick(View v) {
15.                 Socket socket = null;
```

```
16.                    String message = editText.getText().toString()+ "\r\n" ;
17.            try {
18.                    socket = new Socket("10.0.2.2",10000);
19.                    PrintWriter out = new PrintWriter(new BufferedWriter(new
    OutputStreamWriter (socket.getOutputStream())),true );
20.                    // 将在 EditText 控件中输入的信息发送给服务器
21.                    out.println(message);
22.
23.                    // 阻塞等待服务器端反馈的数据
24.                    BufferedReader in = new BufferedReader(new InputStreamRe
    ader(socket.getInputStream()));
25.                    String msg = in.readLine();
26.                    if (null != msg){
27.                        editText.setText(msg);
28.                        System.out.println(msg);
29.                    }
30.                    else {
31.                        editText.setText("接收数据错误。");
32.                    }
33.                    out.close();
34.                    in.close();
35.            } catch (UnknownHostException e) {
36.                    e.printStackTrace();
37.            } catch (IOException e) {
38.                    e.printStackTrace();
39.            }
40.            finally {
41.                try {
42.                    if (null != socket){
43.                        socket.close();
44.                    }
45.                } catch (IOException e) {
46.                    e.printStackTrace();
47.                }
48.            }
49.        }
50.    });
51.    }
52. }
```

客户端的布局代码如下：

```
1.  <?xml version="1.0" encoding="utf-8"?>
2.  <LinearLayout xmlns:android="http://schemas.android.com/apk/res/android"
3.      android:orientation="vertical" android:layout_width="fill_parent"
4.      android:layout_height="fill_parent">
5.
6.      <EditText android:layout_width="match_parent" android:id="@+id/editText1"
7.          android:layout_height="wrap_content"
8.          android:hint="input the message and click the send button"
9.          ></EditText>
10.     <Button android:text="send" android:id="@+id/button1"
11.         android:layout_width="fill_parent" android:layout_height="wrap_content"></Button>
12. </LinearLayout>
```

由于 Android 客户端涉及网络接口应用，其还需要加入访问网络的权限：

＜uses-permission android：name＝" android. permission. INTERNET"＞＜/uses-permission＞

最终，启动服务器端，而后启动客户端；客户端的界面如下：

服务器端在控制台输出的内容如下：

> 启动服务器 ...
> 接收到客户端请求 ...

200

第 9 章　移动 GIS 开发接口

编程接口，简称 API（Application Programming Interface），是指软件系统不同组成部分衔接的约定。接口开发就是利用编程接口从设计模块功能到实现到应用的过程。简单地说就是在现有软件上进行定制修改，功能扩展，达到自己想要的功能，一般来说无法改变原有系统的内核。

9.1　天地图

"天地图"是一款由国家测绘局监制、国家基础地理信息中心管理、天地图有限公司运营的，可以向社会公众提供权威、可信、统一的在线地图服务及地理信息相关服务的网站，是中国区域内基础地理信息数据资源最全的、中国自主的互联网地图服务网站，是"数字中国"的重要组成部分。

9.1.1　"天地图"集成的数据内容

作为我国地理信息公共服务的主要服务平台，"天地图"是测绘部门正全力建设的"数字中国"的重要内容，目的是为用户提供全国地理信息的"一站式"协同服务。

"天地图"集成了海量基础地理信息资源，总数据量约 30TB，处理后的电子地图总瓦片数近 30 亿，主要包括有全球范围的 1∶100 万矢量地形数据、250m 分辨率卫星遥感影像、全国范围的 1∶25 万公众版地图数据、导航电子地图数据、15m 分辨率卫星遥感影像、2.5m 分辨率卫星遥感影像，全国 319 个地级以上城市和 10 个县级市建成区的 0.6m 分辨率遥感影像，部分城市热点三维街景数据等等。

在我国范围内"天地图"的数据尤为详尽，覆盖的范围从宏观中国全境到微观县市乃至乡镇、村庄，数据内容多种多样，有不同详细程度的交通、水系、境界、政区、居民地、地名等矢量数据以及不同分辨率的地表卫星影像数据等。其中，矢量数据是"天地图"数据资源的主体，主要来源是国家测绘局和我国导航电子地图数据公司；各类地名和兴趣点（POI）有 1100 多万条（其中，住宿 POI 有 12 万条、餐饮 POI 有 42 万条、零售机构 POI 有 89 万条、政府机关 POI 有 35 万条、银行 POI 有 27 万条），可用于路径规划的道路总里程达到 224 万公里。地表卫星影像数据主要来源是通过商业合作方式，使用了来自不同公司的卫星影像数据和航空影像数据。

此外，"天地图"还集成整合了全国测绘部门的各级各类地理信息与地图服务内容，实现了全国测绘部门地理信息的"一站式"服务。用户还可通过"天地图"直接访问全国测绘成果目录服务系统、相关专题地理信息服务网站以及全国省级互联网地理信息服务网站。

9.1.2 "天地图"的服务功能

"天地图"以门户网站和服务接口两种形式，24小时不间断地提供"一站式"地图服务。面向公众地理位置查询、出行、旅游、教育学习等方面的需求，门户网站具备二维与三维地图浏览、地名分类搜索定位、距离和面积量算、兴趣点标注、驾车路线规划、中英文地名切换、屏幕截图打印等多种功能。服务接口包括10类标准服务接口以及1000多个应用程序编程接口，利用上述标准服务接口，所有单位和个人都可以调用"天地图"的地理信息服务，并利用编程接口将"天地图"的服务资源嵌入到已有系统中或重新搭建一个新的基于"天地图"的地理信息相关的应用平台。

在建设基于地理位置的政务信息系统或专题应用系统中，各级政府部门、有关单位可充分利用"天地图"提供的丰富地理信息资源和开发接口，整合、管理和发布本部门或本单位的相关信息，避免地理信息数据重复采集；相关企业还可以利用"天地图"直接构建自己的业务应用系统或进行增值开发，推出更多的社会化地理信息服务产品，满足经济社会各方面的需求；社会公众可以通过"天地图"获得多尺度、多类型的地理信息，了解地理环境，规划旅游出行，制作个性地图，方便学习和生活。

以旅游出行为例，简要说明如何使用"天地图"的有关功能。假如用户在深圳的同学想携家人来北京旅游，希望能帮他安排酒店和旅游路线，可以利用"天地图"的搜索功能，在西直门附近搜索一家酒店住宿，这里离公交站点、地铁口较近，方便出行，然后利用标注功能，在地图上标注所有了解到的关于该酒店的相关信息，再利用"天地图"的距离量算工具，可以测得从酒店到鸟巢、故宫等旅游景点的距离，然后利用路径规划功能，选择一条适合的出行路线，同时可以利用查询功能把酒店和景点周边的公交站点、地铁口、餐饮店等信息也一起标注在地图上。最后采取截图的方式，将以上信息全部保存下来以便使用。此外，"天地图"还有一个很大的特色，就是城市0.6米分辨率遥感影像，其中房屋树木清晰可见。因此，用户可以将鸟巢、故宫等景点的高分辨率影像一并截图下载，一起发给远在广州的同学。

9.1.3 天地图移动API（Android）V2.0版使用说明

1. 介绍

天地图移动API（Android）V2.0版（以下简称天地图移动API）是一套基于Android2.2及以上版本设备的应用程序接口，以jar包的形式提供各种地图及地理信息服务和数据，如地图展示、标注、定位等等。使用天地图移动API开发包可以轻松地构建各类功能丰富、交互性强的地图应用程序。

2. 使用要求

天地图移动API需要在不低于Android2.2版本的系统上使用，设备必须可以连接网络才可以正常使用。

3. 使用步骤

1）首先登录"天地图"的官网（http：//api.tianditu.com/api-new/home.html），即国家地理信息公共服务平台"天地图"，进入官网下载移动Andriod开发所需要的开发包，下载的开发包是jar文件和lib文件。

2）下载好安装包后，将 API 文件 tiandituapi. jar 拷贝到工程根目录下，并在工程属性－>Java Build Path－>Libraries 中选择"Add External JARs"，tiandituapi. jar，确定后返回，这样您就可以在您的程序中使用 API 了。

3）需要在 Manifest 中添加如下访问权限：

<uses－permission　android：name="android. permission. ACCESS ＿ NETWORK ＿ STATE">
</uses－permission>
<uses－permission　android：name="android. permission. ACCESS ＿ WIFI ＿ STATE">
</uses－permission>
<uses－permission　android：name="android. permission. INTERNET">
</uses－permission>
<uses－permission　android：name="android. permission. CALL ＿ PHONE">
</uses－permission>
<uses－permission　android：name="android. permission. ACCESS ＿ COARSE ＿ LOCATION">
</uses－permission>
<uses－permission　android：name="android. permission. READ ＿ PHONE ＿ STATE">
</uses－permission>
<uses－permission　android：name="android. permission. WRITE ＿ EXTERNAL ＿ STORAGE">
</uses－permission>

4）让创建的地图 Activity 继承 com. tianditu. android. maps. MapActivity，并 import 相关类。

5）在布局 xml 文件中添加地图显示组件，并把布局文件选到 Activity 中显示。

<com. tianditu. android. maps. MapView android：id="@ + id/main ＿ mapview"
android：layout ＿ width="fill ＿ parent" android：layout ＿ height="fill ＿ parent"/>

6）在 Activity 中初始化地图，在 Activity 的 onCreate（）接口中添加以下代码：

MapView mMapView = （MapView） findViewById（R. id. bmapsView）；//设置启用内置缩放控件

mMapView. setBuiltInZoomControls （true）；//得到 mMap-View 的控制权，可以用它控制和驱动平移和缩放

MapController mMapController = mMap-View. getController ()；//用给定的经纬度构造一个 Geo-Point，单位是微度（度 * 1E6）

GeoPoint point = new GeoPoint （(int)(39. 915 * 1E6)，(int)(116. 404 * 1E6)）；//设置地图中心点

mMapController. setCenter （point）；//设置地图 zoom 级别

mMapController. setZoom （12）；

显示结果如右图：

9. 2　百度地图

百度地图是百度公司提供的一项基于网络地图的

搜索服务，覆盖了国内近 400 个城市、数千个区县。在百度地图里，用户可以查询街道、商场、楼盘的地理位置，也可以找到离您最近的所有餐馆、学校、银行、公园等等。百度地图不仅提供了丰富的公交换乘、驾车导航的查询功能，还可以提供最适合的路线规划。不仅知道要找的地点在哪，还可以知道如何前往。同时，百度地图还提供了完备的地图功能（如搜索提示、视野内检索、全屏、测距等），便于更好地使用地图，便捷地找到所求。藏南地区、阿克赛钦地区所处原因而不能查询。

9.2.1 百度地图的 API 的申请和使用

在使用百度地图之前，我们必须去申请一个百度地图的 API key（下面以 Eclipse 软件开发作为演示），每个 Key 仅且唯一对于 1 个应用验证有效，多个应用（包括多个开发包名）需申请多个 Key，或者对 1 个 Key 进行多次配置。

key 的申请地址为 http：//lbsyun. baidu. com/apiconsole/key，登录百度账号后点击创建应用，如下图

安全码由数字签名加项目包名构成，安全码填写规范（例子）：

78：3F：85：7C：78：E7：FD：9F：8E：73……．；com．lijizhou．baidumap01（注意中间需要用分号去连接）。

我们知道我们开发的 Android 程序是需要给他签名的，如果没有签名是不允许被安装到手机或者模拟器的，那么你就会有疑问，我平常开发的应用确实没签名，怎么能在模拟器或者手机上直接运行呢，其实 ADT 会自动的使用 debug 密钥为应用程序签名，当然你也可以自己创建一个属于你自己的密钥，直接用 Eclipse 可视化创建。

数字签名的获取：打开 Eclispe，点击菜单项 Window＞Preferences＞android＞Build

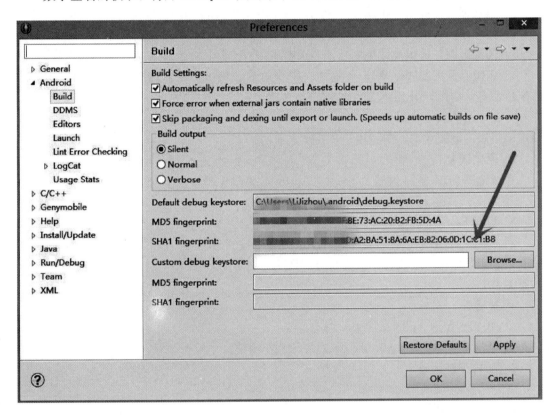

点击提交，那一长串就是开发需要的 KEY。

应用编号	应用名称	访问应用（AK）	应用类别	备注信息（双击更改）	应用配置
6536026	Map	b74qt7nQKCxB92vO4cu9GHTR	Android端		设置 删除

9.2.2 百度地图的 SDK 的简介

1. 什么是百度地图 Android SDK

百度地图 Android SDK 是一套基于 Android 2.1（v1.3.5 及以前版本支持 android 1.5 以上系统）及以上版本设备的应用程序接口，您可以通过该接口实现丰富的 LBS 功能：

☆ 地图展示：包括 2D 图、卫星图、3D 图地图展示；

☆ 地图操作：提供平移、缩放、双指手势操作、底图旋转等地图相关操作；

☆ 地图搜索：提供根据关键字进行范围检索、城市检索和周边检索。且支持 LBS 云检索用户自有数据；

☆ 详情查询：提供餐饮类的 POI 的详细信息查看（Place 详情）；

☆ 线路规划：提供公交、驾车和步行三种类型，多种方案（最快捷、少换乘、少步行）的线路规划；

☆ 地理编码：提供地址信息与坐标之间的相互转换；

☆ 位置标注：提供一个或多个 POI 位置标注，且支持用户自定义图标；

☆ 实时路况：提供城市实时交通路况信息图；

☆ 离线地图：提供离线地图功能，可节省用户流量；

☆ 定位：采用 GPS、WIFI、基站、IP 混合定位模式，请使用 Android 定位 SDK 获取定位信息，使用地图 SDK 定位图层进行位置展示。

百度地图 Android SDK 从 2.0.0 版本开始采用的是矢量版的地图，开发者如果需要使用栅格版的地图数据，请使用 1.3.5 及之前的版本。

2. 面向读者

百度地图 SDK 是提供给具有一定 Android 编程经验和了解面向对象概念的读者使用。

3. 获取 Key

用户在使用 SDK 之前需要获取百度地图移动版 API Key，该 Key 与你的百度账户相关联，您必须先有百度账号，才能获得 API Key。并且，该 Key 与您引用 API 的程序名称有关。

4. 兼容性

a. V2.0.0 支持 Android 2.1 及以上系统。

b. V1.3.5 及以前版本支持 Android 1.5 及以上系统。

5. SDK 下载地址

开发需要的 SDK 下载地址：

http：//developer. baidu. com/map/index. php？ title＝androidsdk/sdkandev-download

9.2.3　百度地图初始化的代码配置流程

要在 Android 应用中使用百度地图 API，就需要在工程中引用百度地图 API 开发包，下载地址 http：//developer. baidu. com/map/sdkandev-download. htm，下载 Android SDKv2.1.3 lib 库。

（1）在 Android 项目中引用百度地图，新建 Android 项目 BaiduMapDemo，然后将百度地图 API 库加入工程，如右图

（2）在布局文件中添加百度地图控件

```
▲ ⬢ BaiduMapDemo
  ▲ ⊞ src
    ▲ ⊞ com.example.baidumapdemo
      ▷ ⬚ MainActivity.java
  ▷ ⬚ gen [Generated Java Files]
  ▷ ⬛ Android 4.2
  ▷ ⬛ Android Dependencies
  ▷ ⬛ Referenced Libraries
    ⬢ assets
  ▷ ⬢ bin
  ▲ ⬢ libs
    ▲ ⬚ armeabi
        ⬚ libBaiduMapSDK_v2_1_3.so
        ⬚ libBaiduMapVOS_v2_1_3.so
      ⬚ android-support-v4.jar
      ⬚ baidumapapi_v2_1_3.jar
  ▷ ⬢ res
    ⬚ AndroidManifest.xml
    ⬚ ic_launcher-web.png
```

```
<? xml version = "1.0" encoding = "utf - 8"? >
<LinearLayout xmlns: android = "http: //bucea. android. com/apk/res/android"
    android: layout _ width = "fill _ parent"
   android: layout _ height = "fill _ parent"
android: orientation = "vertical" >
    <com. baidu. mapapi. map. MapView
        android: id = "@ + id/bmapView"
        android: layout _ width = "fill _ parent"
        android: layout _ height = "fill _ parent"
        android: clickable = "true" />
</LinearLayout>
```

（3）Activity 界面核心代码

```
package com. example. baidumapdemo;
import android. app. Activity;
import android. graphics. Bitmap;
import android. os. Bundle;
import android. widget. Toast;
import com. baidu. mapapi. BMapManager;
import com. baidu. mapapi. MKGeneralListener;
import com. baidu. mapapi. map. MKEvent;
import com. baidu. mapapi. map. MKMapViewListener;
import com. baidu. mapapi. map. MapController;
import com. baidu. mapapi. map. MapPoi;
import com. baidu. mapapi. map. MapView;
import com. baidu. platform. comapi. basestruct. GeoPoint;
public class MainActivity extends Activity {
    private Toast mToast;
    private BMapManager mBMapManager;
    /* MapView 是地图主控件 */
    private MapView mMapView = null;
    /* 用 MapController 完成地图控制 */
    private MapController mMapController = null;
    /* MKMapViewListener 用于处理地图事件回调 */
    MKMapViewListener mMapListener = null;
    @Override
protected void onCreate (Bundle savedInstanceState) {
    super. onCreate (savedInstanceState);
    //使用地图 sdk 前需先初始化 BMapManager，这个必须在 setContentView () 先初始化
    mBMapManager = new BMapManager (this);
    //第一个参数是 API key,
    //第二个参数是常用事件监听，用来处理通常的网络错误，授权验证错误等，你也可以不添加
这个回调接口
        mBMapManager. init ("7ae13368159d6a513eaa7a17b9413b4b", new MKGeneralListener () {
```

```java
//授权错误的时候调用的回调函数
@Override
public void onGetPermissionState（int iError）{
    if（iError == MKEvent.ERROR_PERMISSION_DENIED）{
        showToast（"API KEY 错误, 请检查! "）;}
}
//一些网络状态的错误处理回调函数
@Override
public void onGetNetworkState（int iError）{
    if（iError == MKEvent.ERROR_NETWORK_CONNECT）{
        Toast.makeText（getApplication（），"您的网络出错啦! "，Toast.LENGTH_
LONG）.show（);}
    }
});
setContentView（R.layout.activity_main）;
mMapView = （MapView）findViewById（R.id.bmapView）;
//获取地图控制器
mMapController = mMapView.getController（）;
//设置地图是否响应点击事件
mMapController.enableClick（true）;
//设置地图缩放级别
mMapController.setZoom（12）;
//显示内置缩放控件
mMapView.setBuiltInZoomControls（true）;
//保存精度和纬度的类
GeoPoint p = new GeoPoint（（int）（39°54′27 * 1E6），（int）（116°23′17 * 1E6））;
//设置 p 地方为中心点
mMapController.setCenter（p）;
mMapView.regMapViewListener（mBMapManager, new MKMapViewListener（）
{
    //地图移动完成时会回调此接口方法
    @Override
    public void onMapMoveFinish（）{showToast（"地图移动完毕! "）;}
    //地图加载完毕回调此接口方法
    @Override
    public void onMapLoadFinish（）{showToast（"地图载入完毕! "）;}
    //地图完成带动画的操作（如: animationTo（）) 后, 此回调被触发
    @Override
    public void onMapAnimationFinish（）{}
    //当调用过 mMapView.getCurrentMap（）后, 此回调会被触发可在此保存截图至存储
设备
    @Override
    public void onGetCurrentMap（Bitmap arg0）{}
```

208

```
        //点击地图上被标记的点回调此方法
        @Override
        public void onClickMapPoi (MapPoi arg0) {
            if (arg0 ! = null) {showToast (arg0. strText);}
        }
    });
}
@Override
protected void onResume () {
    //MapView 的生命周期与 Activity 同步，当 activity 挂起时需调用 MapView. onPause ()
    mMapView. onResume ();
    super. onResume ();
}
@Override
protected void onPause () {
    //MapView 的生命周期与 Activity 同步，当 activity 挂起时需调用 MapView. onPause ()
    mMapView. onPause ();
    super. onPause ();
}
@Override
protected void onDestroy () {
    //MapView 的生命周期与 Activity 同步，当 activity 销毁时需调用 MapView. destroy ()
    mMapView. destroy ();
    //退出应用调用 BMapManager 的 destroy () 方法
    if (mBMapManager ! = null) {
        mBMapManager. destroy ();
        mBMapManager = null;
    }
    super. onDestroy ();
}


//显示 Toast 消息
// @param msg
private void showToast (String msg) {
        if (mToast = = null) {
    mToast = Toast. makeText (this, msg, Toast. LENGTH _ SHORT);    }
    else {mToast. setText (msg);
            mToast. setDuration (Toast. LENGTH _ SHORT);}
    mToast. show ();}
}
```

（4）相关的代码说明

①BMapManager 是地图的引擎类，必须在 setContentView 方法执行之前被实例化，我们需要使用其方法 init（String strKey，MKGeneralListener listener）来加入 API key，

MKGeneralListener 接口返回网络状态，授权验证等结果，我们需要实现该接口以处理相应事件。

②MapView 就是我们的地图控件，MapView 和 Activity 有同步的生命周期，例如 onResume（），onPause（），onRestoreInstanceState（Bundle state），destroy（）等，我们可以通过 getController（）方法获取地图控制器 MapController，这个对象可用于控制和驱动平移和缩放等。

③MapView 有两个接口可以注册，分别是 MKMapTouchListener（地图点击事件监听器），MKMapViewListener（地图监听器）上面的 Demo 我给 MapView 注册了 MKMapViewListener

（5）在程序运行之前，还必须加入相对应的权限

<uses - permission android：name ="android. permission. ACCESS _ NETWORK _ STATE" />

<uses - permission android：name ="android. permission. ACCESS _ FINE _ LOCATION" />

<uses - permission android：name ="android. permission. INTERNET" />

<uses - permission
android：name ="android. permission. WRITE _ EXTERNAL _ STORAGE" />

<uses - permission android：name ="android. permission. ACCESS _ WIFI _ STATE" />

<uses - permission android：name ="android. permission. CHANGE _ WIFI _ STATE" />

<uses - permission android：name ="android. permission. READ _ PHONE _ STATE" />

（6）运行结果，如下图

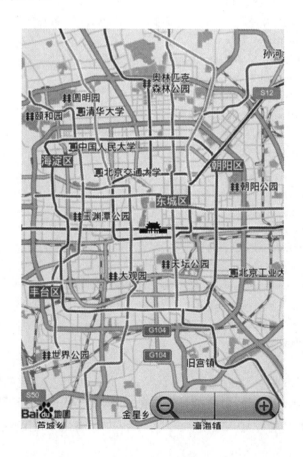

9.3 高德地图

9.3.1 高德地图及高德地图 Andriod API 简介

高德地图是国内一流的免费地图导航产品，也是基于位置的生活服务功能最全面、信息最丰富的手机地图之一，由国内最大的电子地图、导航和 LBS 服务解决方案提供商高德软件提供。高德地图采用先进的技术为用户打造了最好用的"活地图"，不管在哪、去哪、找哪、怎么去、想干什么，一图在手，统统搞定，省电省流量更省钱，堪称最完美的生活出行软件。高德地图拥有专业的地图导航，数据覆盖中国大陆及中国香港和澳门地区，遍及 337 个地级 2857 个县级以上行政区划单位；而且还支持 GPS、基站、网络等多种方式一键定位，并且拥有十分全面的生活信息，美食、酒店、演出、商场等各种深度 POI 点达 2600 多万条，衣食住行吃喝玩乐全方位海量生活信息可供搜索查询；而且它还是智能的出行指南，可以自动生成"最短"、"最快"、"最省钱"等多种路线规划以供选择，可根据实时路况选择最优公交/驾车出行路线。

高德地图 Android API 版是一套基于 Android 1.6 及以上设备的应用程序开发接口，通过该开发接口，用户可以轻松进行高德地图服务和数据访问，构建功能丰富、交互性强的地图应用程序。高德地图 Android API 不仅包含构建地图的基本接口，还提供了诸如矢量地图、栅格地图、地图定位（GPS、基站、WiFi）、本地搜索、路线规划等数据服务，用户可以根据自己的需要进行选择。

9.3.2 高德地图 Andriod API 开发环境的搭建

基于高德地图 Andriod API 的开发，首先需要申请高德地图的一个 key，只有有了这个 key 才能将我们的开发的高德地图应用起来。

1. 申请 key

申请高德地图的 key，一般需要在官网中进行，打开官网 http：//lbs.amap.com，注册高德地图 API 的账号，注册成功后便会得到提示你已成为一个开发者，成为开发者之后便可以获取一个 key，具体的详细步骤如下：

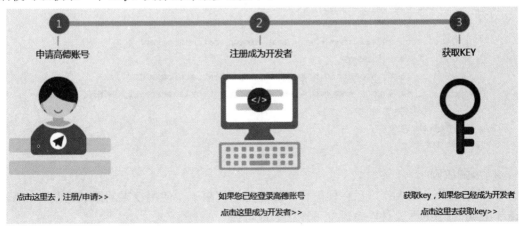

2. 下载并安装开发包

我们要进行高德地图的基于 Andriod 的移动端的二次开发，就需要下载包含开发所用的接口的开发包，在配置工程里查看下载选项，下载所需要的开发包。

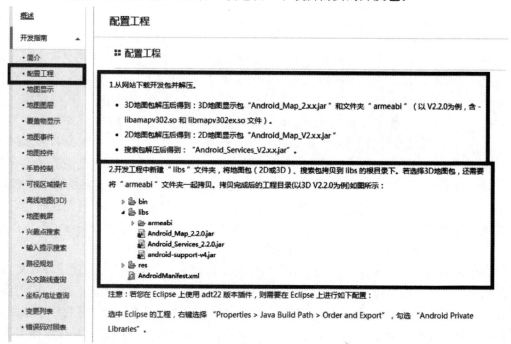

创建工程，将从网站下载的安装包都添加到工程中去。

3. 添加用户 key

安装包添加成功后，接着便是要添加用户的 key，在工程的"AndriodManifest. xml"文件中。

```
<application
        android:icon="@drawable/icon"
        android:label="@string/app_name" >
        <meta-data
          android:name="com.amap.api.v2.apikey"
          android:value="请输入您的用户Key"/>

        <activity android:name="com.amap.demo.LocationManager" >
          <intent-filter>
            <action android:name="android.intent.action.MAIN" />
            <category android:name="android.intent.category.LAUNCHER" />
          </intent-filter>
        </activity>
</application>
```

4. 添加权限

在添加完用户的 key 之后，便需要添加使用的权限了。使用权限的添加还是在"AndriodManifest. xml"文件中，添加下述代码即可：

```
<uses-permission android:name="android.permission.INTERNET" />
<uses-permission android:name="android.permission.WRITE_EXTERNAL_STORAGE" />
<uses-permission android:name="android.permission.ACCESS_COARSE_LOCATION" />
<uses-permission android:name="android.permission.ACCESS_NETWORK_STATE" />
<uses-permission android:name="android.permission.ACCESS_FINE_LOCATION" />
<uses-permission android:name="android.permission.READ_PHONE_STATE" />
<uses-permission android:name="android.permission.CHANGE_WIFI_STATE" />
<uses-permission android:name="android.permission.ACCESS_WIFI_STATE" />
<uses-permission android:name="android.permission.CHANGE_CONFIGURATION" />
<uses-permission android:name="android.permission.WRITE_SETTINGS" />
```

权限添加完成后就表示已经将高德地图 Android API 库文件引入工程中了，接下来就可以在程序中使用高德地图 API 了，到此高德地图 Andriod API 的开发环境便搭建完成了。

9.3.3 高德地图初始化示例

高德地图的初始化指的就是地图的显示，分为栅格地图的显示和矢量地图的显示两个部分，此处只介绍这两个部分，后续的定位等功能可以自行查找代码实现。

1. 栅格地图的显示

栅格地图的显示需要调用到 MapActivity 类，它是一个抽象的类，任何想要显示 MapView 的 activity 都需要派生自 MapActivity。并且在其派生类的 onCreate（）中，都要创建一个 MapView 实例。

示例代码如下：

```
[mw_shl_code=java, true] public class GridMapView extends MapActivity {
private MapView mMapView;
private MapController mMapController;
private GeoPoint point;
@Override
//显示栅格地图，启用内置缩放控件，用 MapController 控制地图中心点及 Zoom 级别
protected void onCreate (Bundle savedInstanceState) {
// TODO Auto-generated method stub
super.onCreate (savedInstanceState);
setContentView (R.layout.mapview); //布局文件夹 res/layout/mapview.xml 文件。
mMapView = (MapView) findViewById (R.id.mapView);
mMapView.setBuiltInZoomControls (true); //设置启用内置的缩放控件
//得到 mMapView 的控制权，可以用它控制和驱动平移和缩放
mMapController = mMapView.getController ();
//用给定的经纬度构造一个 GeoPoint，单位是微度（度 * 1E6）
point = new GeoPoint ( (int) (39.982378 * 1E6), (int) (116.304923 * 1E6));
mMapController.setCenter (point); //设置地图中心点
mMapController.setZoom (12); //设置地图 zoom 级别
}}
[/mw_shl_code]
```

在布局文件夹 res/layout/mapview.xml 文件中添加地图控件代码如下：

`[mw_shl_code=java, true]`

```
xmlns：autonavi = http：//bucea.android.com/apk/res/com.AMap
androidrientation = "vertical" android：layout_width = "fill_parent"
android：layout_height = "fill_parent">
android：layout_width = "fill_parent" android：layout_height = "fill_parent"
android：clickable = "true"
/>
```

[/mw_shl_code]

代码编辑及其他文件设置完成后，便可以调试运行，查看最终的栅格地图显示的效果图了，栅格地图显示的效果图如下：

2. 矢量地图的显示

矢量地图的显示不同于栅格地图，但也只是部分不相同，大体的功能还是相同的。下面介绍矢量地图的显示：

首先将 libminimapv320.so 复制到工程目录下的 libs/armeabi 下，目录的结构树图如下：

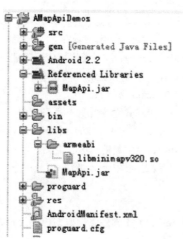

接着便可以进行代码的编辑了，示例代码如下：

设置 onCreate（）函数：

```
@override
protected void onCreate（Bundle savedInstanceState）{
        super.onCreate（savedInstanceState）;
        setContentView（R.layout.vmapview）;
        mMapView = （MapView）findViewById（R.id.vmapView）;
        mMapView.setVectorMap（true）; //设置地图为矢量模式
        mMapView.setBuiltInZoomControls（true）;    //设置启用内置的缩放控件
    //得到 mMapView 的控制权，可以用它控制和驱动平移和缩放
        mMapController = mMapView.getController（）;
        //用给定的经纬度构造一个 GeoPoint，单位是微度（度 * 1E6）
        point = new GeoPoint（（int）(39.90923 * 1E6),（int）(116.397428 * 1E6)）;
        mMapController.setCenter（point）;    //设置地图中心点
        mMapController.setZoom（12）;        //设置地图 zoom 级别
}
```

效果图如下：

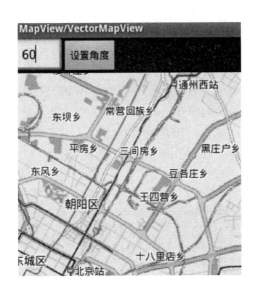

9.4 ArcGIS SDK

9.4.1 ArcGIS Runtime SDK 概述

1. 简介

ArcGIS Runtime SDK 是一整套针对桌面的 .Net、Java、OSX 以及跨平台的 QT 来构建原生及跨平台地图类相关应用程序的开发包，包括移动设备的 Android、iOS、Windows Phone。这所有的 API 基于一个共同的 C＋＋内核，并在不同平台上做了相应的封装，使得它在多平台下的接口风格和编程模型大致相同。当我们在一个平台上学会了对应 sdk 的开发流程，在我们比较熟的其他平台上也可以很快地将知识结构平移过去，快速地

适应新平台的开发工作。

2. ArcGIS Runtime SDKs

相信大部分人对 ArcGIS Runtime SDKs 这个名称并不生疏，它实际上是包含了一系列的 SDKs，方便用来开发应用于桌面或移动设备的应用程序。在 10.2.2 之前的版本中，ArcGIS Runtime SDKs 包括 ArcGIS Runtime SDK for Android、iOS、Windows Phone、Windows Mobile、JavaSE、QT、OS X、Windows Store 及 WPF 共 9 种。

2014 年 3 月 10 号，正式发布了 Runtime SDK 的部分 10.2.2 版本，我们也初步窥见了 10.2.2 Runtime SDK 的新成员。在 10.2.2 的版本中，Esri 对 Runtime SDKs 进行了重新整合，合并或重新设计了一些 SDK。

从下表中可以看出，Esri 是计划将原来的 Runtime SDK for Windows Phone、Windows Store 以及 WPF 这 3 大 SDK 整合成一个，他们都是基于 .NET 技术，开发应用于 Windows 平台上的应用，不过可能由于 WPF SDK 的技术架构有些特别，整合的工作量比较大，因此重写了 SDK for .Net，并暂时保留了 WPF SDK；并且由于 Windows Mobile 系统已经很老，Esri 在新的 Runtime SDKs 体系中也并未打算对其进行继续升级。

因此，10.2.2 版本中，正式向用户推荐的 SDKs 主要有 Android、iOS、.Net、Qt、OS X 和 Java 这 6 种，主要是在 Windows 平台上的开发包有较大改动，进行了大量的整合。

10.2.2之前的Runtime SDKs	10.2.2版本的Runtime SDKs	面向的操作系统
ArcGIS Runtime SDK for Android	ArcGIS Runtime SDK for Android	Android
ArcGIS Runtime SDK for iOS	ArcGIS Runtime SDK for iOS	iOS
ArcGIS Runtime SDK for Windows Phone	ArcGIS Runtime SDK for .Net	Windows Desktop(for WPF开发者) Windows Store(Windows 8.1) Windows Phone 8
ArcGIS Runtime SDK for Windows Store		
ArcGIS Runtime SDK for WPF	ArcGIS Runtime SDK for WPF	Windows Desktop
ArcGIS Runtime SDK for Windows Mobile	——	——
ArcGIS Runtime SDK for QT	ArcGIS Runtime SDK for Qt	Windows、Linux(64/32bit)
ArcGIS Runtime SDK for OS X	ArcGIS Runtime SDK for OS X	Mac(Mountain Lion(OS X 10.8)及以上)
ArcGIS Runtime SDK for JavaSE	ArcGIS Runtime SDK for Java	Windows、Linux(64/32bit)

ArcGIS Runtime SDKs for Smartphones and Tablets 是 Esri 为开发者提供的移动应用开发包的统称，Smartphones and Tablets 的意思是"智能手机和平板"，顾名思义就知道包括面向 Android、iOS 和 Windows Phone 这三大主流移动操作系统的 SDKs。在上个小节中已经提到，以后就没有 ArcGIS Runtime SDK for Windows Phone 了，统一归到了 ArcGIS Runtime SDK for .Net 旗下。

ArcGIS Runtime SDK for Android 包括一个用于 Android Studio 的 lib-project，用于 eclipse 等环境的 jar 函数库，提供了丰富的工具、文档和示例，使用户能够使用 Java 构建移动应用程序（这些应用程序将运用 ArcGIS for Server 提供的强大的制图、地理编码、地理处理和自定义功能）并将它们部署到 Android 系统的智能手机和平板上。

3. ArcGIS Runtime SDK for Android

下面重点介绍 ArcGIS Runtime SDK for Android，它可以通过 ArcGIS for Server REST 服务获取数据和服务资源。ArcGIS Runtime SDK for Android 是基于 Esri 发布的规定了 ArcGIS REST Service 各种接口的访问参数及返回数据的结构的 GeoServices REST Specification 这一标准封装的。其实，ArcGIS 基于 REST 接口的 API，包括 ArcGIS Runtime SDK for Android/iOS/Windows Phone，ArcGIS API for Flex/ Silverlight/ JavaScript 以及 ArcGIS Runtime SDK for Java/.NET，都是基于这一标准进行封装的。尽管不同平台、不同语言的开发包有其自己的特性，但其对应服务端的编程模型是一致的。下图能很好的说明这一点。

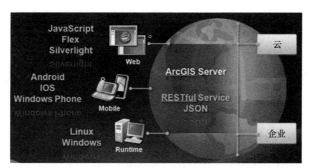

除了 ArcGIS for Server，ArcGIS Runtime SDK for Android 还可以通过 Portal API 轻松访问 ArcGIS Online 和 Portal for ArcGIS 上的资源，与云建立密切的联系。另外，在 10.2 的版本中，ArcGIS Android SDK 也能使用本地离线的数据，作为应用的重要数据源。有关 ArcGIS Runtime SDK for Android 的所有资料，包括安装包下载、系统支持、安装环境说明、API 接口说明、Sample、在线帮助等，都能从最新的 ArcGIS for Developer 站点 https：//developers.arcgis.com/android/查找到。

4. ArcGIS Runtime SDK for Android 功能概述

使用 ArcGIS Runtime SDK for Android，用户能够开发出功能强大的移动端 GIS 应用程序并将它们部署到 Android 系统的智能手机和平板上，主要功能可覆盖：

• 地图浏览：实现常见的地图缩放、平移、旋转操作，并且支持手势响应；能加载和显示图例、指南针、罗盘等多种地图辅助元素；

• 地图测量：能实现长度、面积、周长及测地线等的测量；

• 数据查询：提供多种类和接口，用来进行基于图层的搜索、关键词搜索、模糊查询、周边搜索等，还能实现空间查询和非空间查询的结合；

- 几何计算：包括简单的叠加分析、缓冲区分析以及并、交、差等空间关系的运算；
- 分析：包括最小/最短路径分析、地理编码、通视分析等；
- 数据编辑：可编辑要素的空间信息或属性信息，空间信息包括更改要素的符号、改变要素的形状，移动要素的位置等，属性信息可更改其名称、照片等；还可新增、删除要素，并对编辑的数据进行保存；
- 离线功能：可将数据下载到本地，或者直接使用本地数据源，在移动端实现数据的编辑、保存等功能，从而实现离线的外业作业流程；
- 数据可视化：可使用多种要素符号、弹出框、图标、表格、柱状图等多种方式对数据进行展示和直观表达；
- 访问云中的资源：可轻松访问 ArcGIS Online 和 Portal for ArcGIS 中的资源和服务，实时同步，随时随地的使用云中资源；
- GPS 定位：使用设备的 GPS 模块，进行准确地定位和导航，精度能满足大众和专业用户的需求。

……

9.4.2　开发软件的使用

与之前的开发工具不同，本次开发使用的是 Android Studio，最新版本的 SDK 可以完美地在 Android Studio 下使用，ESRI 官方给出的示例便是用 Android Studio 来进行开发的，下面重点介绍 Android Studio 的下载、安装及使用。

Android Studio 是一个 Android 开发环境，基于 IntelliJ IDEA. 类似 Eclipse ADT，Android Studio 提供了集成的 Android 开发工具用于开发和调试。Android Studio 是谷歌推出了新的 Android 开发环境，开发者可以在编写程序的同时看到自己的应用在不同尺寸屏幕中的样子，同时提供高效的代码提示。

在 IDEA 的基础上，Android Studio 提供：

- 基于 Gradle 的构建支持
- Android 专属的重构和快速修复
- 提示工具以捕获性能、可用性、版本兼容性等问题
- 支持 ProGuard 和应用签名
- 基于模板的向导来生成常用的 Android 应用设计和组件
- 功能强大的布局编辑器，可以让你拖拉 UI 控件并进行效果预览

1. 开发环境及软件准备

1）环境需求

一般来说，开发支持 Mac OS X（英特尔）、Linux 和 windows 操作系统，需要安装 JDK 环境。具体请参考谷歌官方文档说明的支持特定操作系统版本。

2）软件准备

（1）Android Studio IDE 下载

- 官网下载：（需要 FQ）：

  https：//dl. google. com/dl/android/studio/install/1. 3. 0. 10/android-studio-bundle-141. 2117773-windows. exe

- 国内下载：http：//www. android-studio. org/

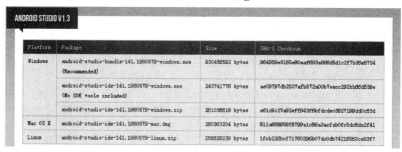

（2）JDK 下载

- 下载地址：

http：//www. oracle. com/technetwork/java/javase/downloads/index-jsp-138363. html

3）安装与配置过程

（1）JDK 安装

JDK 的安装过程比较简单，一路下一步即可，这里不做赘述。

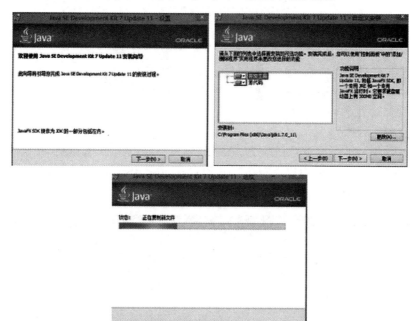

（2）Android Studio 安装

对于 Android Studio 的安装部署分为两种情况：

①绿色版，解压后直接运行/bin/studio. exe 或者/bin/studio64. exe 即可，具体取决于所安装的 JDK 位数（32 位或 64 位）。

②安装版，安装过程依旧是一路下一步，这里不做赘述。

（3）Android Studio 配置

①完成安装后选择 Android Studio 配置文件所在路径，对于第一次安装的情况，选择第二项不导入配置信息，点击 OK。

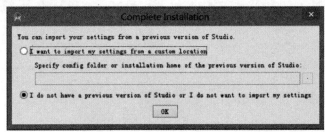

②在弹出的欢迎页面选下一步。

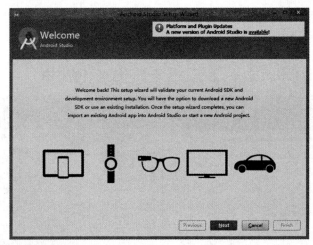

③在安装选项处有两项内容：Standard 和 Custome。Standard 为标准安装，Custome 为用户自定义安装，这里我们选择第二种，自定义安装。

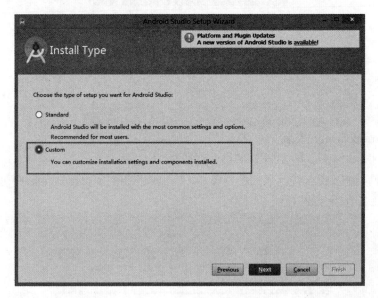

④设置 Android Studio IDE 主题样式信息。

⑤选择 Android SDK 路径信息，这里分为两种情况：

选择位置已经包含离线下载好 Android SDK：这种情况下只会检查缺少的项目并下载，如果 SDK 内容完整则不联网下载任何内容。

选择位置不包含 Android SDK：联网在指定位置下载 Android SDK。

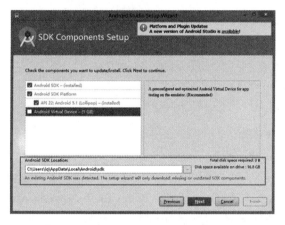

⑥这里我们选择第二种方式，离线部署 Android SDK，由于内容不完整，所以需要联网下载缺少部分内容。

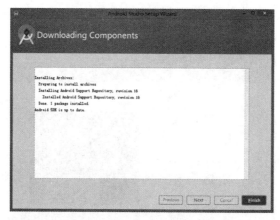

⑦安装完成后，点击 Finish 即可。

（4）Android Studio 使用配置

①主题设置

打开 File ＞ Settings ＞ Appearance ＆ Behavior ＞ Appearance ，在选项卡的 UI Options 中 Theme 中设置主题风格：Darcula—黑色主题风格；Intellij—白色主题风格；Windows—Windows 主题风格。

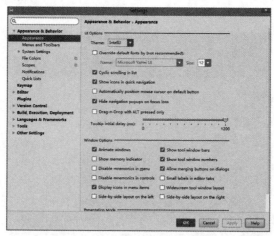

②代码字体设置

打开 File > Settings > Editor > Colors & Fonts > Font ，在选项卡的 Scheme 中 Save As 一个新的方案，并设置字体大小，样式。

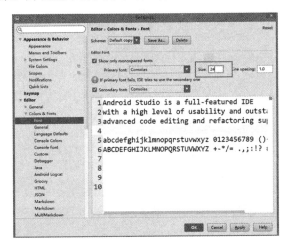

③环境字体设置

代码字体已经放大了，但是系统环境的字体依旧比较小，对于一些高分辨机器，我们为了使代码和环境字体相统一可以设置。

File > Settings > Appearance & Behavior > Appearance 中的选项 UI Options 选项设置其中对应字体格式。这样就能够实现字体的统一放大了，笔者的机器由于分辨率不高，所以还是默认的好看些。

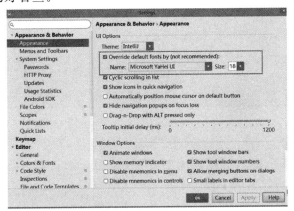

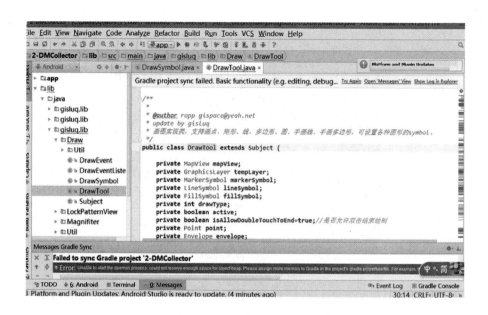

④文本编码设置

编码设置分为：IDE 编码设置，工程编码设置以及对应到每一个文件的编码信息。

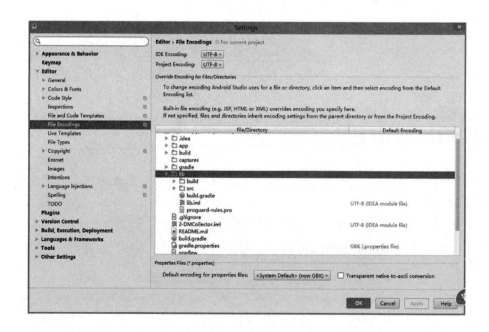

⑤代码版本化管理

Android Studio 支持多种代码版本化控制工具，在 File ＞ Settings ＞Version Control 选项卡中我们能够看到常见的 git、subversion、Mercurial 以及专门对 github 的定制支持。具体设置这里暂不做过多说明。

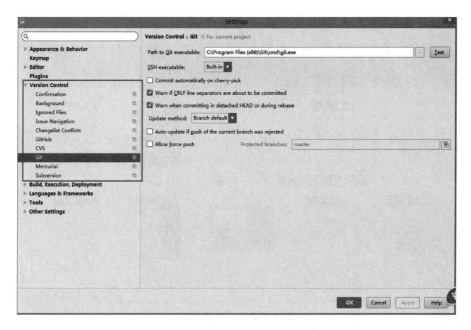

2. 基于 Android Studio 构建 ArcGIS Android 开发环境

1）地图应用程序 HelloMap 配置过程

在 Android Studio 中基于 ArcGIS Runtime SDK for Android 应用程序总的来说配置分为以下四步：

- 创建一个 Android 工程
- 配置 ArcGIS Runtime SDK 支持
- 添加 UI 及代码信息
- 运行程序查看结果

2）创建一个 android 工程

（1）新建一个空的 Android 工程，选择 Start a new Android Studio project。

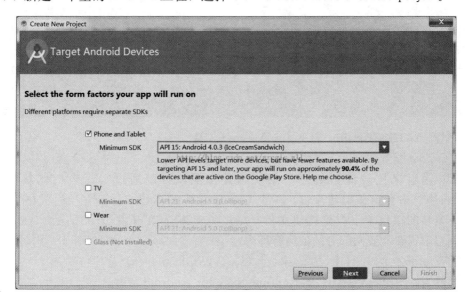

（2）创建一个新的 Activity，选择第一个 Blank Activity，点击下一步。

（3）到这里第一个 Android 应用程序就创建成功了。

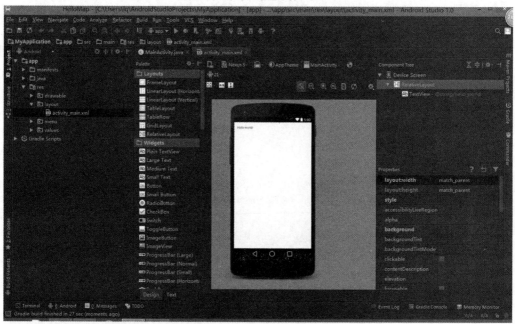

3）配置 ArcGIS Runtime SDK for Android 支持

（1）Gradle 配置

Gradle 是近来比较流行的一个系统构建工具，可以通过编译自己的构建文件（build. gradle）来自定义构建流程。一个 Gradle 项目的构建文件是在项目的根目录下，您可以在项目的根目录下找到构建文件（build. grade）。在开发 ArcGIS for Android 的 Gradle 项目时需要配置两部分的依赖管理内容：

Ÿ 配置 project 的 ArcGIS Repository（Esri ArcGIS maven）仓库位置；

Ÿ 配置 appmodule 的 ArcGIS Runtime SDK for Android 依赖。

（2）ArcGIS Repository 配置

打开根目录下的构建配置文件 build.gradle 文件［对应 Gradle Scripts 中的 build.gradle（Project：HelloMap）］

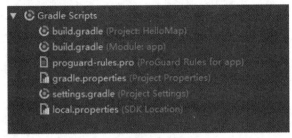

添加仓库配置，如下：

```
allprojects {
    repositories {
        jcenter ()
        // Add the following arcgis repository
        maven {
            url 'http://dl.bintray.com/esri/arcgis'
        }
    }
}
```

说明：这样你所需的 ArcGIS 的 jar 包就会自动下载到本地的仓库里了，下次再建项目时需要引用 ArcGIS 的 jar 时，他会去你本地直接查找相关 jar 引入到你的项目里。

（3）App Module 配置

App Module 中的 build.gradle 文件适合用来放特殊的指令和任务（对应 Gradle Scripts 中的 build.gradle（Module：app））。一个 ArcGIS Android app 需要 ArcGIS Android API library 工程依赖。一旦在 project 级别的 build.gradle 文件中配置好了 ArcGIS 的仓库，则可以在这个文件中声明 ArcGIS Android 的依赖。

①ArcGIS 依赖配置

```
dependencies {
    ...
    // Add the ArcGIS Android 10.2.6 API
    compile 'com.esri.arcgis.android:arcgis-android:10.2.6-2'
}
```

②Packaging 配置

在生成 APK 时我们可能不希望将一些文件打包到 APK 中，这时我们可通过下面的配置将所需文件排除 APK 文件中：

```
packagingOptions {
        exclude 'META-INF/LGPL2.1'
        exclude 'META-INF/LICENSE'
        exclude 'META-INF/NOTICE'
}
```

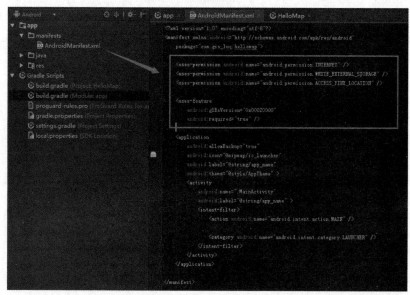

③Permissions 和 Features 配置

对于绝大多数的 ArcGIS Android apps 的应用几乎都需要网络的支持；也有一些应用可能会需要访问设备的 sdcard，需要对该卡有读写的权限；除此对于 GIS 来说最常用的功能就是定位了所有，应用应该具备定位权限。ArcGIS Android apps 的 MapView 使用了 OpenGL2. x，所以在 android 应用程序的配置文件 AndroidManifest. xml 中还需添加 OpenGL 的支持，因此应用的配置文件至少包含下面的配置信息：

<uses - permission android：name =" android. permission. INTERNET" />

<uses - permission android：name =" android. permission. WRITE _ EXTERNAL _ STORAGE" />

<uses - permission android：name =" android. permission. ACCESS _ FINE _ LOCATION" />

<uses - feature android：glEsVersion =" 0x00020000"

　　android：required =" true" />

4）添加 UI 及代码信息

在完成了一系列的配置操作后，接下来需要完成 UI 的制作和地图代码信息的设置。

（1）设置应用程序 Activity 的 UI 信息

打开 res＞＞layout＞＞activity_main.xml 文件，添加 Mapview 信息

```
＜com.esri.android.map.MapView
    android:id="@+id/map"
    android:layout_width="fill_parent"
    android:layout_height="fill_parent"＞
    ＜/com.esri.android.map.MapView＞
```

（2）新建 MapView 并设置 UI 和代码的绑定

```
private MapView mapView = null;
private ArcGISTiledMapServiceLayer arcGISTiledMapServiceLayer = null;
this.mapView = (MapView) this.findViewById (R.id.map); //设置 UI 和代码绑定
```

（3）新建地图图层并添加到 MapView 中

```
String
strMapUrl="http://map.geoq.cn/ArcGIS/rest/services/ChinaOnlineCommunity/MapServer";
this.arcGISTiledMapServiceLayer = new ArcGISTiledMapServiceLayer (strMapUrl);
this.mapView.addLayer (arcGISTiledMapServiceLayer);
```

结果如下图所示：

5）程序运行结果

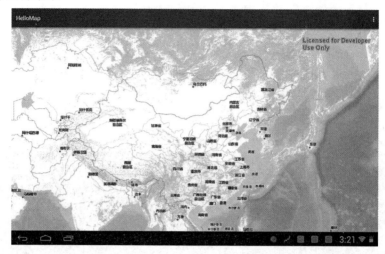

3. 基于 Android Studio 构建 ArcGIS Android 开发环境（离线部署）

1）前言

在前一小节的内容里介绍了基于 Android Studio 构建 ArcGIS Runtime SDK for Android 开发环境的基本流程，流程中我们采用的是基于 Gradle 的构建方式，在这种方式里主要通过设置 maven 仓库位置，设置编译选项、依赖版本在联网环境下下载对应 SDK 依赖包。但是在网络情况不好的情况下这种方式就不行了，那怎么解决在离线环境或者内网环境实现开发流程呢？目前了解到的有两种方式：

（1）配置内网环境 maven 仓库，预先缓存到内网环境下，然后离线调用。

（2）采用直接拷贝引用方式，拷贝 jar 包、so 库到对应第三方库支持位置，直接调用使用。

这两种方式各有各的优劣，看具体使用场景，在这里我们主要介绍第二种拷贝引用的方式。

2）离线部署流程

（1）下载 ArcGIS Runtime SDK for Android 的 SDK 包

①登录 ArcGIS Runtime SDK for Android 开发者资源中心。

②登录后点击下载按钮、在下载页面下载对应 SDK 包。

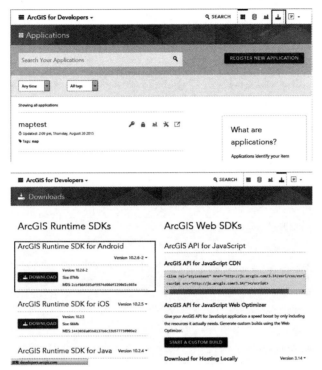

（2）拷贝相关支持函数库到指定项目对应位置并添加引用

①解压下载下来的 zip 包，SDK 包中主要包含以下内容：

其中里面比较重要的有以下几项：

A. doc —— 该版本 SDK 对应的 API 文档，官网一直都是最新的，需要查看旧版 API 或者指定版本 API 说明的一般需要到这里查找；

B. lib-project —— aar 格式的函数库，例如：arcgis-android-v10.2.6-2. aar；

C. libs —— jar 和 so 格式的函数库，一般在项目中拷贝到项目文件夹下，引用即可，可实现离线部署；

D. samples——示例代码。官方所有示例代码都在这里，新版基于 Android studio 开发环境。

②打开 SDK 包中 lib 文件夹，将 jar 包拷贝包对项目的 lib 文件夹下。

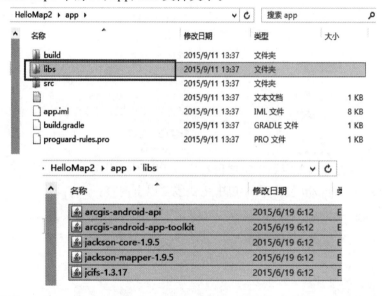

将 libs 中的：arcgis-android-api. jar、arcgis-android-app-toolkit. jar、jackson-core-1. 9. 5. jar、jackson-mapper-1. 9. 5. jar、jcifs-1. 3. 17. jar 这个 5 个 jar 包拷贝到新建 Android 项目 HelloMap2 中的 . . /app/libs 文件夹下。

③在项目的 . . /java/main 文件夹下创建 jniLibs 文件夹，并将 armeabi、armeabi-v7a、x86 三个文件夹拷贝到 jniLibs 文件夹下。

说明：其实这里关于如何在 android studio 配置 java 访问 so 库的方式有很好几种，

在网上也有相关的说明博客，这里选了相对最简单一种做了测试，并测试 OK，所以用了这种方式。其他方式暂时没有测过。

（3）添加 UI 及代码信息

①在布局文件 activity ＿ main. xml 中添加 mapview 组件

```
＜com. esri. android. map. MapView
    android: id =" @ + id/map"
    android: layout ＿ width =" fill ＿ parent "
    android: layout ＿ height =" fill ＿ parent ">
＜/com. esri. android. map. MapView>
```

在这里我们注意到环境并没有识别到 com. esri. android. map. MapView 类，并提示异常。切换项目显示方式为 project。

选中项目下 app/libs/arcgis-android-api.jar 右键设置 Add As Library，添加之后"找不到 com.esri.android.map.MapView 类"的问题就没有了。

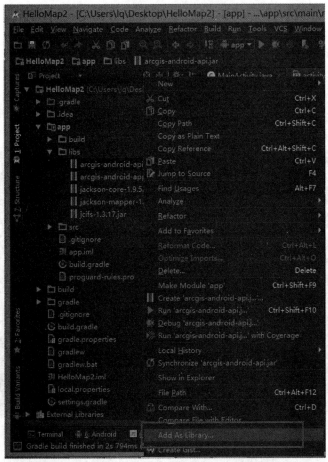

同时我们查看 app 下的 build.gradle，发现增加了一条编译选项，这里我们用代码的方式直接加在这里也是可以的。

②添加代码信息，实现 MapView 的 UI 和代码绑定，添加一个图层并显示出来。

```
private MapViewmapView = null;
this.mapView = (MapView) this.findViewById (R.id.map); //设置 UI 和代码绑定
String
strMapUrl = "http://map.geoq.cn/ArcGIS/rest/services/ChinaOnlineCommunity/MapServer";
ArcGISTiledMapServiceLayer arcGISTiledMapServiceLayer = new ArcGISTiledMapServiceLayer (strMapUrl);
this.mapView.addLayer (arcGISTiledMapServiceLayer);
```

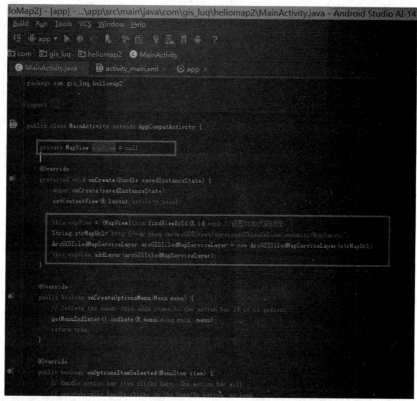

（4）设置应用程序权限

对于绝大多数的 ArcGIS Android apps 的应用几乎都需要网络的支持；也有一些应用可能会需要访问设备的 sdcard，需要对该卡有读写的权限；除此对于 GIS 来说最常用的功能就是定位，应用应该具备定位权限。ArcGIS Android apps 的 MapView 使用了 OpenGL2.x，所以在 android 应用程序的配置文件 AndroidManifest.xml 中还需添加 OpenGL 的支持，因此应用的配置文件至少包含下面的配置信息：

```
<uses-permission android:name = "android.permission.INTERNET" />
<uses-permission
android:name = "android.permission.WRITE_EXTERNAL_STORAGE" />
<uses-permission android:name = "android.permission.ACCESS_FINE_LOCATION" />
<uses-feature
    android:glEsVersion = "0x00020000"
    android:required = "true" />
```

（5）编译运行应用程序

直接运行后我们还发现了这样的一个错误，提示需要忽略许可信息在打包选项中。

打开 build. gradle （Module：app）设置排除相关信息

```
packagingOptions {
        exclude 'META - INF/LGPL2. 1'
        exclude 'META - INF/LICENSE'
        exclude 'META - INF/NOTICE'
    }
```

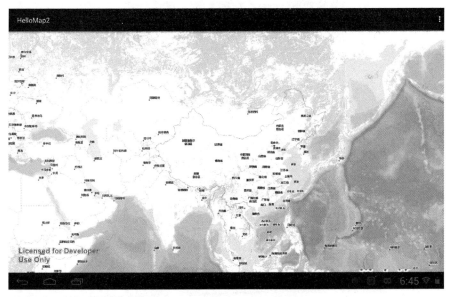

```
Build  Run  Tools  VCS  Window  Help

[toolbar icons] app ▼ ▶

ⓒ MainActivity.java ×    AndroidManifest.xml ×    activity_main.xml ×    Ⓖ app

        applicationId "com.gis_luq.hellomap2"
        minSdkVersion 15
        targetSdkVersion 22
        versionCode 1
        versionName "1.0"
    }
    buildTypes {
        release {
            minifyEnabled false
            proguardFiles getDefaultProguardFile('proguard-android.txt'), 'proguard-rules.pro'
        }
    }

    packagingOptions {
        exclude 'META-INF/LGPL2.1'
        exclude 'META-INF/LICENSE'
        exclude 'META-INF/NOTICE'
    }
}
```

重新运行编译，程序通过。

4. 基于 Android Studio 的 ArcGIS Android 工程结构解析

1）工程结构解析

在 Android Studio 中，提供了以下几种项目结构类型用来显示项目资源：

Project——Project 视图，按照 Windows 文件夹的样子，显示所有项目资源；

Packagers——包管理视图，按照包名的分类，显示所有项目资源（图片资源按文件夹的所属关系显示）；

Android——Android 视图（默认的显示方式）；

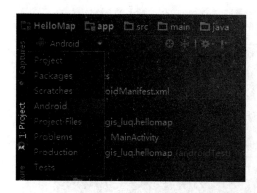

Project Files——Project 文件视图,这里仅显示工程及模型的主要信息;

Problems——问题视图,编译阶段有问题的文件会显示在此窗口;

Production——成果视图,这里仅显示项目中的 Moudle;

Tests——测试视图,AndroidStudio 会把自动生成的工程测试类显示在此窗口。

2)Android 结构类型

创建一个新的 ArcGIS Runtime SDK for Android 工程之后,展开工程,可以看到整个 android 工程目录如下图所示:

根据上图,可以发现 ArcGIS 项目与普通的 Android 项目基本相同,下面来整体介绍一下 ArcGIS Android 的项目结构:

(1)manifests 文件夹

该文件夹下只有一个清单文件。AndroidManifest. xml 是 Android 应用程序中最重要的文件之一。它是 Android 程序的全局配置文件,是每个 android 程序中必需的文件。描述了 package 中的全局数据,包括 package 中暴露的组件(activities、services 等等)以及他们各自的实现类,同时定义了 app 的用户权限信息,例如:能否访问网络,能否访问 GPS,能否访问存储等。

(2)java 文件夹

存放 java 源码的目录,目录里的文件是根据 package 结构管理的。

com. gis _ luq. hellowword　源代码目录

com. gis _ luq. hellowword（androidTest）单元测试目录

（3）res 文件夹

存放应用程序所用到的资源文件，配置信息。

Ÿ drawable 文件夹——放置应用程序图标信息，一般分为 mdpi、hdpi、xhdpi、xxhdpi；

Ÿ layout 文件夹——放置应用程序 UI 布局组件；

Ÿ menu 文件夹——放置 UI 菜单组件；

Ÿ values 文件夹——dimens. xml（UI 组件布局位置信息）、string. xml（文本信息）、styles. xml（样式信息）。

（4）Gradle Scripts（Gradle 构建脚本）

通过编译自己的构建文件（build. gradle）来自定义构建流程。

Ÿ build. gradle（Project：HelloMap）——工程级别的构建脚本（ArcGIS Maven 仓库的位置一把设置在这里）；

Ÿ build. gradle（Module：app）——组件级的构建脚本（ArcGIS Runtime 的编译版本，打包选项设置一般在这）；

Ÿ proguard-rules. pro（ProGuard Rules for app）——混淆规则；

Ÿ gradle. properties（Project Properties）——项目范围 Gradle 设置（项目中包含的 Moudle）；

Ÿ settings. gradle（Project Settings）——定义项目包含哪些模块；

Ÿ local. properties（SDK Location）——SDK/NDK 配置信息。

3）Project 结构类型

按照 Windows 文件夹的样子，显示所有项目所有资源信息

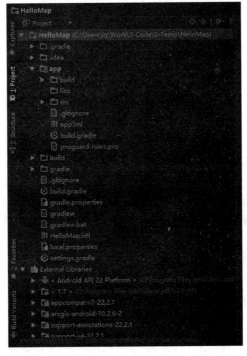

（1）Main Project（HelloMap）——顶级文件夹，项目根目录

这将是整个项目工作区（仅局限于与项目相关的内容）。例：HelloMap 是 HelloWorld 应用程序的名称，文件夹下包括项目所有内容。

（2）.gradle

Gradle 构建系统的相关设置信息。

（3）.idea

Android Studio（AS）特定的项目元数据信息存储文件（类似于 Eclipse 中的 project.properties 文件）。

（4）app

项目模块信息

- build——app 模块 build 编译输出的目录；
- libs——app 模块的依赖库；
- src——app 模块的代码文件；
- build.gradle ——app 模块的 gradle 编译文件；
- app.iml ——app 模块的配置文件；
- proguard－rules.pro ——app 模块 proguard 文件。

（5）build

整个工程的的编译输出目录。

（6）gradle

gradle 的 wrapper 包的存储位置及配置信息。

（7）其他

- build.gradle ——项目的 gradle 编译文件；
- settings.gradle ——定义项目包含哪些模块；
- gradlew——编译脚本，可以在命令行执行打包；
- local.properties—— SDK/NDK 配置信息；
- helloMap.iml ——项目的配置文件。

（8）External Libraries

项目依赖的 Lib，编译时自动下载的。例如需要的 android SDK 支持，jdk，支持，ArcGIS Runtime SDK 支持，都会显示在这里。

4）参考资料

http：//www.android-studio.org/index.php/2013-09-23-03-56-08/news/171-android-studio-cover-eclipse

http：//www.cnblogs.com/gis-luq/p/4765993.html

http：//www.mayflygeek.com/archives/145/? utm-source＝tuicool

http：//jileniao.net/androidstudio-1-windows.html

http：//blog.csdn.net/meegomeego/article/details/38555943

9.4.3 示例代码

1. 介绍

学习 ArcGIS Runtime SDK 开发，其实最推荐的学习方式是直接看官方的教程、示例

代码和帮助文档，因为官方的示例一般来说都是目前最新技术，也是最详尽的，因此采用官方所给的示例代码来具体地讲述如何进行开发。对于 ArcGIS Runtime SDK for Android 的开发资料，示例代码我们可以在以下网址获得：

https：//developers. arcgis. com/android/sample-code/

示例代码托管在 github 的仓库中，可以直接使用 git 工具下载，也可以在已下载的 SDK 文件夹下的 Sample 文件夹中获取得到。

2. 示例代码环境恢复

1）解压

获取 sdk 包，并解压，解压之后我们可以看到如下图所示的示例代码信息。

2）打开 Android Studio

选择 File—>New—>Import Project，并在弹出框中选择示例代码所在位置。

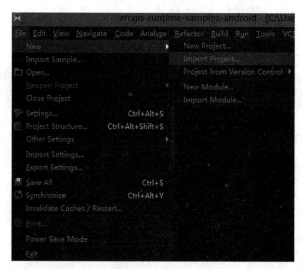

选择 arcgis-runtime-samples-android-master 文件夹。

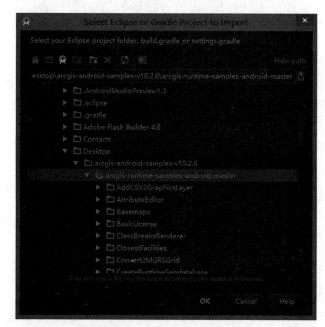

点击 OK 程序进入 Building 状态，这个时候会联网下载一些对应的支持包，需要保持网络的通畅。

等待一会儿就 OK 了，然后就可以看到示例代码里面的所有工程信息。

3）运行并查看程序运行效果

选择对应的工程，运行并查看效果。

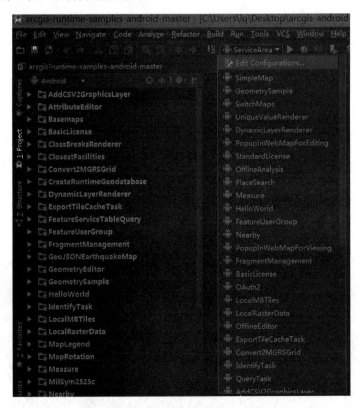

这里我们选择了一个空间关系运算的示例 GeometrySample

其中主要包含了缓冲区，面的合并和不同，空间关系计算等，具体的示例代码，我们可以打开工程后查看。

4）运行示例代码的一些异常问题的处理

上面主要给大家介绍了下载并运行官方示例代码的一个基本流程，但是在实际使用过程中，有时候却并没有那么顺利，我们会看到 Message 中爆出各种各样的问题。那就需要在一些地方注意到。目前，笔者发现的主要有以下几点：

注意：一定要在联网环境下进行。

● 本机安装的 Android SDK 有哪些版本？这个和示例代码所使用的是不是匹配，是不是用到的都已经安装了。例如下面的错误就是没有找到对应版本的 Android SDK。

F:\ESRIpeixun\3_XGRJ\arcgis-android-sdk-10.2.6-2\samples\arcgis-runtime-samples-android-master\AddCSV2Gr
Error:(4, 0) Cannot get property 'compileSdkVersion' on extra properties extension as it does not exist
Open File

● 检查对应版本的 // ArcGIS Android 10.2.6 API 的编译选项 compile ' com. esri. arcgis. android：arcgis-android：10.2.6 '是否可用。

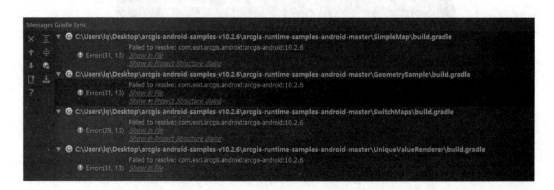

A problem occurred configuring project ':AddCSV2GraphicsLayer'.
> Could not resolve all dependencies for configuration ':AddCSV2GraphicsLayer:_debugCompile'.
  > Could not find com.esri.arcgis.android:arcgis-android:10.2.6.
    Searched in the following locations:
        https://jcenter.bintray.com/com/esri/arcgis/android/arcgis-android/10.2.6/arcgis-android-10.2.6.pom
        https://jcenter.bintray.com/com/esri/arcgis/android/arcgis-android/10.2.6/arcgis-android-10.2.6.jar
        http://dl.bintray.com/esri/arcgis/com/esri/arcgis/android/arcgis-android/10.2.6/arcgis-android-10.2.6.pom
        http://dl.bintray.com/esri/arcgis/com/esri/arcgis/android/arcgis-android/10.2.6/arcgis-android-10.2.6.jar
        file:/C:/Program Files (x86)/Android/android-sdk/extras/android/m2repository/com/esri/arcgis/android/arcgis-android/10.2.6/arcgis-android-10.2.6.pom
        file:/C:/Program Files (x86)/Android/android-sdk/extras/android/m2repository/com/esri/arcgis/android/arcgis-android/10.2.6/arcgis-android-10.2.6.jar
        file:/C:/Program Files (x86)/Android/android-sdk/extras/google/m2repository/com/esri/arcgis/android/arcgis-android/10.2.6/arcgis-android-10.2.6.pom
        file:/C:/Program Files (x86)/Android/android-sdk/extras/google/m2repository/com/esri/arcgis/android/arcgis-android/10.2.6/arcgis-android-10.2.6.jar
    Required by:
        arcgis-runtime-samples-android-master:AddCSV2GraphicsLayer:unspecified

9.4.4 空间数据的容器-地图 MapView 的开发

1. 地图组件 MapView 概述

地图组件是所有空间数据的容器,是 ArcGIS Runtime SDK 的核心组件,也是所有 GIS 应用开发中的入口和基础。在 ArcGIS Runtime SDK for Android 中,地图组件的类名是 MapView,它是 Android 中 ViewGroup 的子类,它与很多 ArcGIS API 中的 Map、MapControl 类作用是一样的。

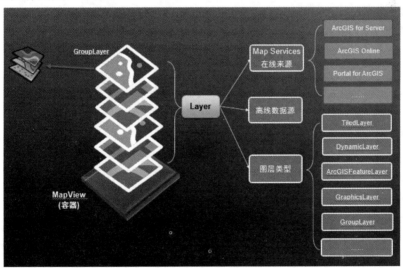

MapView 提供了完善的地图显示与控制功能:

Ÿ MapView 具有呈现数据的能力,它可以添加一个或多个图层,所有图层只有添加到 MapView 容器中才能进行显示;

Ÿ MapView 可以设置地图的显示范围和比例尺、旋转角度、地图背景、地图的最大/最小分辨率以及指定当前显示的分辨率/比例尺;

Ÿ MapView 提供了丰富的手势监听接口,通过这些监听可以实现各种手势动作,如点击、双击、移动或长按等操作。

特殊说明:MapView 默认空间参考及空间范围为所添加的第一个图层的相关信息。

2. 地图组件 MapView 的使用

有两种方式可以将 MapView 添加到应用当中:一个是 XML 方式,另一个是硬编码方式;一般多采用 XML 方式,方便调整布局及其属性相关设置。

1) XML 方式添加 MapView 及初始化底图

```
<! - - MapView with MapOptions settings for Topo basemap,zoom level, and centered in Costa Me-
sa, CA. - ->
    <com. esri. android. map. MapView
    android:id = "@ + id/map"
    android:layout_width = "fill_parent"
    android:layout_height = "fill_parent"
    mapoptions. MapType = "topo"
    mapoptions. ZoomLevel = "13"
    mapoptions. center = "33. 666354, - 117. 903557"/>
```

MapOptions 是用来初始化地图的一些属性的，包括预定义底图类型（MapType）、放大的级别和地图的中心点，它在 10. 2 版本的 API 中第一次引入。MapOptions 的 Map-Type 是一个枚举型变量，有 GRAY、HYBRID、NATIONAL _ GEOGRAPHIC、OCEANS、OSM、SATALLITE、STREETS、TOPO 这 8 个值，分别代表不同风格的底图，这样 Android 开发者们就不用每次都通过定义 ArcGISTiledMapServiceLayer 和底图的 url 来加载底图，也不用每次在初始化的时候费劲地定义底图的放大级别和地图中心点，而是仅用 MapOptions 的三个属性就可以完成初始化，代码更省，效率更高。

2) XML 方式添加 MapView 及初始化底图

同样的，MapOptions 也可以通过 xml 和 java 两种代码的方式使用。上面示例中就是使用 xml 方式使用 MapOptions，下列示例代码是使用 Java 硬编码的方式使用 MapOp-tions 以及将 MapView 控件添加到应用中。

```
public class MapViewActivity extends Activity {
    MapView mapView;
    MapOptions opt = new MapOptions(MapType. STREETS,33. 666354, -117. 903557,13);
    protected void onCreate(Bundle savedInstanceState) {
        super. onCreate(savedInstanceState);
        setContentView(R. layout. mapviewcenterat);
            //利用 MapOption 初始化 MapView
        mapView = new MapView(this,opt);
            //也可以利用实例化 ArcGISTiledMapServiceLayer 添加底图图层
        mapView. addLayer(new ArcGISTiledMapServiceLayer(" http://services. arcgisonline. com/Arc-
GIS/rest/services/World_Street_Map/MapServer"));
    }
}
```

3. 地图的方法

地图组件 MapView 是所有空间数据的容器，同时也是控制操作地图的对象，可以在 MapView 中实现对地图的放大、缩小、平移、单击、长按以及一些状态的变化时的操作，例如当地图的范围变化时、地图的加载状态改变时等等。下面针对 API 中关于 MapView 的公有方法做一个详细说明。

MapView 中的公有方法

int	addLayer（Layer layer, int index） 添加图层在给定的索引。
int	addLayer（Layer layer） 添加一个图层。
void	addLayers（Layer [] layerArray） 添加图层列表。
void	centerAndZoom（double lat, double lon, float levelOrFactor） MapView 初始化时，缩放到给定的纬度和经度及显示级别。
void	centerAt（double lat, double lon, boolean animated） MapView 初始化时，缩放到指定经度纬度，animated 表示是否显示动画效果。
void	centerAt（Point centerPt, boolean animated） MapView 初始化时，缩放到指定 Point，animated 表示是否显示动画效果。
LocationDisplay Manager	getLocationDisplayManager（） 获取位置管理类 LocationDisplayManager.
boolean	setMapOptions（MapOptions options） 设置地图底图参数 MapOptions。
void	setMaxExtent（Envelope env） 设置地图显示的边界范围
void	setMaxResolution（double maxResolution） setMinScale（double）
void	setMaxScale（double maxScale） 设置地图最大比例尺。
void	setMinResolution（double minResolution） setMaxScale（double）替代。
void	setMinScale（double minScale） 设置底图最小比例尺。
void	setOnLongPressListener（OnLongPressListener onLongPressListener） 设置长按监听事件。
void	setOnPanListener（OnPanListener onPanListener） 设置平移监听事件。
void	setOnPinchListener（OnPinchListener onPinchListener） 设置捏掐监听事件。
void	setOnSingleTapListener（OnSingleTapListener onSingleTapListener） 设置单击监听事件。
void	setOnStatusChangedListener（OnStatusChangedListener onStatusChangedListener） 设置地图状态改变监听事件。
void	setOnZoomListener（OnZoomListener onZoomListener） 设置放大缩小监听事件。
void	setRotationAngle（double degree, boolean animated） 旋转地图到给定角度，animated 是否启用动画效果。

void	setRotationAngle（double degree，float pivotX，float pivotY） 以某个点为中心旋转地图。
void	setScale（double scale，boolean animated） 设置地图比例尺；animated 是否启用动画效果。
void	setScale（double scale） 设置底图比例尺。
Point	toMapPoint（float screenx，float screeny） 将屏幕上的点转换成地理坐标点。
Point	toMapPoint（Point src） 将屏幕上的点转换成地理坐标点。
Point	toScreenPoint（Point src） 将地理坐标点转换成屏幕上的点。

9.5 Google Map

提起 Google Map（Google 地图），大家无不想到其姊妹产品 Google Earth（Google 地球）。全新的免费地图服务让 Google 在 2005 年震惊了整个互联网界。此后，各大门户纷纷推出自己的地图服务，不少门户还和 Google 一样提供了二次开发的 API。目前，基于地图服务的各种应用已如雨后春笋般到处萌发了。当然，对于 Google 的 Android 系统来说，地图肯定也是必不可少的特色。

Google Map 是 Google 公司提供的电子地图服务，包括局部详细的卫星照片。它能提供三种视图：一是矢量地图（传统地图），可提供政区和交通以及商业信息；二是不同分辨率的卫星照片（俯视地图，与 Google Earth 上的卫星照片基本一样）；三是后来加上的地形视图，可以用以显示地形和等高线。它的姊妹产品是 Google Earth——一个桌面应用程序，在三维模型上提供街景和更多的卫星视图及 GPS 定位的功能。

Google 公司于 2004 年 11 月收购了美国 Keyhole 公司，推出了 http://maps.google.com，令人耳目一新。但 Google 并未就此止步，在 2005 年 6 月底推出了桌面工具 Google Earth，把"地球"放到了每个人的桌面上，让你坐在电脑前，就可以在名川大山间漫步，在摩天楼群中俯瞰。

当然，随着 Google Map 和 Google Earth 的诞生，也出现了很多非常有趣的应用。

开发基于谷歌地图的应用和开发普通的 android 应用差不多都需使用它提供给我们的类库，所不同的是 google map 的类库不是 android 平台的基本类库，是 google api 的一部分，所以建立项目时，SDK 要选择 Google APIs；

还有一点，开发基于地图应用的时候需要使用 google map 的 APIkey，必须先申请 key，然后才能开发基于地图的应用。

9.5.1 申请 KEY

为了能顺利地申请 Android Map API Key，必须要准备 google 的账号和系统的证明书。一般 Google 发布 Key 都需要 Google 账号，Google 账号是通用的，Gmail 的账号就可以。当一个程序发布时必须要证明书，证明书其实就是 MD5. 我们这里并不是发布，而只是为了开发测试，可以使用 Debug 版的证明书，下面介绍如何申请 Debug 版的 Key：

1. 找到你的 debug. keystore 文件

在 Eclipse 工具下，选择 windows—>Preference—>Android—>Build，其中 Default debug keystore 的值便是 debug. keystore 的路径了。

2. 取得 debug. keystore 的 MD5 值

首先 cmd 命令行进入 debug. keystore 文件所在的路径，执行命令：keytool-list-keystore debug. keystore，这时可能会提示你输入密码，这里默认的密码是"android"，这样即可取得 MD5 值。

3. 申请 Android Map 的 API Key.

打开浏览器，输入网址：http：//code. google. com/android/maps-api-signup. html，填入你的认证指纹（MD5）即可获得 apiKey 了，结果显示如下：

感谢您注册 Android 地图 API 密钥！

您的密钥是：

XXXXXXXXXXXXXXXXXXXXXXXXXXXXXXXXXXXXXXXXX

有时用 IE 打开时会出现乱码，建议使用 chrome 浏览器。

到此，我们就完成了 API Key 的申请了，记录下 Key 值，在后续开发中使用（放在 layout 中加入的 MapView 中）。

9. 5. 2　API 的使用

Android 中定义了一个名为 com. google. android. map 的包，其中包含了一系列用于在 google map 上显示、控制和叠层信息的功能类，以下是该包中最重要的几个类：

1. MapActivity：这个类是用于显示 Google Map 的 Activity 类，它需要连接底层网络。MapActivity 是一个抽象类，任何想要显示 MapView 的 activity 都需要派生自 MapActivity，并且在其派生类的 onCreate（）中，都要创建一个 MapView 实例。

2. MapView：MapView 是用于显示地图的 View 组件。它派生自 android. view. ViewGroup。它必须和 MapActivity 配合使用，而且只能被 MapActivity 创建，这是因为 MapView 需要通过后台的线程来连接网络或者文件系统，而这些线程需要有 MapActivity 来管理。

3. MapController：MapController 用于控制地图的移动、缩放等。

4. OverLay：这是一个可显示于地图之上的可绘制的对象。

5. GeoPoint：这是一个包含经纬度位置的对象。

9. 5. 3　开发环境的搭建

1. 准备开发环境

1）在 Eclipse 上安装 Google Play Services SDK。位于 extra。安装后位于 sdk/extras/google/google _ play _ services/

2）安装 SDK 后，将 Make a copy of the Google Play services 的 lib project 拷贝到我们的 workspace 中，目的是为了在我们的 project 中可以引入该 lib。在 Eclipse 中 File —> Import，选择 Android —> Existing Android Code into Workspace，在 SDK 安装的目

录下，选择该 lib（google-play-services_lib），将其 import。

3）要使我们的 project 可以使用 google play service lib，是通用的将 library project 加入到 Android project 的操作，目地为了在开发的应用中使用来自 lib project 的共享代码。在 Eclipse 的包浏览（一般位于左侧）中，选择我们的项目，按右键-> Properties -> 在左边属处选择 Android，在右边选择 Library -> 在 Project Selection 对话框中点击 Add -> 从可选的 lib project 中选择目标。

2. 准备调测环境

无论采用模拟器还是真实手机作为调测环境，需要确保设备已经安装 com. android. vending. apk（Google play store）和 com. google. android. gms. apk（Google play services），然而模拟器上并没有包括这两个包，而国内手机也不包含着两个 apk，所以在国内开发使用还有一定难度。由于和 Google 在线提供的服务相关，这个包必须是最新，才能匹配现有的在线服务。在代码中可能进行检测：

```
GooglePlayServicesUtil.isGooglePlayServicesAvailable（getApplicationContext（））
```

如果返回 ConnectionResult：SUCCESS 表示可以正常使用。其他可能返回有 SERV-ICE_MISSING，SERVICE_VERSION_UPDATE_REQUIRED，SERVICE_DIS-ABLED，SERVICE_INVALID。

SERVICE_MISSING 和 SERVICE_VERSION_UPDATE_REQUIRED 的情况，都不能正常使用 Map 业务。虽然有 button，但是实际不起作用，估计是无法连接到服务器导致。据说小米手机的应用商店可以跳转到 Google Play，可能小米和 Google 达成某些协议，可能在小米手机上进行安装使用没有什么问题。

要安装这个 apk 是最为麻烦的，解决办法是先在模拟器上先安装华为的智汇云，在上面查找这两个应用。由于应用来源不正规，所以不建议在真实手机上安装。模拟器上安装 apk 没有网上说的那么复杂，要进入 adb shell 处理。在模拟器上的浏览器直接打开相关的网页，下载 apk，然后点击进行安装即可，和手机安装没区别。安装成功后，可以看到 App 增加了 Google Settings 和 Play Store 两个。

还有一个更为简单的方法。用 gmail 账号登录，然后找到应用下载，在那里可以下载 Google Map，官方版本比较安全。

在模拟器上使用 Google Map。我们下载了 Google API 后，为了确保这些 API 能在模拟器上正常使用，在创建 AVD 时，我们应该选择 Google API 来进行创建 Target，就可以在模拟器中加入相关的功能，不需要额外去下载。

第 10 章　系统开发案例

10.1　基于 Android 的手机定位及信息交互系统

10.1.1　客户端功能模块及流程

1. 客户端的功能模块

本系统的客户端是一个基于 Android 平台开发的应用程序，共包含以下 10 个功能模块。

1）系统注册登录模块：该系统客户端注册登录模块不同于日常所见的注册登录，当系统运行起来以后，客户端自行抓取用户手机的 IMEI 识别码；用户需要手动输入手机号码。这些信息在加密之后会发送到后台服务器进行绑定注册。系统运行之后会启动一个 Service，Service 会向后台发送 IMEI 码，后台返回对应的手机号，校验成功后则判定为登录成功。系统将进而跳转到主界面。

2）地图模块：该系统的地图包使用的是高德开源的地图 API。版本为 V1.1。

3）相互追踪模块：当用户（A）启动该软件后（第一次使用需要正确绑定手机号），A 可以向联系人列表中的某个联系人（B）发送相互追踪请求。B 在收到 A 的追踪请求后，可以选择同意或拒绝该请求。当 B 同意 A 的追踪请求后，A 跟 B 将根据对方所共享的地理位置，绘制最佳追踪路径（驾车或公交等）。一般的，A 和 B 共享同一路径。

4）实时通信模块：当用户 A 和用户 B 建立起相互追踪功能后，双方可以随意地给对方发送即时消息。该即时消息具有经纬度信息。所有接收和发送的历史消息都将提示并展示于该消息发送时的经纬度点上。

5）固定点路径查询模块：任意地点间的公交或驾车最佳路径搜索，包括"我的位置"到任意地点。该功能方便使用者进行路径查询、搜索等。

6）推送机制模块：完全使用的推送机制，所有网络交换数据均通过推送完成。我们拥有自己的服务器推送系统来处理用户发出的每一个信息。

7）权限模块：考虑到位置共享带来的安全隐患，位置共享和通信交互功能都针对你手机中已有联系人，且被邀请者在被邀请时可以选择同意或者拒绝，这相当于一个权限设置。这样就大大减小了位置共享所带来的安全隐患。

2. 客户端的流程图

上述已经对各个功能模块进行了简要的介绍，下面将用一张流程图来展示整个客户端的操作流程以及各个功能模块之间的联系。

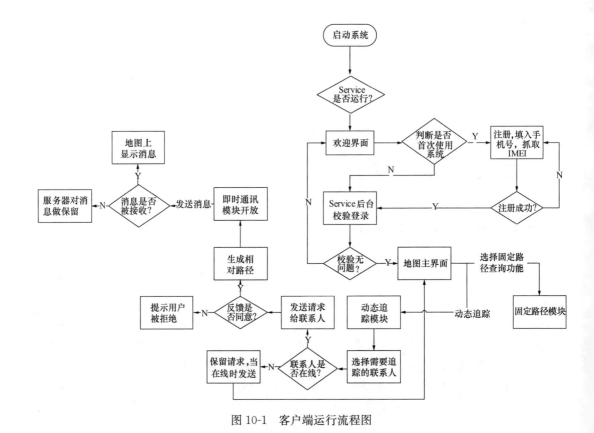

图 10-1　客户端运行流程图

10.1.2　服务器端功能模块及流程

1. 服务器端的功能模块

本系统的服务器端除了接受客户端的连接请求、保持与客户端的连接以及向客户端发送信息之外，还有一个 Web 信息发送平台。也就是说除了通过客户端来发送信息，还可以通过 Web 页面来发送，当然这两种方式都要通过 PushServer。下面来介绍一下 Web 信息发送平台的各个功能模块。

（1）登录和注销模块：在浏览器输入服务器的 Web 地址之后，首个页面就是登录页面，没有登录是不能进行任何其他操作的。用户名和密码就是你在客户端注册时输入的信息，验证成功后，进入主页面（即欢迎页面），然后你可以查看用户信息以及推送信息也可以选择注销。

（2）查看所有注册用户信息模块：点击"所有用户"选项卡，显示当前系统的所有注册用户信息。包括在线状态、用户名、姓名、邮箱以及注册时间等信息。

（3）查看当前所有在线用户信息模块：点击"在线用户"选项卡，显示当所有在线用户信息。包括用户名、姓名、状态、客户端 IP 以及建立连接的时间等信息。

（4）广播推送模块：点击"广播推送"选项卡，在该页面可以实现向所有用户广播以及向所有在线用户广播，所谓"广播"就是"群发"的意思。但是该功能需要的权限级别要求是"1"或"2"，普通用户的权限级别是"0"，因此普通用户是无法广播推送的。

（5）查看所有推送信息模块：点击"查看信息"选项卡，显示系统的所有推送信息，包括信息 ID、接受者、发送者、信息的内容、发送时间、信息状态等。但是该功能需要的权限级别要求是"2"，当前只有开发者有该权限。

2. 服务器端的流程图

上述已经对服务器端 Web 信息发送平台的各个功能模块进行了简要的介绍，下面将用一张流程图来展示整个 Web 信息发送平台的操作流程以及各个功能模块之间的联系，相对于客户端的流程来说，还是比较简单的。

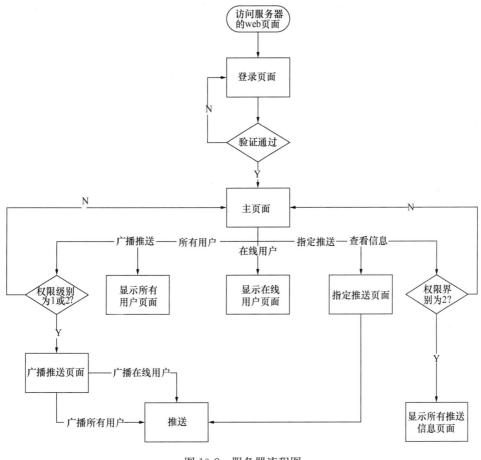

图 10-2　服务器流程图

10.1.3　系统服务器端的具体实现

1. 服务器端功能实现

1）服务器端源代码文件结构与用途

服务器端的代码实在是太多了，因此有些包不展开来介绍了，只讲解整个包的用途。

2）服务器端数据库及表结构设计

服务器端的数据库设计有五张表，分别是：

〔apn_notification〕通知表

包/文件夹名	源代/JSP码文件名	用途说明
org.shmtu.lab.pushserver.console.controller	DataController.java	查看所有推送信息的控制器类
	PushBroadcastController.java	广播推送的控制器类
	PushSpecifiedController.java	指定推送的控制器类
	SessionController.java	查看在线用户的控制器类
	UserController.java	查看所有用户的控制器类
org.shmtu.lab.pushserver.console.vo	SessionVO.java	代表一个在线用户的信息
org.shmtu.lab.pushserver.model	PushData.java	推送信息的实体类
	PushUser.java	用户信息的实体类
org.shmtu.lab.pushserver.servlet	ClientGetAl UserServlet.java	处理客户端请求所有用户信息
	ClientLoginServlet.java	处理客户端登录验证请求
	ClientRegServlet.java	处理客户端的注册请求
	ClientSendServlet.java	处理客户端的发送请求
	UpgradeServlet.java	处理客户端的更新请求
	WebLoginServlet.java	处理 Web 平台的登录验证请求
org.shmtu.lab.pushserver.xmpp.push	NotificationManager.java	包含向 client 发送消息的接口
org.shmtu.lab.pushserver.dao	操作数据库的接口	
org.shmtu.lab.pushserver.dao.hibernate	操作数据库的接口实现类	
org.shmtu.lab.pushserver.service	处理业务逻辑的接口	
org.shmtu.lab.pushserver.service.impl	处理业务逻辑的接口实现类	
org.shmtu.lab.pushserver.util	加载resources中的配置文件，在配置文件中可指定监听端口和ssl证书目录	
org.shmtu.lab.pushserver.xmpp	定义了一些异常类型，主要是包含有入口类XmppServer，这个类用来启动和停止server程序	
org.shmtu.lab.pushserver.xmpp.auth	包含认证的一些类	
org.shmtu.lab.pushserver.xmpp.codec	XMPP协议的XML文件解析包，server收到和发送的消息都要通过这个包来进行xmpp协议编码和解码	
org.shmtu.lab.pushserver.xmpp.handler	对消息的处理，可以针对不同的消息类型定义自己的handler	
org.shmtu.lab.pushserver.xmpp.net	负责维护与client之间的持久连接	
org.shmtu.lab.pushserver.xmpp.presence	里面只包含PresenceManager类，用来维护client的在线状态	
org.shmtu.lab.pushserver.xmpp.router	将收到的信息包发送到相应的handler进行处理	
org.shmtu.lab.pushserver.xmpp.session	定义了用来表示持久链接的session，每个session包含一条连接的状态信息	
org.shmtu.lab.pushserver.xmpp.ssl	对连接进行ssl认证的工具包	
pages	data/data_list.jsp	显示所有推送信息的页面
	notification/push_form_specified.jsp	指定推送的页面
	notification/push_form.jsp	广播推送的页面
	session/session_list.jsp	在线用户页面
	user/user_list.jsp	所有用户页面
	index.jsp	登录成功后的主页面

图 10-3　服务器端文件

通知表　　　　　　　　　　　　　　　　　　　　　　表 10-1

字段名	字段解释
Id	用户 id
Apikey	关键字
Client_ip	客户端 ip
Created_time	创建时间
Message	消息
Message_id	消息 id
Resourse	资源
Status	状态
Title	标题
Update_Time	更新时间
Uri	Uri 字段
Username	用户名

[apn_user] 用户表

用户表

表 10-2

字段名	字段解释
Username	用户名
Id	Id
Created_date	创建时间
Email	Email
Name	姓名
Password	密码
Update_date	更新时间

[ch_groupinfo] 组信息表

组信息表

表 10-3

字段名	字段解释
Id	Id
Created_time	创建时间
Status	状态
Username	用户名
Whither	判断字段

[ch_groupuser] 组成员表

组成员表

表 10-4

字段名	字段解释
Id	Id
Group_id	组 id
Status	状态
Username	用户名

[ch_userposition] 位置表

位置表

表 10-5

字段名	字段解释
Id	Id
Created_time	创建时间
Geo_position	经纬度点信息
Username	用户名

这几张表对应 org. shmtu. lab. pushserver. model 包下的 PushUser 和 PushData 实体类，涉及 User 的表对应 PushUser 类，其他的对应 PushData 类。本系统的服务器端的数据库这方面用到了 Hibernate 框架，只需要先写好 jdbc 配置文件 jdbc. properties，然后配

置 Hibernate 的连接池等信息，再结合表对应的实体类就可以自动创建所需要的表。先看一下 jdbc. properties 的主要内容。

代码清单 4.1 服务器端 jdbc. properties 的主要内容

```
jdbcDriverClassName = com. microsoft. sqlserver. jdbc. SQLServerDriver
jdbcUrl = jdbc：sqlserver：//10.64.44.202：1500；DatabaseName = push _ server _ db；
integratedSecurity = false
hibernate. dialect = org. hibernate. dialect. SQLServerDialect
jdbcUsername = sa
jdbcPassword = xxx
```

这个文件是以键值对的形式来配置与数据库连接的相关参数的。主要包含数据库驱动名、JDBC 连接字符串、数据库登录用户名和密码等信息。再来看一下用户表实体类的部分代码。

代码清单 4.2 用户表实体类的部分代码

```
@Entity
@Table (name = "apn _ user") //对应数据库的表名
public class PushUser implements Serializable {
//数据库的各个字段及数据类型和数据长度
@Id
@GeneratedValue (strategy = GenerationType. AUTO)
private Long id;
@Column (name = "username", nullable = false, length = 64, unique = true)
private String username;
@Column (name = "password", length = 64)
private String password;
@Column (name = "name", length = 64)
private String name;
……省略若干代码……
}
```

可以看出，该实体类对应的表名是 apn _ user。表中包括 id、username、password 等字段，以及这些字段的数据类型。最后再来看看 Hibernate 配置文件的相关代码。

代码清单 4.3 Hibernate 配置文件的相关代码

```
<hibernate - configuration>
<session - factory>
<!－－获取数据库的连接参数－－>
<property
name = "hibernate. connection. driver_class">${jdbc. driverClassName}
</property>
<property name = "hibernate. connection. url">${jdbc. url}</property>
<property
name = "hibernate. connection. username">${jdbc. username}</property>
```

```
        <property
name="hibernate. connection. password">${jdbc. password}</property>
        <!--配置实体类-->
        <mapping class="org. shmtu. lab. pushserver. model. PushUser"/>
        <mapping class="org. shmtu. lab. pushserver. model. PushData"/>
        </session-factory>
        </hibernate-configuration>
```

先从 jdbc. properties 这个文件获取与数据库连接相关的参数值,再配置数据库对应的实体类。上述的配置都完成了之后,当部署服务器端的代码到 Tomcat,并启动 Tomcat后,会在数据库里面自动建立对应的表。

3) Web 平台功能模块的具体实现

(1) 登录和注销模块

Web 平台用到了 Session,当登录成功后,你的相关信息存入 Session,该 Session 超时时间是 30 分钟,也就是如果 30 分钟内没有做任何操作就需要重新登录才能操作。登录依然是用到的 Servlet 来接收用户名和密码,如果通过数据库验证后的结果返回。

代码清单 4.4 Web 平台登录验证的 Servlet

```
        String adname = req. getParameter ("adname"). trim (); //获得登录用户名
        String pwd = req. getParameter ("pwd"). trim (); //获得登录密码
        PushUser user = pushUserService. getPushUserByUsername (adname); //查询该用户名的用户是
否存在
        String returnName ="";
        String returnUsername ="";
        if (user != null && pwd. equals (user. getPassword ())){//如果存在该用户的话,再判断密码
是否正确
        returnUsername = user. getUsername (); //验证成功后,获取用户名
        returnName = user. getName () != null&& ! user. getName (). equals ("")? user. getName ()
        : returnUsername;
        session. setAttribute ("adusername", returnUsername); //把用户名存入 session
        session. setAttribute ("adname", returnName);
        session. setAttribute ("adadmin", user. getAdmin ()); //把权限级别存入 session
        req. getRequestDispatcher ("index. do"). forward (req, res); //跳转到首页
        } else {//登录失败则重新登录
        req. getRequestDispatcher ("/login. jsp"). forward (req, res);
        }
```

通过 HttpServletRequest. getParameter () 方法获得请求参数值,通过 HttpSession.setAttribute () 把数据以键值对的形式存入 Session。

(2) 查看所有用户模块

点击“所有用户”选项卡,页面将显示当前系统的所有注册用户信息。包括在线状态、手机号以及注册时间等信息。

代码清单 4.5 显示所有用户的关键代码

```
PresenceManager presenceManager = new PresenceManager();//在线管理器
List<PushUser> userList = pushUserService.getPushUsers();//获取所有的用户
for (PushUser user : userList) {//遍历判断该用户是否在线
if (presenceManager.isAvailable(user)) {
user.setOnline(true);//设置该用户处于在线状态
} else {
user.setOnline(false);//设置该用户处于离线状态
}
}
```

首先实例化 PresenceManager，再从数据获取所有用户信息，然后通过 PresenceManager.isAvailable（）判断指定用户是否处于在线状态，因为要根据在线状态在数据展示的界面设置不同的图标，最后把 List<PushUser>传给展示数据的 JSP 页面。

（3）查看当前在线用户模块

点击"在线用户"选项卡，页面将显示当所有在线用户信息。包括用户名、姓名、状态、客户端 IP 以及建立连接的时间等信息。与上述的展示所有用户信息的方法类似，只是获取数据来源的方法不同而已。

代码清单 4.6 获取在线用户信息的关键代码

```
ClientSession[] sessions = new ClientSession[0];//实例化一个数组
sessions =
SessionManager.getInstance().getSessions().toArray(sessions);//把集合转化为数组
List<SessionVO> voList = new ArrayList<SessionVO>();//实例化一个 List,用来存放在线
用户信息
for (ClientSession sess : sessions) {
SessionVO vo = new SessionVO();//SessionVO 代表一个在线用户信息
String sessionUsername = sess.getUsername();
vo.setUsername(sessionUsername);//设置相关属性
……省略若干代码……
}
```

关键是要通过 SessionManager. 来获取当前所有在线用户信息，然后再通过循环把每个用户信息转化成 SessionVO，最后把该用户加入 List<SessionVO>，再把数据传给展示界面的 JSP。

（4）广播推送模块

"广播推送"可以实现向所有用户广播以及向所有在线用户广播，所谓"广播"就是"群发"的意思。但是该功能需要的权限级别要求是"1"或"2"，普通用户的权限级别是"0"，因此普通用户是无法广播推送的。该模块只是为了免去输入用户名的麻烦，可以实现群发的功能，至于推送的相关方法都是类似的。

（5）查看所有推送信息模块

该模块是为了给开发者在开发测试的时候方便查看推送信息而已，数据的来源都是数据库里面的推送信息表。有了该模块之后，测试的时候就不用到数据库里面去查看数据

了。不过该模块不对用户开发，因为毕竟涉及隐私。

2. 客户端与服务器端交互的具体实现

前面分别介绍了客户端的功能实现以及服务器端 Web 平台的功能实现，下面介绍一下本系统客户端与服务器端交互的功能实现，包括客户端的连接、客户端心跳的发送、服务器端信息的处理，最后通过 XMPP 协议来详细分析系统的通讯内容与实现，从而了解整体流程。

1）客户端的连接登录过程

首先从最关键的后台 Service 开始介绍。

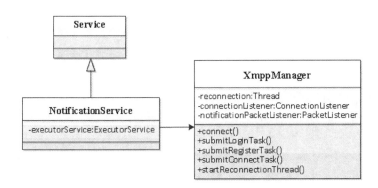

图 10-4　客户端 Service 类图

从类的层次看这个结构比较简单，让其变得复杂的是，其里面有三个线程：主线程、进行 Xmpp 通信线程、连接出错重试线程。

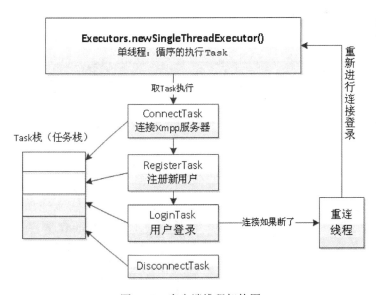

图 10-5　客户端线程架构图

（1）在 NotificationService 里创建一个单线程，让其对服务器进行连接，由于使用 Xmpp 连接服务器要分为三步：连接、注册、登录。所以用一个栈来保存要执行的 Task 任务（ConnectTask、RegisterTask、LoginTask），最后再按这个顺序进行执行。

（2）连接 Xmpp 服务器的线程用的是 Executors. newSingleThreadExecutor（），这个线程可以不停地 submit 任务，并用一个栈来保存 Task 保证其执行顺序。

（3）连接线程在连接、注册、登录的过程中，都有可能出错，都可能会失败，这时就要有一个重连的机制，在客户端开了另外一个线程来进行重试，其重试不是每次都按多少秒来进行重试，而是有其自己的规则。

代码清单 4.7 客户端重连线程执行规则

```
private int waiting(){
if（waiting > 20）{//重试次数大于 20 次,其睡眠 600 毫秒
return 600;
}
if（waiting > 13）{//重试次数大于 13 次小于等于 20 次,其睡眠 300 毫秒
return 300;
}//重试次数小于等于 7 次,其睡眠 10 毫秒,大于 7 秒小于等于 13 秒,其睡眠 60 毫秒
return waiting < = 7 ? 10 : 60;
}
```

（4）在 LoginTask 里，如果登录了服务器端，其就会注册一个监听器，用于监听服务器 push 的数据包（Packet），再通过发送广播的方式来通知要进行显示的 Activity。

（5）在登录服务器后，也有可能出错，所以在登录后，会设置一个监听，用于监听连接出错的时候，再启动重连线程，进行重连。

2）通过交互内容分析系统的交互流程

下面从 XMPP 协议方面介绍系统的通讯内容与实现，以便了解系统的整体流程。当然，关于 XMPP 协议的详细介绍请看第 4 章的相关内容。当一端发起一个长连接的会话 <stream></stream> 称之为 XML 流，而在 <stream> 之间的完整信息片段称之为 XML 节。简单来说整个交互过程就是在一个 XML 流中，通过各种不同 XML 节完成信息的交互。下面的交互是客户端与服务器端进行通讯，以完成登录认证过程。

（1）当客户端的 Service 启动后，向指定的服务器发送一个 XML 节。

```
<stream:stream   to = " 221.123.162.108 "  xmlns = " jabber:client "
xmlns:stream = " http://etherx.jabber.org/streams " version = " 1.0 ">
```

服务器的地址是 221.123.162.108。to 表示该信息的目标地址即服务器的地址。xmlns 表示命名空间，客户端和服务器端均使用的是 jabber：client 值。

（2）当服务器收到后，也会发起一个 XML 流，标明一系列的规范。

```
<? xml version = ' 1.0 ' encoding = ' UTF-8 ' ? >
<stream:stream xmlns:stream = " http://etherx.jabber.org/streams " xmlns = " jabber:cli-
ent "
from = " 127.0.0.1 " id = " 7fe5d734 " xml:lang = " en " version = " 1.0 ">
```

当然为了安全起见，服务器还不会立刻进行资源交互。会需要进行所谓的流协商。

```
<stream: features><starttls xmlns="urn: ietf: params: xml: ns: xmpp-tls"></starttls>
<auth  xmlns="http: //jabber. org/features/iq-auth"/>
<register  xmlns="http: //jabber. org/features/iq-register"/>
</stream: features>
```

stream：features 表明在进行资源交互前，还需要进行协商，协商内容包括 TLS 方式的安全认证、用户认证以及注册。

（3）客户端收到后，会发送如下信息。

```
<starttls xmlns="urn:ietf:params:xml:ns:xmpp-tls"/>
```

表明客户端也是用 TLS 方式的认证（默认虽然使用的是 TLS，但更安全的方案是使用 SASL 方式）。随后客户端会查询服务器端认证需要的信息。

```
<iq    id="IHb1k-0"   type="get">
<query
xmlns="jabber:iq:auth"><username>urs</username></query></iq>
```

iq 是（Info/Query）的缩写，是三种通讯原语之一，其他两个为 message 和 presence。该原语应用于"请求-应答"机制。

（4）服务端收到认证请求后，返回如下信息，username、password、digest、resource 标明需要填充。

```
<iq type="result"   id="IHb1k-0"><query xmlns="jabber: iq: auth">
<username>urs</username><password/><digest/><resource/></query>
</iq>
```

（5）客户端发送已填充内容的 XML 节信息。

```
<iq id="IHb1k-1" type="set">
<query  xmlns="jabber:iq:auth"><username>cdz</username>
<digest>8e4915aff63c507e634b761ab28d0aa54de92a68</digest>
<resource>PushClient</resource>
</query></iq>
```

（6）服务器接收到消息后，确认无误后返回，注意 to 的内容即所谓 xmpp 中的 JID，服务器是通过 JID 来选择客户端的。

```
<iq type="result" id="IHb1k-1" to="urs@127.0.0.1/PushClient"/>
```

至此，流协商中，服务器端要求的信息，客户端都已经发送完毕，但现在还不算完，客户端还需要发送下面的信息，表示接受服务器的所有推送信息。

```
<iq id="IHb1k-2" type="get"><query
xmlns="jabber:iq:roster"></query></iq>
<presence id="IHb1k-3"></presence>
```

至此，流协商的工作已全部完成，后面就可以进行资源信息交互了，也就是所谓的推送信息。

10.1.4　系统客户端功能的具体实现

1. 客户端源代码文件结构与用途

下面这张图中的表格介绍了客户端关键源代码文件的用途。

包名	类名	用途
com.get.him	MainActivity.java	实现主界面的Activity，以及主界面的各种操作
	MapConstants.java	地图包中所需要的常量
	MylocationOverlayProxy.Java	地图界面坐标定位工具类
	RouteSearchAdapter.java	路径查询适配器
	RouteSearchPoiDialog.java	路经查询提示框
com.get.him.cilent	ConnectionInstance.java	连接notification服务的单例类
	ConnectivityReceiver.java	网络状态改变的广播接收器
	Constants.java	常量
	InvalidFormatException.java	无效表单异常类，继承RuntimeException
	LogUtil.java	打印log的辅助类
	Notification.java	notification对象，包含6个属性
	NotificationDetailsActivity.java	构造通知的具体格式，和显示内容
	NotificationIQ.java	继承自org.jivesoftware.smack.packet.IQ。对收到的
	NotificationIQProvider.java	Notification 格式的消息进行解析和处理
	NotificationPacketListener.java	
	NotificationReceiver.java	接收通知的广播接收器
	NotificationSender.Java	通知发送器
	NotificationService.java	通知服务
	NotificationSettingsActivity.java	设置通知的属性的Activity
	Notifier.java	当收到通知时，该类负责通知应用程序，让用户获悉
	PersistentConnectionListener.java	监听连接当前是否处于连接状态，若断开则重连
	PhoneStateChangeListener.java	手机状态监听器，主要监听网络状态
	ReconnectionThread.java	重连的线程
	ServiceManager.java	后台服务的管理器
	XmppManager.java	管理处于连接状态的XMPP协议连接
com.get.him.contacts	ContactsActivity.java	获取联系人列表的Activity
	ContactsContrast.java	获取联系人列表的工具类
	MyAdapter.java	获取联系人列表的适配器
com.get.him.initial	InitialActivity.java	初始化界面，判断网络状态，判断注册等事物
	TipsActivity.java	提示界面
com.get.him.menu	AboutActivity.java	关于界面
	SettingActivity.java	设置界面

图 10-6　客户端关键源代码文件

2. 客户端各功能模块的具体实现

1）系统注册登录模块

客户端注册登录模块不同于日常所见的注册登录，当系统运行起来以后，客户端自行抓取用户手机的 IMEI 识别码；用户需要手动输入手机号码。这些信息在加密之后会发送到后台服务器进行绑定注册。系统运行之后会启动一个 Service，Service 会向后台发送 IMEI 码，后台返回对应的手机号，校验成功后则判定为登录成功。系统将进而跳转到主界面。

代码清单 6.1 判断某个 Service 是否已经在运行

```
public boolean serviceIsRunning(String serviceName) {
    //获取 ActivityManager
    ActivityManager myManager = (ActivityManager)
getSystemService(Context.ACTIVITY_SERVICE);
    ArrayList<RunningServiceInfo> runningService =
(ArrayList<RunningServiceInfo>) myManager.getRunningServices(30);
    //获取系统当前的所有 Service,最多可以获取 30 个
    for (int i = 0; i < runningService.size(); i++) {
    //遍历当前运行的 Service,判断是否存在指定的 Service
    if(runningService.get(i).service.getClassName().toString().equals(serviceName)) {
    return true;
        }
    }
    return false;
    }
```

从上面的代码中可以看出，先获得系统的 ActivityManager，再通过 getRunningServices（）这个方法来获得系统当前正在运行的所有 Service，然后再判断指定的 Service 是否在该 ArrayList 里面。

如果该 Service 已经在运行的话，直接跳到主界面。否则的话，进入欢迎界面，该界面主要是一张 Logo 图片和一些版本信息，相对较简单，不做详细地介绍，延时进入登录界面。如果已经注册了，可以输入用户名和密码登录，还没注册的话，点击"注册"按钮，进入注册界面。下面说说如何验证用户名和密码是否正确。

代码清单 6.2 登录时验证用户名和密码

```
private int login() {
    String loginStr = "IMEI =" + imei + "&PHONENUM =" + phonenum;//查询字符串
    String loginUrl = Constants.BASE_URL + "/MyServlet/ClientLoginServlet? " + loginStr;//
Servlet 的 URL
    String returnStr = HttpUtil.queryStringForPost(loginUrl);//查询并返回结果
    if (returnStr.equals("1")) {
        return 1;//验证成功
    }else if (returnStr.equals("0")) {
        return 0;//验证失败
    }else {
        return 2;//网络异常
    }
    }
```

通过用户名和密码来构建请求参数，再通过 HTTP 发送请求到服务器端的 ClientLoginServlet。下面看看这个 Servlet 的关键代码。

代码清单 6.3 服务器端验证用户名和密码的 Servlet

```
public void doPost(HttpServletRequest req, HttpServletResponse res)
    throws ServletException, IOException {
String imei = req. getParameter(" imei");//获取 imei 的参数值
String phonenum = req. getParameter(" phonenum");//获取 phonenum 的参数值
PrintWriter out = res. getWriter();
String returnStr =" 2";//假设网络异常
PushUser user = pushUserService. getPushUserByUsername( imei);
if (user ! = null && user. getphonenum (). equals(phonenum)) {
    returnStr =" 1";//验证成功
}else {
    returnStr =" 0";//验证失败
}
out. print(returnStr);
out. flush();
out. close();
    }
```

先获得请求参数的值，再声明一个返回给客户端的响应字符串 returnStr，然后通过数据库验证用户名和密码是否正确，最后把 returnStr 返回给客户端。

2）地图模块

该系统地图包使用的是高德开源的地图 API，版本为 V1.1。

软件包	
com. amap. api. maps	地图显示包
com. amap. api. maps. model	覆盖物包
com. amap. api. offlinemap	离线地图包
com. amap. api. search. busline	公交线路和公交站点查询包
com. amap. api. search. core	核心基础包
com. amap. api. search. geocoder	地理编码包
com. amap. api. search. poisearch	Poi 查询包
com. amap. api. search. route	路径查询包

上表给出了高德地图 API 为开发者提供的开源软件包。该系统分别调用了 com. amap. api. maps（地图显示包）：基础地图包，包括很多地图的基本元素。

com. amap. api. maps. model（地图覆盖物包）：显示地图上的覆盖物，例如定位时的箭头。

com. amap. api. search. busline（公交路线和公交站点查询包）：涵盖了全国的公交线路和公交站点，可供查询。

com. amap. api. search. core（核心基础包）：核心包为其他除基础包之外的功能包提供支持。

com. amap. api. search. geocoder（地理编码包）：地理编码包主要负责将地图上的点和经纬度之间做相互转换。

com. amap. api. search. poisearch（Poi 查询包）：以经纬度构成的坐标点形式查询位置。

com. amap. api. search. route（路径查询包）。

下面将重点介绍路径查询包。

类摘要	
BusSegment	定义了一个公交路段
DriveSegment	定义了一个驾车行驶路段
DriveWalkSegment	定义了自驾路径、步行路径中的路段
Route	该类定义了一条路径
Route. FromAndTo	该类为 Route 的内部类，定义了路径计算时的起始点
Segment	此类定义了一个路段
WalkSegment	定义了一个步行路段

上表是路径查询包中的类摘要。高德地图 API 的路经查询包给出了生成路径的基础类 Route 以及定义一段路段的 Segment 类和三种路径查询方式类，公交（BusSegment）、驾驶（DriveSegment）、步行（WalkSegment）。定义路径是本系统的核心功能，相互追踪功能和固定点路径查询功能是在此核心功能的基础上演变出来。

3）相互追踪模块

当用户（A）启动该软件后（第一次使用需要正确绑定手机号），A 可以向联系人列表中的某个联系人（B）发送相互追踪请求。B 在收到 A 的追踪请求后，可以选择同意或拒绝该请求。当 B 同意 A 的追踪请求后，A 跟 B 将根据对方所共享的地理位置，绘制最佳追踪路径（驾车或公交等）。一般的，A 和 B 共享同一路径。

相互追踪模块基于高德 API 提供的路径包。使用 geocoder 包可以获取用户所在位置的经纬度，通过自定义的通讯协议，两个客户端之间通过服务器相互共享位置。

当两个客户端第一次通信完成之后，客户端会每隔 15 秒时间相互发送自己的地理位置，同时获取服务器推送来的对方的地理位置，解析并展示在地图上，从而达成追踪效果。

首先需要用户选择一个需要追踪的联系人，然后发送追踪请求，请求中包含了此用户当前的位置。当对方同意定位之后，系统获取被追踪者的位置，发送至服务器。服务器将双方的位置定时交互发送至对方，客户端系统再根据经纬度在地图上绘制成坐标点。

选择联系人的代码操作过于烦琐，故在此不再展示。

代码清单 6.4 获取坐标点的经纬度

```
    LatitudeE6 =
mLocationOverlay. getMyLocation(). getLatitudeE6();
    //经度
    LongitudeE6 =
mLocationOverlay. getMyLocation(). getLongitudeE6();
    //纬度
```

getLatitudeE6（）和 getLongitudeE6（）两个方法的返回值是双精度浮点型数据，

分别是当前位置的经度和纬度。

代码清单 6.5 发送坐标点到服务器

```
public static void sendGeoRequst(final String myGeo) {
    IQ iq = new IQ()
    //IQ 消息发送给服务器的格式
    {
        public String getChildElementXML()
        {
            //构造发送至服务器的 XML,模拟 web 的表单提交
            StringBuilder buf = new StringBuilder();
            buf. append("<"). append(" notification"). append(" xmlns = \"")
. append(" androidpn:iq:notification"). append("\">");
            //协议头,包括命名空间
            buf. append("<api>1234567890</api>");
            //<api>服务器接收判断标签之一,只是作为预留无实际意义
            buf. append("<id>sys</id>");
            //<id>此处固定为 sys,也是服务器的判断标签之一
            buf. append("<title>geo</title>");
            //<title>服务器会根据 title 标签判断客户端做的是什么操作,此为发送 geoPoint 到
服务器
            buf. append("<geo>" + myGeo + "</geo>");
            //<geo>经纬度点
            buf. append("</"). append(" notification"). append(">");
            //结尾
            return buf. toString();
        }
    };
    ConnectionInstance. getInstance(). binder. sendPacket(iq);
}
```

上面的代码段给出了客户端系统是如何向服务器发送请求。前文说过 IQ 来自 org. jivesoftware. smack. packet. IQ 包,是 XMPP 协议包提供的一种通信 packet。复写 getChildElementXML（）方法,构造 XML 发送至服务器,类似于模拟 web 表单提交。

4）实时通信模块

当用户 A 和用户 B 建立起相互追踪功能后,双方可以随意地给对方发送即时消息。该即时消息具有经纬度信息。所有接收和发送的历史消息都将提示并展示于该消息发送时的经纬度点上。

代码清单 6.6 发送消息到服务器

```
public static void sendMessageRequst(final String message, final String myGeo) {
    IQ iq1 = new IQ() {
```

```
        //IQ 发送消息给服务器的格式
            public String getChildElementXML() {
                    //构造发送至服务器的 XML,模拟 web 的表单提交
                    StringBuilder buf = new StringBuilder();
                    buf. append("<"). append("notification"). append(" xmlns = \"")
        . append(" androidpn:iq:notification"). append("\">");
                    //协议头,包括命名空间
                    buf. append("<api>1234567890</api>");
                    //<api>服务器接收判断标签之一,只是作为预留无实际意义
                    buf. append("<id>usr</id>");
                    //<id>此处固定为 usr
                    buf. append("<title>msg</title>");
                    //<title>服务器会根据 title 标签判断客户端做的是什么操作,此为发送 geo-
Point 以及 Message 到服务器
                    buf. append("<message>" + message + "</message>");
                    //<message>消息内容
                    buf. append("<geo>" + myGeo + "</geo>");
                    //<geo>经纬度点
                    buf. append("</"). append(" notification"). append(">");
                    //结束
                    return buf. toString();
            }
        };
        ConnectionInstance. getInstance(). binder. sendPacket(iq1);
}
```

代码段中的方法是客户端向服务器发送消息的具体实现函数。与追踪不同的是,该方法发送的 XML 中添加了一个<message>标签。<message>的 value 值则是用户发出的具体消息内容。之所以携带一个坐标点,是为了让消息可以展示在地图界面上。

当消息发出后,服务器接收到消息会解析重组成为一个新的 XML。经过一系列的判断后,服务器将新的重组后的消息发送至被判别出来的接收方的客户端。接收方客户端的 NotificationManager 会收到服务器发送来的消息。Notifier 会对消息做一个解析,将每个标签中的内容解析为字符串。采用 Intent 方式发送到需要进行操作的 Activity。Activity 对发送来的数据进行操作并且展示。

5) 固定点路径查询模块

任意地点间的公交或驾车最佳路径搜索,包括"我的位置"到任意地点。该功能方便使用者进行路径查询、搜索等。

固定点路径查询模块的核心来自于高德 API 的路径查询包,在其基础上使用<SlidingDrawer>添加了抽屉效果。这样主界面的布局会显得更加合理。

代码清单 6.7 抽屉布局

```
<SlidingDrawer
    android:id="@+id/sliding"
    android:layout_width="wrap_content"
    android:layout_height="wrap_content"
    android:content="@+id/content"
    android:handle="@+id/handle"
    android:orientation="vertical">
    <!-- 略过部分代码 -->
    .................
    <!-- 略过部分代码 -->
</SlidingDrawer>
```

6）推送机制模块

系统完全使用的推送机制，所有网络交换数据均通过推送完成。客户端拥有自己的服务器推送系统来处理用户发出的每一个信息。

推送机制的好处前文已经讲了很多了。在这里使用推送可以使得通信过程中的流量开销减少到最少，并且代码操作量会大量减少。

7）权限模块

考虑到位置共享带来的安全隐患，位置共享和通信交互功能都针对你手机中已有联系人，且被邀请者在被邀请时可以选择同意或者拒绝，这相当于一个权限设置。这样就大大减小了位置共享所带来的安全隐患。

位置共享的危险因素有很多，为了避免这些危险因素。在执行位置共享之前，会添加上选取联系人的操作。简而言之，选取联系人以及拒绝定位这两种操作组合在一起构成了权限的模块。

10.1.5　系统部署与运行

本系统的服务器端已经部署到公网，访问地址：http：//221.123.162.108：52222/Androidpn/。服务器后台页面端部署在 MyEclipse 里面配置好了的 Tomcat 上，后台服务端是 Java 服务。后台数据库用的是本地的 MySQL，客户端用的是两部 Android2.2 系统的手机。

1. 系统的部署

服务器部署完成并启动 Tomcat 之后，就可以测试客户端系统的各个功能模块了。将本系统的客户端部分安装在 Android2.2 操作系统的手机上，运行进行测试。

2. 系统的运行

1）系统注册登录功能测试

安装客户端的 APK 之后，启动该客户端应用。首先出现的是一个欢迎界面，如下图。

欢迎界面展示的是系统的 Logo，该界面只停留 3s 左右，之后便自动进入提示界面。提示界面仅在系统第一次运行时做显示。

图 10-8～图 10-10 为提示界面，三个界面的展示向用户传达了系统本身的核心亮点是"追踪"以及与地图相结合的通信。

图 10-7　Logo 图

图 10-8　提示界面 1

图 10-9　提示界面 2

图 10-10　提示界面 3

　　最后一个提示界面用来绑定手机号，是系统的注册过程。四个提示界面不是每次使用时候都显示，仅在第一次运行的时候会显示。这样简便了以往用户注册登录的烦琐过程。

　　2）系统地图功能测试

　　上图为系统的主界面，蓝色箭头表示当前所在位置。第 5 章中介绍了，地图的绘制以及定位等其他基础地图功能，调用的是高德的开源 API。当定位完成之后可以点击右下方的选取联系人按钮，选择一个联系人发送邀请。

图 10-11　注册界面

图 10-12　主界面

3）系统相互追踪与权限功能测试

如图所示，当点击选取联系人按钮之后，系统会弹出所有联系人的对话框，如图 10-13 所示。对话框中的联系人包含手机机身存储以及 SIM 卡两处的所有联系人。只有当用户选取一个手机中的联系人，点击确定之后，在网络畅通的情况下，追踪的邀请就会发出了。

如图 10-14 所示，当邀请发出之后，被邀请的联系人会收到定位追踪的请求。可以选

图 10-13　选择联系人界面

图 10-14　邀请的具体内容

择同意或者拒绝。

当被邀请者选择同意之后，系统会在主界面上绘制出执行追踪双方的最佳相遇路线图。橘红色的箭头代表对方的位置。系统会时时更新用户自己的位置，每隔15秒会更新对方的所在位置。如图 10-15 所示

通过以上的操作，相互追踪的功能测试已经完成。

4）系统实时通信与推送功能测试

位于主界面上方的是发送即时消息的即时消息输入框。图 10-16 为系统接收即时消息以及消息的地图展示。消息的传递是通过推送功能实现的。图 10-16 中所示消息的来源是另一个 Android 客户端，消息经其发出，通过服务器以推送的形式送达另一个 Android 客户端。

系统会将用户发送的消息在其当前所在位置上做出标记，如果消息交互非常频繁，系统会在一定时间之后将消息界面做刷新。

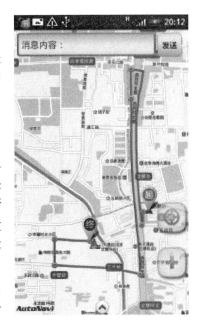

图 10-15　相遇路线

5）系统固定点路径查询功能测试

如下图所示，系统通过调用高德 API 中封装好的算法计算出了"我的位置"到"王府井大街"的最佳公交线路。

图 10-16　接收展示消息

图 10-17　抽屉中的功能

地图最上方的覆盖物为抽屉中的控件。包括两个下拉菜单以及四个按钮。抽屉效果的运用，使得系统主界面的功能更加丰富的同时从而不失整洁。

10.2 多目标实时定位系统

10.2.1 设计框架

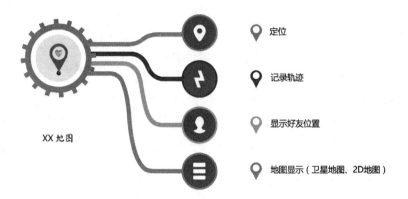

多目标实时定位系统的主要功能就是实现使用者的位置信息，同时还可以记录活动的轨迹以及好友所在的位置并显示在地图上，是一个功能多样、可以实现好友互联的软件系统。

10.2.2 程序实现

1. 界面设计

1）开始界面

打开程序时，首先会看到启动界面如下，该界面在屏幕上停留 3s，然后进入到程序的主界面。

```
new Handler().postDelayed(new
Runnable(){
    public void run(){
    Intent i = new
    Intent(StartActivity.this,
    MainActivity.class);
    startActivity(i);
    finish();
        }
    }, DELAY_TIME);
```

2）主界面

进入程序后会看到主程序界面，该界面包括了××地图的所有操作功能，分别有加载不同的地图，定位，获取他人坐标位置及地点，标记服务，道路导航（实现当前位置与公交、驾车目的地路径规划服务），地图的平移、跳转、放大缩小、手势操作等功能。

2. 功能设计

1）地图的平移、跳转、放大缩小、手势操作

该功能主要针对地图进行操作，借助于天地图移动 API，在手机上显示天地图的地图数据，包括矢量、影像和地名显示。天地图移动 API 提供覆盖全球数据精细矢量地图和最高精度达 0.5m 的影像地图数据。添加了天地图移动 API 内置指南针、放大缩小按钮，可以方便地调用与关闭；手势操作包括内置的捏合放大缩小，滑动地图，双击放大功能等。其中内置的双击放大功能可以关闭。

主要代码如下：

```
MapView mMapView = (MapView) findViewById(R.id.bmapsView);
//设置启用内置的缩放控件
mMapView.setBuiltInZoomControls(true);
//得到 mMapView 的控制权,可以用它控制和驱动平移和缩放
MapController mMapController = mMapView.getController();
//用给定的经纬度构造一个 GeoPoint,单位是微度（度 * 1E6）
GeoPoint point = new GeoPoint((int)(39.915 * 1E6),(int)(116.404 * 1E6));
//设置地图中心点
mMapController.setCenter(point);
//设置地图 zoom 级别
mMapController.setZoom(12);
mMapView.setBuiltInZoomControls(true);
MapView mMapView = (MapView) findViewById(R.id.bmapsView);
mMapView.setSatellite(true);
mMapView.setLogoPos(MapView.LOGO_RIGHT_TOP);
mMapView.setDoubleTapEnable(false);
```

2）实现当前位置定位与标记服务

对用于当前所在位置进行具体的确定，并在地图上标记出来。

主要代码如下：

```
//标记用户当前位置和绘制指南针功能
private void LocationMethods(){
    mMapView.getOverlays().clear();
    //清除地图上所有覆盖物
    List<Overlay> overlays = mMapView.getOverlays();
    myLocation = new MyLocationOverlay(MainActivity.this, mMapView);
    myLocation.enableCompass();//显示指南针
    myLocation.enableMyLocation();//显示我的位置
    mMapView.getOverlays().add(myLocation);
    //获取定位信息
    locationManager = (LocationManager)getSystemService(Context.LOCATION_SERVICE);
    Location location = getLocationProvider(locationManager);
                if(location! = null){
```

```
                    processLocationUpdated(location);
                }
    //设置每 3 秒 获取一次 GPS 定位信息
    locationManager. requestLocationUpdates(LocationManager. GPS_PROVIDER, 3000, 8, new Location-
Listener() {
        public void onStatusChanged(String provider, int status, Bundle extras) {}
        //当 GPS provider 可用时重新定位
        public void onProviderEnabled(String provider) { LocationMethods();}
        public void onProviderDisabled(String provider) {}
        public void onLocationChanged(Location location) {
                if(_run){
                //记下移动后的位置
                endpoint = getGeoByLocation(location);
                //画路线
                setRoute();
                //更新 mMapView
        refreshMapViewByGeoPoint(endpoint, mMapView, 12,true);
                startpoint = endpoint;}
        processLocationUpdated(location);
                }});}
    //获取 Location 的服务
    private Location getLocationProvider(LocationManager lm){
            try {
                    Criteria criteria = new Criteria();
                //设置查询条件参数
                    criteria. setAccuracy(Criteria. ACCURACY_FINE);
                    criteria. setAltitudeRequired(false);
                    criteria. setBearingRequired(true);
                    criteria. setCostAllowed(true);
                    criteria. setPowerRequirement(Criteria. POWER_LOW);
                    String provider = lm. getBestProvider(criteria, true);
                    //设置查询条件
                    location = lm. getLastKnownLocation(provider);
                    Toast. makeText(MainActivity. this,"经度:
\n" + location. getLongitude() +"\n 纬度:
\n" + location. getLatitude(),Toast. LENGTH_LONG). show();
        } catch (Exception e) {
                // TODO: handle exception
            e. printStackTrace();
        }
        return location;
        }
```

    结果显示如下:

274

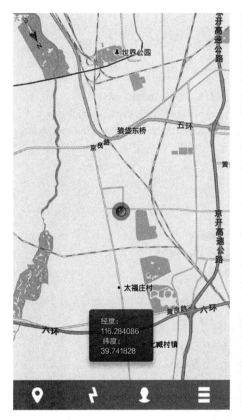

3）添加覆盖物

```
//覆盖物的定义
public class MyOverlay extends Overlay{
    private Context//覆盖物的定义
public class MyOverlay extends Overlay{
private Context mCon = null;
    private OverlayItem mItem = null;
    private Paint mPaint = null;
    public MyOverlay(Context con)
    {
mCon = con;
mPaint = new Paint();
    }
    @Override
    public boolean onTap(GeoPoint point, MapView mapView) {
    // TODO Auto-generated method stub
    //标记点击的坐标位置
    mItem = new OverlayItem(point, "Tap", point.toString());
    mapView.postInvalidate();
    return true;
    }
    @Override
    public void draw(Canvas canvas, MapView mapView, boolean shadow) {
```

```
       // TODO Auto - generated method stub
       super. draw(canvas, mapView, shadow);
       if(mItem = = null)
       return;
        //以下为绘制点击位置及其坐标
       Drawable d = mCon. getResources(). getDrawable(R. drawable. tip_xx);
       Point point = mapView. getProjection(). toPixels(mItem. getPoint(), null);
       d. setBounds(point. x - d. getIntrinsicWidth()/2, point. y - d. getIntrinsicHeight(),
       point. x + d. getIntrinsicWidth()/2, point. y);
       d. draw(canvas);
   }
       }
```

结果显示如下：

4）记录轨迹

记录轨迹就是将用户的活动轨迹利用线和箭头展现在地图上。

主要代码如下：

```
public boolean draw(Canvas canvas,MapView mapView,boolean shadow,long when){
    Projection projection = mapView. getProjection();
    if(shadow = = false){
        Paint paint = new Paint();
        paint. setAntiAlias(true);
        paint. setColor(Color. BLUE);
        Point point = new Point();
        projection. toPixels(startpoint, point);
        //mode = 1 创建起点
        if(mode = = 1){
            //定义 RectF 对象
RectF oval = new RectF(point. x - mRadius, point. y - mRadius, point. x + mRadius, point. y + mRadi-
us);
```

276

```
                //绘制起点的圆形
                canvas. drawOval(oval, paint);
            }
        //mode = 2 画路线
        else if(mode = = 2){
                Point point2 = new Point();
                projection. toPixels(endpoint, point2);
                paint. setColor(Color. BLACK);
                paint. setStrokeWidth(5);
        //画线
                canvas. drawLine(point. x, point. y, point2. x, point2. y, paint);
            }
        //mode = 3 创建终点
        else if(mode = = 3){
        //避免误差,先画最后一段的路线
                Point point2 = new Point();
                projection. toPixels(endpoint, point2);
                paint. setStrokeWidth(5);
canvas. drawLine(point. x, point. y, point2. x, point2. y, paint);
            //定义 RectF 对象
RectF oval = new RectF(point2. x - mRadius,point2. y - mRadius,point2. x +
mRadius,point2. y + mRadius);
            //绘制终点的圆形
                canvas. drawOval(oval, paint);
            }
        }
    return super. draw(canvas, mapView, shadow, when);
}
public boolean onTap(GeoPoint point, MapView mapView) {
    // TODO Auto - generated method stub
    // 标记点击的坐标位置
    mapView. postInvalidate();
    return true;
    }
}
```

5) 导航

导航,顾名思义就是将从起点到目的地的最短最快的路线详细地显示出来,通过距离和方向,具体地一步一步地指导用户到达目的地。

主要代码如下:

```
//导航
popup. setOnMenuItemClickListener(newPopupMenu. OnMenuItemClickListener()
{
        public boolean onMenuItemClick(MenuItem item) {
            // TODO Auto - generated method stub
            switch (item. getItemId()) {
            case R. id. item_01:
            //画起点
```

```
                    startpoint = endpoint;
           //清除覆盖物
                    resetOverlay();
      setStartPoint();
              //更新 mMapView
          refreshMapViewByGeoPoint(endpoint, mMapView, 12,false);
                    _run = true;
                    break;
              //停止记录
              case R. id. item_02:
                    setEndPoint();
          refreshMapViewByGeoPoint(endpoint, mMapView, 12,false);
                    _run = false;
                    break;
              default:
                    popup. dismiss();
                    break;
              }
              return true;
          }
      });
    popup. show();
    }
```

6）显示好友位置

通过此功能可以实时地显示好友所在的位置。

主要代码如下：

```
//好友位置显示
friends. setOnClickListener(new OnClickListener() {
public void onClick(View v) {
      // TODO Auto - generated method stub
AlertDialog. Builderbuilder = newAlertDialog. Builder(MainActivity. this);
      final AlertDialog alertDialog = builder. create();
View view = LayoutInflater. from(MainActivity. this). inflate
(R. layout. daohangactiviy, null);
final TextView text = (TextView)view. findViewById(R. id. textView1);
final EditText number = (EditText)view. findViewById(R. id. editText1);
        Button send = (Button)view. findViewById(R. id. send);
        send. setOnClickListener(new OnClickListener() {
        public void onClick(View v) {
            // TODO Auto - generated method stub
              alertDialog. dismiss();
            //得到电话号码
String telphone = number. getText(). toString();
            //得到内容
        String smsstr = text. getText(). toString();
            //判断号码字符串的合法性
```

```
if(PhoneNumberUtils. isGlobalPhoneNumber(telephone)){
            v. setEnabled(false);
            sendSMS(telephone, smsstr, v);
                }else{
        Toast. makeText(MainActivity. this,"电话号码不符合格式!! ", 5000). show();
                }
            }
            });
        alertDialog. show();
        alertDialog. setContentView(view);
        format = new DecimalFormat("＃＃＃. 000000");
    //new SocketSendActivity(). connectToServer();
```

text. setText("经度:" + format. format(getLocation(). getLongitude()) + "\n 纬度:" + format. format(getLocation(). getLatitude()) + "\n 速度" + getLocation(). getSpeed() + "\n 方向" + getLocation(). getBearing());

```
        }
    });
        }
```

结果显示如下：

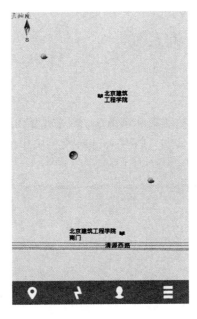

7) 更多功能

更多功能包含一些小的可能会用到的以及日后继续开发等的功能及提示。

主要代码如下：

```
public void MoreonPopupButtonClik(View button){
        popup = new PopupMenu(this, button);
getMenuInflater(). inflate(R. menu. pupop_menu_item,popup. getMenu());
popup. setOnMenuItemClickListener(newPopupMenu. OnMenuItemClickListener
(){
```

```
public boolean onMenuItemClick(MenuItem item) {
    // TODO Auto - generated method stub
    switch (item. getItemId()) {
    case R. id. item01：
    mMapView. setSatellite(true);
    break;
case R. id. item02：
    mMapView. setSatellite(false);
    break;
case R. id. item03：
Toast. makeText(MainActivity. this,"期待下一个版本", 5000). show();
    break;
case R. id. item04：
    finish();
default：
    popup. dismiss();
    break;
    }
    return true;
    }
});
popup. show();}
```

10.3　交通地理信息查询系统

10.3.1　实验环境

实验所用开发环境的搭建按照第 9 章第 9.1.3 节与第 9.3.3 节所示进行配置，在 JA-VA 的 eclipse 编译环境中进行实验，打开 eclipse 文件夹中的 eclipse. exe 文件，配置环境成功后，开发环境如下：

10.3.2　LOGO 设计

本次开发软件 LOGO 的设计理念是尽可能地体现出交通、地理信息、查询三个要素，图标设计为小汽车造型，一眼便可以看出有交通的设计，同时也还可以隐喻出有查询的功能，由查询便需要地理信息的帮助，所以本 LOGO 能很好地体现出查询系统的本质用途——公交和汽车线路等的查询。

10.3.3　开发过程

1. LOGO 图标与软件的连接

将 LOGO 图标设置到自己的软件界面和应用程序启动图标中。

具体代码如下：

```
android:allowBackup = "true"
android:icon = "@drawable/tubiao"
android:label = "@string/app_name"
android:theme = "@style/AppTheme" >
<activity
        android:name = "com.example.tianditu2.MainActivity"
        android:label = "@string/app_name" >
<intent-filter>
<action android:name = "android.intent.action.MAIN" />
```

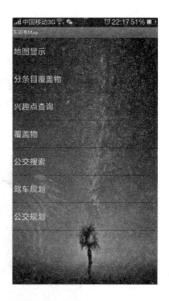

2. 主菜单及显示地图数据

1）主菜单设置

主菜单实现代码：

```
public class ListMain extends Activity{
    ListViewmListView = null;
    String mStrDemos[] = {
            "地图显示",
            "分条目覆盖物",
            "兴趣点查询",
            "覆盖物",
            "公交搜索",
            "驾车规划",
            "公交规划"};
    Class<?> mActivities[] = {
            MapView1.class,
            ItemizedOverlay1.class,
            PoiSearch1.class,
            MOverlay.class,
            BusSearch1.class,
            Navigation1.class,
            TransportSearch1.class
    };
    @Override
```

```
protected void onCreate(Bundle savedInstanceState) {
    // TODO Auto - generated method stub
    super. onCreate(savedInstanceState);
    setContentView(R. layout. main);
    mListView = (ListView)findViewById(R. id. listView);
    List<String> data = new ArrayList<String>();
    for (int i = 0; i < mStrDemos. length; i + +)
    {
        data. add(mStrDemos[i]);
    }
    mListView. setAdapter((ListAdapter) new ArrayAdapter<String>(this, android. R. layout.
simple_list_item_1,data));
    mListView. setOnItemClickListener(new OnItemClickListener() {
        public void onItemClick(AdapterView<? > arg0, View v, int index, long arg3) {
            if (index < 0 || index > = mActivities. length)
                return;
            Intent intent = null;
            intent = new Intent(ListMain. this, mActivities[index]);
            startActivity(intent);
        }
    });
}
}
```

2) 地图显示功能

地图显示在手机上显示天地图的地图数据，包括矢量、影像和地名显示。天地图移动
API 提供覆盖全球数据精细矢量地图和最高精度达 0.5 米的影像地图数据。天地图移动
API 内置指南针、放大缩小按钮，可以方便地调用与关闭。手势操作包括内置的捏合放大
缩小，滑动地图，双击放大功能等。其中内置的双击放大功能可以关闭。

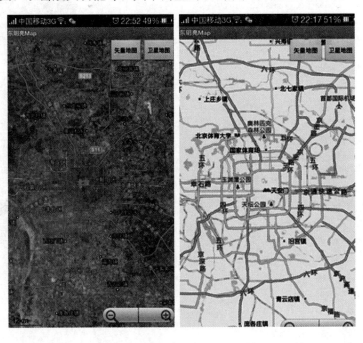

实现代码如下：

```
//矢量地图显示
Button btn = (Button)findViewById(R.id.sldt);
btn.setOnClickListener(new OnClickListener(){
public void onClick(View v) {
    // TODO Auto-generated method stub
    mMapView.setSatellite(false);
    int zoomLevel = mMapView.getZoomLevel();
    mMapView.getController().setZoom(zoomLevel);
    }
});
//卫星地图显示
btn = (Button)findViewById(R.id.wxdt);
btn.setOnClickListener(new OnClickListener(){
public void onClick(View v) {
    // TODO Auto-generated method stub
    mMapView.setSatellite(true);
    int zoomLevel = mMapView.getZoomLevel();
    mMapView.getController().setZoom(zoomLevel);
    }
});
```

3. 实现当前位置定位与标记服务

利用天地图移动 API 支持定位服务拥有的 GPS、网络等多种定位方式，获取用户当前手机位置和移动方向，使用接口为接口当前位置（MyLocationOverlay），在获取的当前位置地图上可以添加自己的覆盖物（标注层）到地图上。

1）分条目覆盖物

首先要做的就是利用分条目覆盖物来显示位置信息。

实现代码如下：

```
protected void onCreate(Bundle savedInstanceState) {
    // TODO Auto - generated method stub
    super. onCreate(savedInstanceState);
    setContentView(R. layout. itemized);
    mMapView = (MapView)findViewById(R. id. itemized_mapview);
    mMapView. setBuiltInZoomControls(true);
    mController = mMapView. getController();
    mCon = this;
    List<Overlay> list = mMapView. getOverlays();
    //标记用户当前的位置和绘制指南针功能
    MyLocationOverlay myLocation = new MyLocationOverlay(this, mMapView);
    myLocation. enableCompass();//显示指南针
    myLocation. enableMyLocation();//显示我的位置
    list. add(myLocation);
    Resources res = getResources();
    Drawable marker = res. getDrawable(R. drawable. poiresult);
    mOverlay = new MyOverItemT(marker, this);
    mController. setCenter(
    newGeoPoint((int)(39. 90923 * 1000000),(int)(116. 397428 * 1000000)));
    //创建弹出框 view
    mPopView = super. getLayoutInflater(). inflate(R. layout. popview, null);
    mText     = (TextView)mPopView. findViewById(R. id. text);
    mMapView. addView(mPopView,
    new MapView. LayoutParams(ViewGroup. LayoutParams. WRAP_CONTENT,
    ViewGroup. LayoutParams. WRAP_CONTENT,null,
    MapView. LayoutParams. TOP_LEFT));
    mPopView. setVisibility(View. GONE);
```

2）兴趣点查询

兴趣点的查询功能是实现锁定感兴趣的点在地图中的所有位置。

实现代码如下:

```
protected void onCreate(Bundle savedInstanceState) {
        super.onCreate(savedInstanceState);
        mCon = this;
        setContentView(R.layout.poisearch);
        mMapView = (MapView)findViewById(R.id.mapview);
        Button search = (Button)findViewById(R.id.search_byName);
        search.setOnClickListener(new OnClickListener(){
            public void onClick(View view) {
                // TODO Auto-generated method stub
                EditText et = (EditText)findViewById(R.id.main_search_poi_edit_name);
                if(et == null){
                    return;
                }
                if(et.getText() == null || et.getText().toString().equals("")){
Toast.makeText(mCon,"请输入您要查的地点",Toast.LENGTH_SHORT).show();
                    return;
                }
                String searchcondition = et.getText().toString();
                poi = new PoiSearch(mCon,PoiSearch1.this,mMapView);
                poi.search(searchcondition,null,null);
            }
        });
```

3) 覆盖物

实现代码如下:

```
public void onCreate(Bundle savedInstanceState) {
```

```java
        super. onCreate(savedInstanceState);
        setContentView(R. layout. overlay);
        mMapView = (MapView)findViewById(R. id. overlay _ mapview);
        mTv = (TextView)findViewById(R. id. shown _ text);
        mMapView. setSatellite(false);
        mMapView. setBuiltInZoomControls(true);
        mController = mMapView. getController();
        mController. setCenter(new GeoPoint((int)(39. 915 * 1000000), (int)(116. 404 * 1000000)));
        mController. setZoom(12);
        mMapView. getOverlays(). add(new MyOverlay(this));
        mMapView. setFocusable(true);
        mMapView. setEnabled(true);
    }
public class MyOverlay extends Overlay{
    private Context mCon = null;
    private OverlayItem mItem = null;
    private Paint       mPaint = null;
    public MyOverlay(Context con)
    {
        mCon = con;
        mPaint = new Paint();
    }
@Override
public boolean onTap(GeoPoint point, MapView mapView) {
    // TODO Auto-generated method stub
    // 标记点击的坐标位置
    mItem = new OverlayItem(point, "Tap", point. toString());
    mapView. postInvalidate();
    return true;
}
@Override
public boolean onKeyUp( int keyCode, KeyEvent event, MapView mapView) {
    // TODO Auto-generated method stub
    Toast. makeText(mCon, "onKeyUp: " + keyCode, Toast. LENGTH _ LONG). show();
    return super. onKeyUp(keyCode, event, mapView);
}
@Override
public boolean onKeyDown( int keyCode, KeyEvent event, MapView mapView) {
    // TODO Auto-generated method stub
    Toast. makeText(mCon, "onKeyDown: " + keyCode, Toast. LENGTH _ LONG). show();
    return super. onKeyDown(keyCode, event, mapView);
}
@Override
public boolean onTouchEvent(MotionEvent event, MapView mapView) {
    // TODO Auto-generated method stub
    mTv. setText(" onTouchEvent: " + event. getX() + ", " + event. getY());
    return super. onTouchEvent(event, mapView);
}
```

```
@Override
public void draw(Canvas canvas, MapView mapView, boolean shadow) {
    // TODO Auto-generated method stub
    super. draw(canvas, mapView, shadow);
    if(mItem = = null)
        return;
    mPaint. setColor(Color. RED);
    /*
     * 以下为绘制点击位置及其坐标
     */
    Drawable d = mCon. getResources(). getDrawable(R. drawable. tips_arrow);
    Point point = mapView. getProjection(). toPixels(mItem. getPoint(), null);
    d. setBounds(point. x - d. getIntrinsicWidth()/2, point. y-d. getIntrinsicHeight()
        , point. x + d. getIntrinsicWidth()/2, point. y);
    d. draw(canvas);
    Rect bounds = new Rect();
    mPaint. getTextBounds(mItem. getSnippet(), 0, mItem. getSnippet(). length()-1, bounds);
    //显示坐标文本
    canvas. drawText(mItem. getSnippet(), point. x-bounds. width()/2, point. y-d. getIn-
    trinsicHeight(), mPaint);
    }
}}
```

4. 公交搜索

公交、地铁等城市公共交通线路、站点的查询，所使用的接口为文档公交搜索
（TBusLineSearch）类。

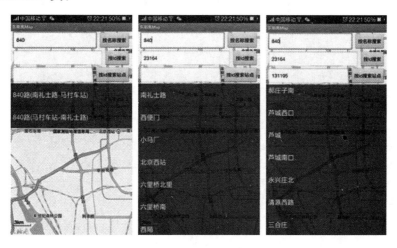

实现代码如下：

```
protected void onCreate (Bundle savedInstanceState) {
    // TODO Auto-generated method stub
    super. onCreate (savedInstanceState);
    mCon = this;
    setContentView (R. layout. bussearch);
    m_mapview = (MapView) findViewById (R. id. mapview);
    Button search = (Button) findViewById (R. id. search_byName);
```

```java
search. setOnClickListener (new OnClickListener () {
  public void onClick (View view) {
    // TODO Auto-generated method stub
    EditText et = (EditText) findViewById (R. id. main_search_poi_edit_name);
    if (et = = null) {
      return;
    }
    if (et. getText () = = null || et. getText (). toString (). equals ("")) {
    Toast. makeText (mCon, "请输入您要查公交线路名称", Toast. LENGTH_SHORT). show ();
      return;
    }
    String searchcondition = et. getText (). toString ();
    busSearch = new TBusLineSearch (BusSearch1. this, m_mapview);
    busSearch. search (searchcondition);
  }
});
EditText et = (EditText) findViewById (R. id. main_search_poi_edit_id);
et. setInputType (InputType. TYPE_CLASS_NUMBER);
//按 id 搜索按钮
Button searchById = (Button) findViewById (R. id. search_byId);
searchById. setOnClickListener (new OnClickListener () {
  public void onClick (View view) {
    // TODO Auto-generated method stub
    EditText et = (EditText) findViewById (R. id. main_search_poi_edit_id);
    if (et = = null) {
      return;
    }
    if (et. getText () = = null || et. getText (). toString (). equals ("")) {
    Toast. makeText (mCon, "请输入您要查的公交线路 id", Toast. LENGTH_SHORT). show ();
      return;
    }
    String searchcondition = et. getText (). toString ();
    busSearch = new TBusLineSearch (BusSearch1. this, m_mapview);
    int id = Integer. parseInt (searchcondition);
    busSearch. search (id);
  }
});
EditText stationet = (EditText) findViewById (R. id. main_search_station_edit_id);
stationet. setInputType (InputType. TYPE_CLASS_NUMBER);
//按 id 搜索按钮
Button searchstationById = (Button) findViewById (R. id. search_station_byId);
searchstationById. setOnClickListener (new OnClickListener () {
  public void onClick (View view) {
    // TODO Auto-generated method stub
    EditText et = (EditText) findViewById (R. id. main_search_station_edit_id);
```

```java
        if (et = = null) {
            return;
        }
        if (et. getText () = = null || et. getText (). toString (). equals ("")) {
        Toast. makeText (mCon, "请输入您要查的公交线路 id", Toast. LENGTH_SHORT). show ();
            return;
        }
        String searchcondition = et. getText (). toString ();
        station = new TBusStationSearch (BusSearch1. this);
        station. search (searchcondition);
        }
    });
    mCon = this;
}
/ *
 *  自定义覆盖物
 * * /
static class OverItemT extends ItemizedOverlay<OverlayItem> implements Overlay. Snappable {
        private List<OverlayItem> GeoList = new ArrayList<OverlayItem> ();
        private static Drawable mMaker = null;
        public OverItemT (Drawable marker, Context context) {
            super ( (mMaker = boundCenterBottom (marker)));
        }
        @Override
        protected OverlayItem createItem (int i) {
            return GeoList. get (i);
        }
        @Override
        public int size () {
            return GeoList. size ();
        }
        public void addItem (OverlayItem item)
        {
            item. setMarker (mMaker);
            GeoList. add (item);
        }
        @Override
        public void draw (Canvas canvas, MapView mapView, boolean shadow) {
            super. draw (canvas, mapView, shadow);
        }
        @Override
        // 处理当点击事件
        protected boolean onTap (int i) {
            return super. onTap (i);
        }
```

```
    public void Populate ()
     {
      populate ();
     }
  }
  public void onBusLineResult (ArrayList<TBusLineInfo> lines, int error) {
      // TODO Auto-generated method stub
      if (lines = = null || lines. size () = = 0) {
          Toast. makeText (mCon, "未找到结果", Toast. LENGTH_LONG). show ();
          return;
      }
      mLines = lines;
      List<String> data = new ArrayList<String> ();
      for (int i = 0; i < lines. size (); i + +) {
          TBusLineInfo line = lines. get (i);
          if (mLines. size () ! = 1) {
              data. add (line. getName ());
          } else {
              for (int j = 0; j < line. getStations (). size (); j + +) {
                  data. add (line. getStations (). get (j). getName ());
              }
              data. add ("公司：" + line. getCompany ());
              data. add ("里程：" + line. getLength () + "米");
              data. add ("结束时间：" + line. getFinalTime ());
              data. add (" id：" + line. getId ());
              data. add ("线路类型：" + line. getType ());
              data. add ("线路名称：" + line. getName ());
              data. add ("首发车时间：" + line. getFirstTime ());
          }
      }
      mList = (ListView) findViewById (R. id. list);
      mList. setAdapter ((ListAdapter) new ArrayAdapter<String> (this, android. R. lay-
out. simple_list_item_1, data));
      mList. setOnItemClickListener (new OnItemClickListener () {
          public void onItemClick (AdapterView<? > arg0, View arg1, int arg2,
                  long arg3) {
              if (mLines. size () = = 1) {
                  if (arg2 < mLines. get (0). getStations (). size ()) {
                    String id = mLines. get (0). getStations (). get (arg2). getId ();
                    EditText et = (EditText) findViewById (R. id. main_search_station_edit_id);
                          et. setText (id);
                  }
              }
              else {
                String id = mLines. get (arg2). getId ();
```

```
        // TODO Auto-generated method stub
        EditText et = (EditText) findViewById (R. id. main_search_poi_edit_id);
        et. setText (id);
          }
        }
    });
  }
public void onStationResult (TBusStationInfo info, int error){
    // TODO Auto-generated method stub
    if (info = = null) {
        String str = "没有找到结果";
        Toast. makeText (mCon, str, Toast. LENGTH_SHORT). show ();
        return;
    }
int size = info. getBusLines (). size ();
ArrayList<String> data = new ArrayList<String> ();
data. add ("经过该站公交: ");
for (int j = 0; j < size; j+ +) {
    data. add (info. getBusLines (). get (j). getName ());
}
data. add ("站点 id: " + info. getId ());
data. add ("站点名称: " + info. getName ());
data. add ("站点坐标: " + info. getPoint ());
mList = (ListView) findViewById (R. id. list);
mList. setAdapter ( (ListAdapter) new ArrayAdapter<String> (this, android. R. lay-
out. simple_list_item_1, data));
mList. setOnItemClickListener (new OnItemClickListener () {
    public void onItemClick (AdapterView<? > arg0, View arg1, int arg2,
        long arg3) {
        // TODO Auto-generated method stub
        return;
    }
});
  }
}
```

5. 路径规划

实现当前位置与公交、驾车目的地路径规划服务，利用获取用户当前手机位置和屏幕上选定的（或者输入的其他字符串代表的地物）进行路径规划，分别实现驾车和公交的规划路线和选项。

驾乘路线规划

驾乘路线规划就是指以最短最快的方式实现起始点到目的地的路线规划。

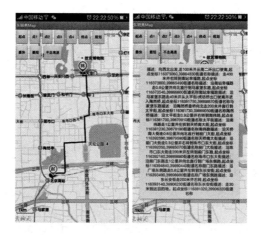

实现代码如下：

```java
protected void onCreate (Bundle savedInstanceState) {
    // TODO Auto-generated method stub
    super. onCreate (savedInstanceState);
    setContentView (R. layout. navigation);
    mDrivingOverlay = new DrivingOverlay (this);
    mMapView = (MapView) findViewById (R. id. driving_mapview);
    mMapView. setDrawOverlayWhenZooming (false);
    mMapView. getOverlays (). add (new MyOverlay (this));
    MapController mController = mMapView. getController ();
    mController. setZoom (10);
    mController. animateTo (new GeoPoint (39945124, 116245124));
    TDrivingRoute route = new TDrivingRoute (this);
    GeoPoint start = new GeoPoint (39880000, 116310000);
    GeoPoint end   = new GeoPoint (40030000, 116290000);
    route. startRoute (start, end, null, 1);
    Button btn = null;
    btn = (Button) findViewById (R. id. start);
    btn. setOnClickListener (new OnClickListener () {
        public void onClick (View view) {
            // TODO Auto-generated method stub
            mIndex = 0;
            Toast. makeText (Navigation1. this,"请选择起点", Toast. LENGTH_SHORT).
            show ();
        }
    });
    btn = (Button) findViewById (R. id. one);
    btn. setOnClickListener (new OnClickListener () {
        public void onClick (View view) {
        // TODO Auto-generated method stub
        mIndex = 1;
        Toast. makeText (Navigation1. this,"请选择途经点 1 ", Toast. LENGTH_SHORT).
        show ();
    }
```

```java
    });
btn = (Button) findViewById (R. id. two);
btn. setOnClickListener (new OnClickListener () {
    public void onClick (View view) {
        // TODO Auto-generated method stub
        mIndex = 2;
        Toast. makeText (Navigation1. this,"请选择途经点 2 ", Toast. LENGTH _ SHORT).
        show ();
    }
});
btn = (Button) findViewById (R. id. three);
btn. setOnClickListener (new OnClickListener () {
    public void onClick (View view) {
        // TODO Auto-generated method stub
        mIndex = 3;
        Toast. makeText (Navigation1. this,"请选择途经点 3 ", Toast. LENGTH _ SHORT).
        show ();
    }
});
btn = (Button) findViewById (R. id. four);
btn. setOnClickListener (new OnClickListener () {
    public void onClick (View view) {
        // TODO Auto-generated method stub
        mIndex = 4;
        Toast. makeText (Navigation1. this,"请选择途经点 4 ", Toast. LENGTH _ SHORT).
        show ();
    }
});
btn = (Button) findViewById (R. id. end);
btn. setOnClickListener (new OnClickListener () {
    public void onClick (View view) {
        // TODO Auto-generated method stub
        mIndex = 5;
        Toast. makeText (Navigation1. this,"请选择终点", Toast. LENGTH _ SHORT). show ();
    }
});
btn = (Button) findViewById (R. id. route);
btn. setOnClickListener (new OnClickListener () {
public void onClick (View view) {
    // TODO Auto-generated method stub
    if (mStart = = null) {
        Toast. makeText (Navigation1. this,"请选择起点", Toast. LENGTH _ SHORT). show ();
            return;
        }
        if (mEnd = = null) {
        Toast. makeText (Navigation1. this,"请选择终点", Toast. LENGTH _ SHORT). show
        ();
            return;
```

```
        }
        mPoints. clear ();
        if (p1 ! = null) {
            mPoints. add (p1);
        }
        if (p2 ! = null) {
            mPoints. add (p2);
        }
        if (p3 ! = null) {
            mPoints. add (p3);
        }
        if (p4 ! = null) {
            mPoints. add (p4);
        }
        TDrivingRoute route =  new TDrivingRoute (Navigation1. this);
        route. startRoute (mStart, mEnd, mPoints, TDrivingRoute. DRIVING _ TYPE _ FAST-
        EST);
    }
});
Button btn _ type = null;
btn _ type = (Button) findViewById (R. id. fastest);
btn _ type. setOnClickListener (new OnClickListener () {
    public void onClick (View view) {
        // TODO Auto-generated method stub
        TDrivingRoute route =  new TDrivingRoute (Navigation1. this);
        route. startRoute (mStart, mEnd, mPoints, TDrivingRoute. DRIVING _ TYPE _ FAST-
        EST);
    }
});
btn _ type = (Button) findViewById (R. id. shortest);
btn _ type. setOnClickListener (new OnClickListener () {
    public void onClick (View view) {
        // TODO Auto-generated method stub
        TDrivingRoute route =  new TDrivingRoute (Navigation1. this);
        route. startRoute (mStart, mEnd, mPoints, TDrivingRoute. DRIVING _ TYPE _ SHORT-
        EST);
    }
});
btn _ type = (Button) findViewById (R. id. not _ highway);
btn _ type. setOnClickListener (new OnClickListener () {
public void onClick (View view) {
        // TODO Auto-generated method stub
        TDrivingRoute route =  new TDrivingRoute (Navigation1. this);
        route. startRoute (mStart, mEnd, mPoints, TDrivingRoute. DRIVING _ TYPE _ NOHIGH-
        WAY);
    }
});
}
```

```
public void onDrivingResult (TDrivingRouteResult result, int errCode) {
    if (errCode ! = 0)
     {
        Toast. makeText (this,"规划出错!", Toast. LENGTH _ SHORT). show ();
        return;
     }
    mDrivingOverlay. setDrivingResult (result);
    GeoPoint point = result. getCenterPoint ();
    mMapView. getController (). animateTo (point);
    if (mDrivingOverlay ! = null) {
        mMapView. getOverlays (). remove (mDrivingOverlay);
     }
    mMapView. getOverlays (). add (mDrivingOverlay);
    mMapView. postInvalidate ();
    Toast. makeText (this,
            "长度:"+result. getLength () + ", 时间:" + result. getCostTime (),
            Toast. LENGTH _ SHORT). show ();
    int size = result. getSegmentCount ();
    String str = "";
    for (int i = 0; i < size; i + +) {
        str + = "描述:" + result. getSegDescription (i);
        str + = "起点坐标" + result. getStartPoint (i);
        str + = "街道名称" + result. getStreetName (i);
     }
    Toast. makeText (this, str, Toast. LENGTH _ SHORT). show ();
}
public class MyOverlay extends Overlay {
        private Context mCon = null;
        private OverlayItem mItem = null;
        private Paint        mPaint = null;
        public MyOverlay (Context con)
         {
            mCon = con;
            mPaint = new Paint ();
         }
        @Override
        public boolean onTap (GeoPoint point, MapView mapView) {
            // TODO Auto-generated method stub
            mItem = new OverlayItem (point, "Tap", point. toString ());
            if (mIndex = = 0) {
                mStart = point;
             }
            else if (mIndex = = 1) {
                p1 = point;
             }
            else if (mIndex = = 2) {
                p2 = point;
             }
```

```
        else if (mIndex = = 3) {
            p3 = point;
        }
        else if (mIndex = = 4) {
            p4 = point;
        }
        else if (mIndex = = 5) {
            mEnd = point;
        }
        mapView. postInvalidate ();
        return true;
    }
```

公交规划

公交规划是对路程进行公交和地铁的规划，实现最近车站或地铁站上车、距目的地最近车站或地铁站下车的公交线路及地铁线路的规划。

实现代码如下：

```
public void drawBusLine(Canvas canvas, MapView mapView){
        m_fBusResultPoints. clear();
        Path busPath = new Path();
        ArrayList<TTransitLine> lines = mResult. getTransitLines();
        //得到一条线路的各段
        ArrayList<TTransitSegmentInfo> segs = lines. get(mSelected). getSegmentInfo();
    for(int i = 0; i < segs. size(); i + +){   //每一段可能有多条线路，取第一条画出来
            ArrayList<GeoPoint> points = segs. get(i). getSegmentLine(). get(0). getSha-
            pePoints();
            m_fBusResultPoints = LatlonsToCoordinate(mapView. getProjection(), points);
            int size = m_fBusResultPoints. size();
            busPath. moveTo(m_fBusResultPoints. get(0). x, m_fBusResultPoints. get(0). y);
            for(int j = 0; j < size; j + +){
                Point p = m_fBusResultPoints. get(j);
                busPath. lineTo(p. x, p. y);
            }
```

```
busPath. setLastPoint(m _ fBusResultPoints. get(size - 1). x, m _ fBusResult-
    Points. get(size - 1). y);
if(segs. get(i). getType() = = TBusRoute. BUS _ SEGMENT _ TYPE _ WALK)
    mPaint. setARGB(178, 120, 5, 3);
else{
    mPaint. setARGB(204, 0, 174, 255);
}
canvas. drawPath(busPath, mPaint);
busPath. reset();
GeoPoint pos = segs. get(i). getEnd(). getPoint();
pos = segs. get(i). getStart(). getPoint();
Point startPoint = mapView. getProjection(). toPixels(pos, null);
int wid = mDrawableBus. getIntrinsicWidth();
int height = mDrawableBus. getIntrinsicHeight();
if(i = = 0 ){   //与起点相邻的一段，避免与起点图标重叠
    continue;
}
//公交
if(segs. get(i). getType() = = TBusRoute. BUS _ SEGMENT _ TYPE _ BUS)
{
    mDrawableBus. setBounds(startPoint. x - wid/2, startPoint. y - height/2,
            startPoint. x + wid/2, startPoint. y + height/2);
    mDrawableBus. draw(canvas);
}
//地铁
else if(segs. get(i). getType() = = TBusRoute. BUS _ SEGMENT _ TYPE _ SUBWAY)
{
    mDrawableSub. setBounds(startPoint. x - wid/2, startPoint. y - height/2,
            startPoint. x + wid/2, startPoint. y + height/2);
    mDrawableSub. draw(canvas);
}
//步行
else if(segs. get(i). getType() = = TBusRoute. BUS _ SEGMENT _ TYPE _ WALK ‖ segs.
get(i). getType() = = TBusRoute. BUS _ SEGMENT _ TYPE _ SUBWAY _ WALK)
{
    mDrawableWalk. setBounds(startPoint. x - wid/2, startPoint. y - height/2,
            startPoint. x + wid/2, startPoint. y + height/2);
    mDrawableWalk. draw(canvas);
}
}
```

参 考 文 献

[1] 边馥苓，傅仲良，胡自锋. 面向目标的栅格矢量一体化的三维数据模型 [J]. 武汉测绘科技大学学报，2000，25（04）：294-298.

[2] 陈刚. 虚拟地形环境的层次细节描述与实时渲染技术的研究 [D]. 郑州：解放军信息工程大学，2000.

[3] 陈军，郭薇. 基于剖分的三维拓扑 ER 模型研究 [J]. 测绘学报，1998，27（04）：308-317.

[4] 程朋根. 地矿三维空间数据模型及相关算法研究 [D]. 武汉：武汉大学，2005.

[5] 朱庆. 三维地理信息系统技术综述 [J]. 地理信息世界，2004，2（3）：8-12.

[6] Medina. A, Gayfi. E, Pozo. E. Compact laser radar and three—dimensional camera [J]. Journal of the Optical Society of America A：Optics，Image Science，and Vision，2006，23（4）：800-805.

[7] Zwicker M, Pauly M, Knoll O, Gross M. Pointshop 3D：an interactive system for point-based surface editing [J]. ACM Transactions on Graphics；2002，21（3）.

[8] 王晏民，郭明，王国利，赵有山，李玉敏，胡春梅. 利用激光雷达技术制作古建筑正射影像图 [J]. 北京建筑工程学院学报，2006，04：19-22.

[9] 付红云，王晏民，胡春梅. 一种新的基于地面激光雷达数据正射影像图制作方法 [J]. 北京建筑工程学院学报，2011，04：16-21.

[10] 闫利，李振. TerraSAR-X 高精度正射影像制作和精度评价研究 [J]. 测绘通报，2010，08：1-3.

[11] 刘建胜，孔兆慧. 利用国产数据采集仪和正射投影仪提高制作正射影像图的精度和质量 [J]. 测绘通报，1999，01：26＋30.

[12] 李德仁，王密. 一种基于航空影像的高精度可量测无缝正射影像立体模型生成方法及应用 [J]. 铁道勘察，2004，01：1-6.

[13] 李德仁，王密，潘俊，胡芬. 无缝立体正射影像数据库的概念、原理及其实现 [J]. 武汉大学学报（信息科学版），2007，11：950-954.

[14] 郭复胜，高伟，胡占义. 低空摄影测量图像全自动生成大比例尺真正射影像方法 [J]. 中国科学：信息科学，2013，11：1383-1397.

[15] 王祥，黄健. 数字正射影像图的原理及生产流程 [J]. 江苏测绘，2000，01：33-35.

[16] 黄桂兰，廖文翰，张玉文，暴军. 特大城市大比例尺数字正射影像图的制作 [J]. 测绘通报，2002，07：8-10＋17.

[17] 马永壮，刘伟军. 反求工程中基于照片重构点云数据的研究 [J]. 机械科学与技术，2005，11：1362-1365.

[18] 李志良. 基于点云数据的真三维建模方法研究 [D]. 太原：太原理工大学，2014.

[19] 戴嘉境. 基于多幅图像的三维重建理论及算法研究 [D]. 上海：上海交通大学，2012.

[20] 赵国强. 基于三维激光扫描与近景摄影测量数据的三维重建精度对比研究 [D]. 焦作：河南理工大学，2012.

[21] 王娜. 基于图像的物体表面点云计算算法研究与应用 [D]. 西安：西安理工大学，2009.

[22] 李俊利，李斌兵，柳方明，李占斌. 利用照片重建技术生成坡面侵蚀沟三维模型 [J]. 农业工程学报，2015，01：125-132.

[23] 张科学，贾秋英，张向阳. 1：2000 数字正射影像图的质量控制分析 [J]. 测绘技术装备，2008，01：21-23.

[24] 刘立强. 散乱点云数据处理相关算法的研究 [D]. 西安：西北大学，2010.

[25] Samet H. Applications of spatial data structures：Computer graphics，Image Processing and GIS [J]． Boston，MA：Addison-Wesley，1990.

[26] 权毓舒，河明一. 基于三维点云数据的线性八叉树编码压缩算法 [J]. 计算机应用研究，2005 (8)：70-71.

[27] 李清泉，李德仁. 八叉树的三维行程编码 [J]. 武汉测绘科技大学学报，1997. 22 (2)：102-107.

[28] 周煜，张万兵，杜发荣等. 散乱点云数据的曲率精简算法 [J]. 北京理工大学学报，2010，30 (7)：785-787.

[29] 李德仁. 论地球空间信息的 3 维可视化：基于图形还是基于影像 [J]. 测绘学报，2010，02.

[30] 王晏民，郭明. 大规模点云数据的二维与三维混合索引方法 [J]. 测绘学报，2012，41 (4)：605-612.

[31] 张帆，黄先锋，李德仁. 基于球面投影的单站地面激光扫描点云构网方法 [J]. 测绘学报，2009，01.

[32] 郭明. 海量精细空间数据管理技术研究 [D]. 武汉：武汉大学，2011.

[33] 郑坤，朱良峰，吴信才，刘修国，李菁. 3D GIS 空间索引技术研究 [J]. 地理与地理信息科学. 2006，22 (4).

[34] 何珍文，郑祖芳，刘刚等. 动态广义表空间索引方法 [J]. 地理与地理信息科学，2011，27 (5)：9-15.

[35] 李清泉，杨必胜，史文中，李志军，胡庆武. 3D 空间数据的实时获取、建模与可视化 [M]. 武汉：武汉大学出版社，2003.

[36] 史文中，吴立新，李清泉，王彦兵，杨必胜. 3D 空间信息系统模型与算法 [M]. 北京：电子工业出版社，2007.

[37] 龚俊，朱庆，张叶廷，李晓明，周东波. 顾及多细节层次的 3DR 树索引扩展方法 [J]. 测绘学报，2011，40 (2)：249-255.

[38] 伏玉琛，郭薇，周洞汝. 空间索引的混合树结构研究 [J]. 计算机工程与应用，2003，39 (17).

[39] 路明月，何永健. 三维海量点云数据的组织与索引方法 [J]. 地球信息科学，2008，10 (2)：190-194.

[40] 郭菁，郭薇，胡志勇等. 大型 GIS 空间数据库的有效索引结构 QR-树 [J]. 武汉大学学报（信息科学版），2003，28 (3)：306-310. DOI：10. 3969/j. issn. 1671-8860. 2003. 03. 010.

[41] 郑坤，刘修国，杨慧. 三维 GIS 中 LOD_OR 树空间索引结构的研究 [J]. 测绘通报，2005，(5).

[42] 徐少平，王命延，王炜立. 一种基于 R 树和四叉树的移动对象空间数据库混合索引结构 [J]. 计算机与数字工程，2006，34 (3)：54-57.

[43] 夏宇，朱欣焰，李德仁. 空间信息多级网格索引技术研究 [J]. 地理空间信息，2006，4 (6)：4-7.

[44] 赖祖龙，万幼川，申邵洪，徐景中. 基于 Hilbert 排列码与 R 树的海量 LIDAR 点云索引 [J]. 测绘科学，2009 (6).

[45] 龚俊，朱庆，章汉武，李晓明，周东波. 基于 R 树索引的三维场景细节层次自适应控制方法 [J]. 测绘学报，2011，40 (4)：531-534.

[46] 朱庆，龚俊，张叶廷，杜志强. 顾及多细节层次的三维 R 树空间索引方法：中国，200910063373. 2. 2009 年 7 月 28 日.

[47] 俞肇元，袁林旺，罗文等. 边界约束的非相交球树实体对象多维统一索引 [J]. 软件学报，2012，23 (10)：2746-2759. DOI：10. 3724/SP. J. 1001. 2012. 04214.

[48] 王晏民，郭明，王国利. 发明人：北京建筑工程学院. 发明名称：一种基于海量激光雷达栅格点云数据的建模方法. 专利号：201110250746. 4. 2013 年 2 月 21 日.

[49] 郭明. 大规模深度图像和数字图像存储管理与可视化 [D]. 北京：北京建筑工程学院，2008.

［50］　危双丰. 基于深度图像的地面激光雷达数据组织与管理研究［D］. 武汉：武汉大学，2007.

［51］　Mandow，A.，Martínez，J. L.，Reina，A.，and Morales，J. Fast range-independent spherical subsampling of 3D laser scanner points and data reduction performance evaluation for scene registration［C］. In Proceedings of Pattern Recognition Letters. 2010，1239-1250.

［52］　GUTTMAN A. R-Trees：A Dynamic Index Structure for Spatial Searching［A］. Proc of ACM Int' l Conf on Management of Data［C］.［s. l. ］：［s. n. ］. 47257，1984.

［53］　Guo Ming，Wang Yanmin, Zhao Youshan, Zhou Junzhao. Modeling of Large-Scale Point Model［C］. 2009 IEEE International Conference on Intelligence Computing and Intelligent Systems（ICIS 2009），Volume 4，pp448-452. Nov，2009.

［54］　Guo Ming，Wang Yanmin, Zhao Youshan, Zhou Junzhao. Research on Database Storage of Large-scale Terrestrial LIDAR Data［C］. 2009 International Forum on Computer Science-Technology and Applications（IFCSTA2009）. Dec，2009.

［55］　扶松柏. Andriod 开发从入门到精通［M］. 北京：兵器工业出版社，2012.

［56］　Wei-Meng Lee，何晨光. Andriod 4 编程入门经典—开发智能手机与平板电脑应用［M］. 北京：清华大学出版社，2012.

［57］　李兴华. Andriod 开发实战经典［M］. 北京：清华大学出版社，2012.

［58］　靳岩，姚尚朗. Google Andriod 开发入门与实战［M］：北京：人民邮电出版社，2009.

［59］　邓凡平. 深入理解 Android 卷 I ［M］. 北京：机械工业出版社，2011.

［60］　张晓龙，刘钊，边小勇. JAVA 程序设计基础［M］. 北京：清华大学出版社，2010.

［61］　www. linuxidc. com

［62］　www. alibubu. com

［63］　www. zzbaike. com

［64］　www. niming. com

［65］　www. tianditu. cn